KB044500

침팬지
폴리틱스

침팬지 폴리틱스

권력 투쟁의 동물적 기원

프란스 드 발 지음 | 장대익·황상익 옮김

바다출판사

Chimpanzee Politics

※ 일러두기 본문의 주는 책 뒤의 '주'를 참고하시기 바랍니다.

모든 인간의 일반적 경향 중에 하나가

죽음에 이르러서야 멈추는

그들의 끝없고 쉼 없는

권력에 대한 욕망이다.

토마스 홉스(Thomas Hobbes, 1651)

차례

옮긴이 서문

침팬지 연구를 통한 인간 이해

영화 〈혹성탈출: 종의 전쟁〉에서는 자신의 삶을 살고자하는 침팬지들과 그들을 말살하려는 인간 종의 가상 전쟁을 그리고 있다. 일종의 SF 영화이기 때문에 사실이 아닌 것들이 많다. 침팬지들이 모두 말을 하고(심지어 우리보다 영어를 더 잘한다), 총도 쏜다. 아주 예리한 분이라면 침팬지 눈의 공막이 인간의 것처럼 희고 투명하다는 점도 눈치 챌 것이다(침팬지의 것은 원래 짙은 갈색이다). 자, 그렇다면 침팬지 조직을 이끌고 있는 시저의 행동은 어떤가? 그의 리더십 말이다. 그는 자신의 공동체를 위해 투쟁하고 희생한다. 배신자를 처단하고 약자를 보호한다. 이기적 존재로 등장하는 인간들보다 훨씬 더 이타적이기까지 하다.

현실의 침팬지 사회에서도 이런 정치적 지도자가 과연 존재할까? 침팬지들도 우리처럼 복잡한 정치 행위를 하고 있을까?

이 책은 이런 질문들에 대한 과학적 보고서다. 혹시 《침팬지 폴리틱스》라는 제목 때문에 인간 세계의 저질스러운 정치 현실을 풍자하는 책인 양 받아들일지도 모르겠다. 사실은 정반대다. 침팬지의 고품격 정치 행동을 드러낸 책이기 때문이다. 저자가 강조하듯이 “이 책의 논점은 정치 지도자나 침팬지를 웃음거리로 만들려는 것이 아니라 인간과 침팬지 사이의 근본적인 유사성을 주장함으로써 사람들로 하여금 자신의 행위를 성찰할 수 있게 하기 위함"이다.

현재 여키스 영장류 연구소(미국 에모리 대학 소재)에서 침팬지와 보노보를 연구하고 있는 세계적 영장류학자 드 발 교수의《침팬지 폴리틱스》는 침팬지 연구가 어떻게 인간에 대한 이해를 증진시킬 수 있는지를 가장 잘 보여준 책이라는 찬사를 받아왔다. 그는 1975년부터 20여 년(특히, 1975~1979년) 동안 네덜란드의 아른험 동물원의 침팬지 사회(특히, 권력 구조)를 주도면밀히 관찰했고, 침팬지 연구의 대모인 구달(Goodall) 선생의《인간의 그늘에서》다음으로 가장 큰 관심을 받은 관찰기록물을 만들어냈다. 실제로 82년에 첫 출간된《침팬지 폴리틱스》는 지난 30여 년 동안 전 세계의 베스트셀러가 되었고, 탁월한 연구자이자 뛰어난 저자로서 영장류 학계를 이끌게 될 또 한 명의 스타 탄생을 알리는 결정적 계기였다. 이번 판본은 1998년에 출간된 첫 번째 증보판(2004년, 국내 번역판)에 새로운 서문을 추가한 것으로서,《침팬지 폴리틱스》의 여전한 영향력을 보여주는 증거라 할 수 있다.

이 책의 결론은 한 마디로 "침팬지도 정치를 한다"는 것이다. 여전히 충격적인 주장이다. 그는 "인류의 기원보다 정치의 기원이 더 오래됐다"고 단언한다. 저자의 관찰대로라면, 침팬지 사회에는 권력탈취, 계급구조, 권력투쟁, 동맹, 분할 지배 전략, 연합, 조정, 특권, 거래 등이 만연해 있다. 인간 사회의 권력 주변에서 벌어지는 현상들은 거의 모두 침팬지 사회에 그 연원을 두고 있다. 그러니 정치인을 힐난하기 위해 침팬지를 들먹거리는 언행은 선배 정치가인 침팬지에 대한 일종의 모욕이다.

저자는 둘 간의 차이는 기껏해야 어떤 종이 더 '노골적인가?' 하는 정도일 뿐이라고 말한다. 물론 이 차이가 단지 정도의 차이라는 저자의 견해에 동의하지 않을 수도 있다. 가령, 침팬지 사회에 국가와 같은 조직, 민주주의와 같은 정치체제, 삼권분립 같은 정치제도 등이 없다는 이유로 우리의 정치와 그들의 '정치'가 근본적으로 다르다고 생각할 수 있다. 하지만 우리의 이런 세련된 정치 체제, 제도, 정책들도 기껏해야 500년의 역사밖에 되지 않은 것이니, 정치적 측면에서 침팬지와 인간이 뚜렷하게 구분되지 않는다는 반론도 꽤 설득력이 있다. 어떤 견해이건, 이런 질문을 가진 독자라면 이 책이 더 흥미로울 것이다.

사실 20세기 영장류 연구의 역사를 간략히 되짚어보면 이 책의 의의가 보다 분명해진다. 60년대, 구달 선생이 탄자니아 곰비의 침팬지들과 동거 동락하던 시절, 그녀는 침팬지의 도구 사용 및 제작 능력을 인류에게 최초로 보고했다. 자연계의 모든 동물 중에서 오직 인간만이 도구를 사용·제작할 수 있다는 수백 년의 편견이 깨지는 순간이었다. 그러다가 70년대는 침팬지의 언어에 대한 연구들이 본격화됐다. 침팬지에게 인간의 '말'을 가르치는 데는 실패한 연구자들이 말 대신 '수화'를 가르치기 시작했고, 그 결과 우리는 '와슈'(Washoe)처럼 100여 가지 손짓을 이해하는 몇몇 똑똑한 침팬지들을 목격하게 됐다. 한편 80년대는 침팬지의 수리 능력에 대한 실험들과 더불어 사회 행동에 대한 연구들이 봇물처럼 쏟아져 나오기 시작했다. 그 흐름의 기폭제 역할을 한 것이 바로《침팬지 폴리틱스》다.

이 책이 나오기 전까지만 해도 자신의 목표를 이루기 위해서 상대방을 이용하거나 속인다든가 하는 침팬지의 행동들이 감히 '정치적'이라고 불리지는 못했다. 60~70년대 영장류학자들의 선구적 노력으로 인해 '침팬지와 인지', 혹은 '침팬지와 언어'라는 병기가 눈에 익기 막 시작했을 때에도 감히 '침팬지와 정치'까지는 나가지 못했던 것이다. "어떻게 침팬지가 복잡미묘한 사회·정치 체계들을 이해할 수 있겠느냐"는 생각이 지배적이었던 시절이기 때문이다. 그런 통념을 가진 이들에게 하나의 침팬지 사회를 짧게는 4~5년, 길게는 10~20년 관찰한다는 계획 자체는 애초부터 못마땅한 것이었을 것이다. 저자는 장기간 연구를 통해 이런 통념을 재고하게 만들었다. 실제로 80년대부터 영장류 학계에서 이른바 '마키아벨리적 지능(권모술수에 능한 지능)'에 대한 논의가 봇물처럼 쏟아져 나온 것도 드 발의 연구와 관련이 깊다.

드 발의 이런 노력 덕분에 현재의 영장류 연구자들은 장기간 연구의 중요성을 앞 다투어 강조한다. 그리고 침팬지 사회에서 날마다 일어나는 미묘한 관계 변화와 작은 사건들이 얼마나 중요한지에 대해 더 이상 의심하지 않는다. 더 나아가 각 개인에게 독특한 개성들이 있듯이 침팬지 한 마리 한 마리에게도 독특한 성격과 개인사가 있다는 점을 전적으로 수용한다. 물론 이런 변화를 이끌어낸 배후 세력이 어디 저자뿐이겠는가. 야생 침팬지의 대모로서 40년간의 장기 연구 프로젝트를 성공적으로 수행해온 구달 선생의 공이 틀림없이 더 컸을 것이다. 하지만 침팬지의 사회 행동들을 체계적이고 집중적으로 관찰·연구한다는 측면에서는 드넓은 아프리카 숲보다는 30마리의 침팬지들이 복닥복닥 살고 있는 영장류 시설이 더 좋은 장소였을지 모른다. 드 발은 그곳에서 인류에게 들려줄 한 편의 정치 드라마를 꼼꼼히 기록했다.

이 책의 일차적 독자는 침팬지 사회에 대해 알고 싶어 하는 모든 분들일 것이다. 특히 인간의 정치 행동과 그 행동의 기원에 관심이 있는 분들이라면 이 책은 훨씬 더 흥미진진할 것이다. 물론 침팬지와 인간의 유사성이 사실 이상으로 과장되어서는 안 된다. 중요한 점은 영장류 연구를 통해서 인간이 영장류 진화의 거대한 스펙트럼의 일부로 들어와 새롭게 자리매김 돼가고 있다는 사실일 것이다. 미국의 존경받는 한 상원의원은 지난 수십 년 동안 이 책을 의회 필독서 목록에 올려놓고 있다. 그 이유가 "이 책을 읽고 나면 펜타곤, 백악관, 의회가 예전과는 달리 보일 것이기 때문"이라고 한다. 이 책을 읽고 우리네 일상의 정치적 행위들을 관찰하면, 그 지저분한 진흙탕이 투박하지만 형체가 명확한 그릇으로 새롭게 보일지도 모른다. 정치판에서 벌어지는 복잡다단한 일들의 원형을 보고 싶은 모두를 위한 책이다.

2018년 1월

역자를 대표하여 장대익 씀

25주년 기념 서문

침팬지에게 보이는 정치적 속성

세월이 흘러도 변치 않고 흥미를 불러일으키는 주제를 다루는 책만이 25년 동안 절판되지 않고 출간될 수 있다. 이런 주제 중 하나가 바로 정치다. 우리는 정치에 깊이 물든 존재로 정치적 권모술수를 즉각 알아차린다. 심지어 인간의 영역 밖에서 일어나는 일에 대해서도 그렇다. 유명한 정치학자 해럴드 래스웰(Harold Laswell)의 말처럼 정치를 "누가, 언제, 어떻게, 무엇을 획득할 것인지"를 결정하는 사회적 과정으로 정의한다면, 침팬지에게 정치적 속성이 있음은 의심의 여지가 없다.[1] 인간과 가장 가까운 사촌인 침팬지 또한 사회적 과정에서 허세, 연합, 고립 전략들을 구사한다는 점을 볼 때 이들도 정치를 한다고 말할 수 있을 것이다.

어떤 사람들은《침팬지 폴리틱스》와 같은 책들이 정치적 존재인 인간의 지위를 약화시킨다고 말한다. 한편에서는 이 책이 유인원의 지위를 향상시킨다고 말하는 사람들도 있다. 인간은 마치 자신이 세계의 주인인양 행동하지만, 정치적 존재로서 인간이 가지고 있는 자만심을 누그러뜨려야 할 충분한 이유들이 있다.《침팬지 폴리틱스》는 실제 이런 목적을 위해 사용되기도 했다. 예를 들어 이 책의 프랑스판을 출간한 출판사는 표지에 유인원의 손을 잡고 있는 프랑수아 미테랑(François Mitterrand)과 자크 시라크(Jacques Chirac)의 사진을 사용했다. 나는 이런 사실이 전혀 놀랍지 않았다. 사람을 희화하기 위해 유인원을 이용한다는 사실은 우리가 유인원을 진지하게 받아들이지 않는다는 점을 보여준다. 내가 전달하고자 하는 바는 이와는 정반대로, 나는 인간과 가장 가까운 사촌인 침팬지의 행동이 인간 본성에 대한 중요한 단서들을 제공한다는 점을 말하고 싶다. 정치적 권모술수 외에도 침팬지는 도구 제작 기술부터 집단 내에서의 분쟁에 이르기까지 인간과 유사한 많은 행동들을 보인다. 사실 영장류에서 인간이 차지하는 위치는 다른 영장류와 본질적으로 얼마나 유사한가에 따라 점점 더 명확해진다.

발견의 세기

플라톤은 인간을 털이 없고 두 다리로 걷는 유일한 동물로서 정의하고자 했다. 하지만 디오게네스가 강연장에 털이 뽑힌 닭을 풀어 놓으며 플라톤의 정의를 즉각 반박했다. 이후로 인류는 인간의 독특성을 증명할 수 있는 궁극적인 증거를 찾기 위해 노력해왔다. 예를 들어 도구 제작 능력은 한때 《도구 제작자로서 인간(Man the Tool Maker)》이라는 책이 출간될 만큼 특별한 능력으로 간주되었다. 하지만 이런 식으로 인간을 정의하려는 시도는 야생 침팬지가 나뭇가지를 변형해 흙더미에서 흰개미를 꺼내는 데 이용한다는 사실이 발견되면서 거부되었다. 이후 상징을 이용해 의사소통하는 인간의 특별한 언어 능력이 인간의 독특성과 관련이 있다는 주장이 제기되었다. 하지만 영장류가 수화를 학습할 수 있다는 사실이 밝혀졌고, 이에 언어학자들은 인간 언어의 핵심은 상징이 아니라 그들이 강조하는 구문론에 있다고 말을 바꿨다. 아마도 인간이 특별한 이유는 이토록 쉽게 말을 바꾸고 주장을 폐기하기 때문일 것이다.

유전자 구성은 물론, 우리가 유인원에 대해 알면 알수록 인간과 유인원은 더 유사하게 보인다. 유인원의 행동에 대한 지식은 20세기 초 몇몇 실험과학자들에 의해 축적되기 시작했다. 볼프강 쾰러(Wolfgang Köhler)는 침팬지들에게 나무상자와 막대기를 주고, 손에 닿지 않는 곳에 있는 바나나를 얻기 위해 어떤 행동을 취하는지 기술했다. 침팬지들은 뾰족한 묘수가 떠오를 때까지 모여 앉아 궁리하다 마침내 해결책을 찾았다. 영장류 학자들은 침팬지가 해결책을 찾은 그 통찰의 순간을 지금도 쾰러의 순간이라고 부르고 있다. 로버트 여키스(Robert Yerkes)는 영장류의 기질을 기록했으며, 나데즈다 래디지나-코트(Nadezhda Ladygina-Kohts)는 찰스 다윈(Charles Darwin)의 발자취를 따라 모스크바에 위치하고 있는 그녀의 집에서 침팬지를 사육하며 유년기 침팬지의 표정과 자신의 두 아들의 표정을 일일이 비교했다.

사람들은 유인원의 서식지에 찾아가 유인원을 관찰하기도 했다. 하지만 당시 일부 학자들은 이 연구 방법이 비과학적이라며 못마땅해했다. 오직 실험실에서의 실험만이 과학에서 필요한 통제 집단을 제공할 수 있다는 것이다. 침팬지 연구의 역사는 실험실과 현장이 상호작용할 때 나타나는 시너지를 보여준 대표적 사례지만, 현장 연구가 과연 적법한 과학적 연구법인지에 대한 의구심은 여전히 남아 있다. 야생 침팬지 연구가 과학계에 진지하게 받아들여진 것은 1930년대부터다. 대표적인 탐사 연구로는 기니에서 3개월을 머물며 침팬지의 먹이섭취 습성을 기록한 헨리 니센(Henry Nissen)의 연구가 있다. 이후 1960년대에 이르러서야 비로소 선구적인 두 장기 프로젝트가 시작되었다. 제인 구달(Jane Goodall)은 탄자니아 탕가니카 호 동쪽 호숫가에 있는 곰비 국립공원에 캠프를 차렸고, 토시사다 니시다(Toshisada Nishida)는 그로부터 남쪽으로 170km 떨어진 마할레 산에 캠프를 차렸다.

이러한 현장 연구들은 평화로운 채식주의자로 그려졌던 침팬지의 이미지를 산산조각냈고, 그들의 놀라운 사회적 복잡성을 밝혀내기 시작했다. 그동안은 영장류에서 인간만이 유일하게 육식을 하는 것으로 여겨졌지만, 침팬지가 원숭이들을 잡아서 쥐어뜯고 산채로 잡아먹는 것이 관찰되었다. 또 초기에 침팬지는 어미와 자립하지 못한 새끼 사이의 강한 유대를 제외하고는 사회적 유대가 잘 이루어지지 않는다고 여겨졌지만, 현장 연구자들은 숲의 특정 범위에 거주하는 모든 개체들이 하나의 집단을 이뤄 정기적으로 교제한다는 사실을 발견했다. 또한 침팬지들은 이웃 영역에 거주하는 개체들에 대해서는 적대적인 경향을 보였다. 과학자들은 '집단(group)'이라는 용어를 배제하고 '공동체(communities)'라는 용어를 사용하기 시작했다. 왜냐하면 침팬지는 좀처럼 거대한 집합체를 형성하지 않고, 숲속을 여행하며 항상 변화하는 작은 '단체(parties)'로 나뉘기 때문이다. 이는 합종연횡(fission-fusion)으로 알려진 행동의 일종이다.

인간의 독특성에 대한 또 다른 주장은 우리가 같은 종을 살해하는 유일한 영장류가 아니라는 사실이 밝혀지면서 거부되었다. 침팬지 공동체들 사이에서 일어난 치명적인 영토 분쟁의 보고들은 전쟁 이후 인간의 공격성에 대한 논쟁에 심도 깊은 영향을 미쳤다.

사육장에서 벌어진 드라마에 눈을 떼지 못한 것은 나뿐만이 아니었다. 침팬지들 또한 그 상황을 유심히 관찰하고 있었다. 그들 중 몇몇은 니키(뒤편 왼쪽)가 위협 과시를 하며 이에룬 쪽으로 다가가는 모습을 바라보고 있었다.

1970년대는 영향력 있는 침팬지 연구의 두 번째 파도를 목격했던 시기다. 이 연구들은 우리 생각보다 침팬지의 인지 능력이 인간과 상당히 비슷함을 보여줬다. 고든 갤럽(Gordon Gallup)은 유인원이 거울 속의 자신을 인지한다는 사실을 입증했다. 이는 자기 인식의 한 수준을 나타내는 지표로, 인간과 유인원을 다른 영장류와 구별하게 하는 특징이다. 에밀 멘젤(Emil Menzel)은 과일을 숨긴 장소를 알고 있는 유인원과 이런 정보가 없는 동료를 함께 풀어놓는 실험을 했다. 그는 이 실험을 통해 유인원이 어떻게 다른 유인원을 기만하고, 또 다른 유인원으로부터 학습하는지 밝혀냈다. 그때쯤 세계에서 가장 큰 야외 침팬지 사육장이 네덜란드에 있는 아른험(Arnhem)에 만들어졌다. 이곳에서 나는 1982년에 《침팬지 폴리틱스》의 출간으로 이어진 연구를 시작했다.

《침팬지 폴리틱스》의 역사

처음 이 원고를 썼던 1979~1980년, 난 잃을 게 별로 없는 30대 초반의 초보 과학자였다. 당시의 나는 내 직관과 신념을 따르는 데 주저하지 않았고 오히려 당연하게 여겼다. 그러나 이러한 나의 사고방식은 '동물'과 '인지'라는 단어를 한 문장에 같이 언급하는 것 자체만으로도 사람들의 멸시를 초래했던 당시의 분위기를 고려할 때 논란의 소지가 충분했다. 대부분의 동료들은 의인화에 대한 비난이 두려워 동물에게 나타나는 의지와 감정을 제시하는 데 주저했다. 그들은 동물들의 내적 생활 자체를 부인하진 않았지만 동물들이 무엇을 생각하고 느끼는지 알 수 없으므로 거기에 대해서 언급하는 것은 의미가 없다는 행동주의자들의 도그마를 따랐다.

철조망으로 둘러쳐진 냄새가 고약한 침팬지 사육장에서 한 대밖에 없는 전화기를 몇 시간이나 귀에 붙이고 얀 판호프(Jan van Hooff) 지도교수와 이야기를 나눴던 기억이 난다. 판호프 교수님은 항상 나를 격려해주시던 분이었지만 그날 또 다른 거친 추론을 펼치는 나의 태도에 그는 매우 신중한 자세를 취했다. 농담조로 침팬지 집단의 발전을 처음으로 '정치'에 비유하여 언급한 것도 바로 그 순간이었다.

이 책에 중요한 영향을 미친 다른 하나는 일반 대중들이었다. 나는 몇 해 동안 법률가, 주부, 대학생, 정신치료사, 경찰학교 학생, 조류연구가 등 동물원을 방문한 많은 사람들을 만났고, 이들은 누구보다 좋은 조언자였다. 방문자들은 몇몇 뜨거운 학문적인 쟁점에 대해서는 지루해 했지만, 내가 당연시하기 시작했던 침팬지의 기본적인 심리에 대해서는 이해와 관심을 보여주었다.

내 경험을 알리는 유일한 방법은 침팬지들의 삶에 나타나는 그들의 성격을 보여주고, 과학자들이 추구하는 추상적인 것보다는 실제적인 사건들에 집중하는 것이다. 그리고 연구 초기의 경험에서 많은 것을 얻을 수 있었다. 아른험 연구소에 오기 전 위트레흐트 대학에서 학술논문 프로젝트를 수행했다. 당시 내 원숭이 집단 중 하나에서 수컷들의 서열 이동이 관찰되었고, 나는 이를 1975년에 〈상처받은 지도자: 포획된 자바 원숭이들의 세력경쟁 관계 구조 속에서의 자생적이고 임시적인 교체〉라는 제목의 논문으로 발표했다. 이것이 내 첫 번째 과학 논문이다. 나는 이 보고서를 묶으면서 동물행동학자들이 답습해온 관습화된 공식적인 기록이 사회 드라마가 되고 음모가 될 때 얼마나 쓸모없는 것인가를 지적했다. 우리의 표준적인 데이터 수집은 셀 수 있는 사건들의 분류를 목적으로 한다. 컴퓨터 프로그램은 폭력적인 사건이나 털고르기 등 우리가 관심 있는 행동은 무엇이든 정밀하게 데이터로 분류한다.

수량화, 도표화할 수 없는 행동들은 단순한 일화로 취급되어 한쪽으로 밀려날 우려가 있다. 일화는 일반화하기 힘든 독특한 사건이다. 그렇다고 일화를 다뤘던 몇몇 과학자들을 경멸하는 것이 정당화될 수 있을까? 인간의 예를 생각해 보자. 밥 우드워드(Bob Woodward)와 칼 번스타인(Carl Bernstein)은 《마지막 날들(The Final Days)》에서 권력을 잃은

데 대한 리처드 닉슨의 반응을 이렇게 묘사했다. “닉슨은 오열을 토하며 매우 슬퍼했다. ……어떻게 단순한 도둑질이 이런 결과를 초래했단 말인가?…… (그는)무릎을 꿇고 주먹으로 카펫을 치며 소리내어 울었다. ‘도대체 내가 무슨 짓을 한 것이지, 무슨 일이 일어난 거야.’”

닉슨은 미국 역사상 최초로, 그리고 유일하게 해임된 대통령이다. 그래서 닉슨의 사임은 실제로 일화일 수밖에 없다. 그러나 일화라는 이유가 관찰의 중요성을 감소시키는 것일까? 드물고 색다른 사건이 갖는 취약성은 인정해야만 한다. 뒤에서 보겠지만, 내가 관찰한 침팬지 중 하나는 유사한 상황 하에서 닉슨과 유사한 반응을 보였다(물론 말로 표현한 부분은 빼고). 그러한 사건들을 이해하고 분석하기 위해서는 그 사건이 만들어지는 과정이나 각 개체들의 개입 방법, 그리고 이전의 것과 비교해서 그 상황에 특별한 것은 무엇이었는지를 하루하루 기록하는 것이 필요하다는 사실을 초기 연구를 통해 배웠다. 단지 침팬지들의 행동 빈도를 세고 평균을 내는 대신 연구 프로젝트에 역사 서술 방식을 도입하고자 했다.

많은 사람들에게 알려지다

그러한 이유로 아른험에 도착하자마자 나는 일기장을 펼쳤다. 처음에는 별로 특별한 일이 일어나지 않았기 때문에 나를 때리는 등의 색다른 행동 패턴이나 성격 등을 적어나갔다. 그 결과, 이 일기는 점점 사회적 관계 변동에 민감하고 다가올 정치적 격변을 예감하는 연대기적 기록이 되어갔다. 마침내 폭발적인 변화가 일어났을 때, 나는 그것에 대한 감상과 예측, 초기 감상의 수정으로 페이지를 채워나갔지만 대부분은 가공되지 않은 사실 그대로였다. 이에 주체할 수 없이 매료되어버린 나는 인간 혹은 비인간의 권력투쟁에 대해 누구보다도 가장 상세한 기록을 남기려고 수많은 낮과 밤 동안 숲에서 그 섬을 관찰하며 보냈다. 몇 해 뒤 다양한 사건들 간의 연관성이 앞뒤가 맞게 연결될 수 있었던 것도 이러한 기록 덕분이었고, 아울러《침팬지 폴리틱스》도 모습을 갖추게 되었다.

1982년 이 책이 처음 발간되었을 당시에는 그리 논란을 일으키지 않았다. 대중적인 측면과 학술적인 측면 모두 비판보다는 환영을 받았다고 할 수 있다. 지나고 나서 생각해보니 이 책의 기본 전제가 '동물은 빠르게 변화하고 있다'는 1980년대의 시대사조와 딱 들어맞았기 때문이었던 것 같다. 인지심리학이 출현한 미국과는 독립된 곳에서 작업을 해온 탓에, 나는 이 새로운 지적 영역을 탐험하는 데 혼자가 아니라는 사실을 깨닫지 못했다. 이런 상황은 세계 곳곳에서 이루어지는 과학 발전이 몇몇 공유된 생각들로 얼마나 자주 연결되는지를 보여준다. 그것들은 결코 완전히 독립적이지 않다. 내가 도널드 그리핀(Donald Griffin)의《동물 의식에 관한 질문(The Question of Animal Awareness)》이란 책을 처음 읽었을 때 별로 놀라지 않은 것도 바로 그런 이유에서 일 것이다. 《침팬지 폴리틱스》가 대부분의 영장류 학자들에게는 놀라운 것이 아니듯이 말이다.

《침팬지 폴리틱스》는 일반 독자를 염두에 두고 쓴 것이지만, 교과과정에도 이용되었고 사업상담가나 초보 정치인들에게 추천도서가 되기도 했다. 25년이 넘는 시간 동안 줄어들지 않는 관심 덕에 존스홉킨스 출판사와 나는 침팬지와의 관계를 탐구하고자 하는 새로운 독자들을 위한 기념판을 출간하기로 결정했다. 1998년 개정판의 뒤를 잇는 25주년 기념판은 초판에는 없는 컬러 사진을 포함하고 있으며, 주요 유인원의 특징 중 일부를 새롭게 기술했다.

연구로부터 얻은 통찰에 대해 설명하면서, 나는 섬의 생물지리학도 함께 기록하고자 시도했다. 식물과 동물 종의 번식은 생태학적 복잡성을 증가시킨다. 대체로 섬은 대륙보다 종의 다양성이 적기 때문에 식물상과 동물상에 대한 연구가 다른 기본적인 생태학적 원칙뿐 아니라 생존과 멸종의 규칙을 명료하게 하는 데도 도움이 된다. 상대적으로 단순한 섬의 생태는 찰스 다윈부터 에드워드 윌슨(Edward Wilson)에 이르는 자연주의자들이 더 복잡한 구조에 적용 가능한 아이디어들을 발전시키는 데 도움을 주었다.

아른험 동물원 내에 있는 침팬지 섬에도 제한된 수의 침팬지들이 적도 부근의 열대우림에 비해 상대적으로 단순한 여건 속에서 지내고 있다. 군집 속에 있는 수컷들의 숫자가 보통 야생 군집에서보다 세 배나 많으며, 그 많은 침팬지들이 섬을 자유롭게 왔다 갔다 할 수 있다는 것을 상상해보라. 분명 나는 내 눈앞에서 벌어진 많은 드라마들을 모두 분별해내지는 못했을 것이다. 섬을 관찰하는 생물지리학자처럼, 나는 그것을 기록했기 때문에 더 많이 볼 수 있었을 뿐이다. 그러나 내가 발견한 일반적 원칙은 섬에 있는 유인원들뿐만 아니라 권력을 위한 전략이 있는 곳이라면 어디에든 적용할 수 있다.

평소 나는 일반 대중들을 위해 저술된 과학서들을 즐겨 읽었다. 대중서를 쓰기로 마음먹은 것도 바로 그 이유다. 이런 종류의 저술들은 많은 학자가 인식하고 있는 것보다 훨씬 중요한 가치를 지닌다. 대중과학서는 바로 각 과학 분과를 상징하는 얼굴이 되어 그 분야로 학생들을 이끄는 것이다. 《침팬지 폴리틱스》 이후 나는 보노보, 화해 행동, 도덕과 문화의 기원에 대한 주제로 대중서를 썼다. 당시 나는 에너지 넘치는 연구원들과 함께 연구 활동도 진행하고 있었으므로, 낮에는 과학 연구를 수행하고 밤이나 휴일에는 책을 쓰는 이중 생활을 해야만 했다. 이런 책들을 쓰면서 나는 과학 논문에서는 언급하기 힘든 좀 더 포괄적인 주제에 대해 다룰 수 있었다.

《침팬지 폴리틱스》는 가끔씩 암시를 제외하고는 인간과 침팬지를 직접 비교하는 것을 피했다. 예를 들어 나는 이에룬(Yeroen)과 같은 노년의 수놈 침팬지의 권력이 놀랍게도 나이 많은 정치인과 비슷하다는 점을 굳이 언급하지는 않았다. 어떤 나라든 그들의 정치판에는 딕 체니(Dick Cheney)와 테드 케네디(Ted Kennedy)처럼 무대 뒤에서 움직이는 이들이 있다. 수없는 역경을 이기며 경험을 쌓아온 이런 정치인들은 종종 젊은 정치인들 사이의 치열한 경쟁을 이용해 막대한 권력을 얻는다. 또한 나는 암놈의 비위를 맞추고 짝짓기에 성공하기 위해 털을 골라주거나 암놈의 아이를 간지럼 태우며 놀아주는 수놈 침팬지와 선거 기간에만 아이를 안고 키스하는 정치인을 명시적으로 비교하지 않았다. 침팬지의 비언어적 의사소통도 인간과 유사점(뽐내는 걸음, 낮은 음성)이 많지만, 나는 이 모든 것과 거리를 두었다. 이런 점들은 굳이 언급하지 않아도 너무나 명백하기에 기꺼이 독자들의 해석에 맡기고자 한다.

결과적으로 나는 아른험의 침팬지들이 겪은 일들을 인간의 행태와 비교할 필요없이 거의 날것 그대로 묘사할 수 있었다. 인간의 사촌에게 곧장 스포트라이트를 비춤으로써 침팬지의 행동으로부터 그 행동의 목적을 이끌어낼 수 있도록 한 것이다. 회사나 워싱턴의 정치 회랑, 혹은 대학 등 우리의 주변을 둘러보면 사회적 역학은 어디서나 본질적으로 동일하다는 것을 알 수 있다. 주변 상황을 탐지하고 기존 권위에 저항하기, 연합을 형성하고 다른 개체의 연합은 방해하기, 책상을 내려치며 자신의 권위를 확인하기 등, 정치 게임은 어디에나 존재한다. 권력을 향한 의지는 인간의 보편적 특징이다. 우리 종은 그 기원 이래로 마키아벨리의 전략을 사용했다. 이것이 이 책에서 말하는 진화적 연결성이 결코 놀랍지 않은 이유다.

침팬지와의 첫만남

서로 털을 골라주고 있는 크롬과 호릴라

§

동물원을 찾는 대부분의 사람들은 침팬지를 보고 즐거워한다. 다른 어떤 동물도 이토록 웃음을 자아내지는 못한다. 왜 그런 것일까? 그들이 곡예를 잘하거나 아니면 이상하게 생긴 외모 탓일까? 물론 우리들을 재미있게 해주는 것은 그들의 표정과 태도임은 분명하다. 어슬렁어슬렁 걸어 다니는 모습이나 앉았다 일어서는 동작만 봐도 웃음을 참기 어렵다. 그러나 우리들이 침팬지를 보고 재미있어 하는 것은 아마도 그와는 정반대의 감정을 감추기 위함일 것이다. 즉, 인간과 침팬지가 매우 닮았기 때문에 일어나는 신경질적인 반응을 포장하기 위해서인 것이다. 바로 유인원이 우리 인간에게 '거울'을 쥐어 준 것이라고 해야 할까. 우리들의 복제품과도 같은 유인원 앞에서 진지한 표정을 짓기는 아마도 어려울 듯하다.

침팬지를 보며 한편으로 매료되면서도, 또 다른 한편으로는 불안감을 느끼는 것은 동물원을 찾는 사람들만이 아니다. 과학자들도 마찬가지다. 유인원에 대해 알면 알수록 "우리 인간의 정체는 대체 무엇인가"라는 의문이 깊어진다. 인간과 침팬지 사이의 비슷한 점은 겉모습만

이 아니다. 침팬지의 눈을 주의 깊게 똑바로 들여다보면, 지적이고 자신만만한 인격이 우리를 응시하고 있음을 알게 된다. 만약 그들이 동물이라면 우리는 대체 무엇이란 말인가?

그런데, 인간과 동물 사이의 차이를 메울 수 있는 일련의 사실들이 밝혀지고 있다. 고든 갤럽은 유인원이 거울 속의 자신을 인지한다는 사실을 증명했다. 다른 동물들에게는 이런 형태의 자기인식이 결여되어 있어, 거울 속에 비친 대상을 그저 누군가 다른 개체라고 치부해버린다. 볼프강 쾰러는 독창적인 지능실험을 통해 침팬지가 원인과 결과를 어느 순간 갑자기 이해함으로써('아하! 경험') 새로운 문제를 해결할 수 있다고 결론지었다. 또한 제인 구달[2]은 야생 침팬지가 자기 스스로 만든 도구를 사용하는 모습을 관찰했다. 야생 침팬지는 수렵을 해서 고기를 섭취하고, '전쟁'을 일으켜 자신들의 세력범위를 확장시키며 서로를 잡아먹기도 했다. 게다가 수화 형태로 많은 기호들을 가르친 가드너 부부의 시도가 성공함으로써 침팬지들은 놀랍게도 인간이 언어를 사용하는 것과 너무나도 비슷하게 의사를 전달할 수 있었다. 이 연구는 유인원들이 무슨 생각을 하고 어떻게 느끼는지에 대해 많은 사실을 확실하게 밝혀냈다. 인간이 유인원의 마음에 접근할 수 있게 된 것이다.

그러나 이러한 발견이 아무리 놀라운 것이라 해도 중요한 연결고리가 하나 빠져 있다. 다름 아닌 사회구조이다. 침팬지가 매우 미묘하고도 복잡한 사회생활을 영위한다는 증거는 있으나, 아직 그것에 대한 전체적 실상이 확실하게 설명되지는 못했다. 그 이유는 지금까지의 이같은 사회구조 연구가 대부분 야생 침팬지를 대상으로 해야 하는 것으로 여겨졌기 때문이다. 사실 야생 침팬지를 연구하는 것은 무엇보다 중요한 것이지만 정글 속에서 사회과정을 상세하게 추적한다는 것은 실제로는 불가능하다. 야외 조사자들은 연구 대상 동물을 규칙적으로 볼 수 있다는 것만으로도 행운이라고 여겨야 한다. 숲이 무성한 산속이나 나무 위에서 일어나는 수천 가지의 사회적 접촉 가운데 그들이 관찰할 수 있는 것은 극히 일부에 불과하다. 사회 변화의 결과에 대해서는 접근할 수 있어도 그 원인에 대해서는 알지 못하는 것이 보통이다.

이렇게 매력적인 동물의 집단생활을 포괄적으로 연구할 수 있는 곳은 오늘날 전세계에 한 곳밖에 없다. 네덜란드 아른헴에 있는 뷔르허스 동물원(Burgers Zoo)의 대규모 야외 사육장이 바로 그곳이다. 연구가 시작된 지도 벌써 몇 해가 흘렀다. 이 책은 바로 그 결과를 정리한 것이며, 이제껏 우리가 유인원과 인간이 매우 흡사한 부류라고 막연하게 느끼고 있던 사실을 새삼 확인시켜 주었다. 바로, 침팬지의 사회구조가 인간의 그것과 매우 흡사하다는 사실이 밝혀진 것이다.

동물 세계의 익살꾼인 침팬지는 이미 정치 세계에 숙달되어 있다. 마키아벨리의 여러 가지 금언이 모든 침팬지의 행동에 바로 적용될 수 있는 것도 바로 그 이유에서다. 침팬지의 '권력투쟁'과 '기회주의'는 확연히 눈에 띈다. 나는 어느 라디오 리포터에게 "현재 우리 정부에서 가장 세력이 강한 침팬지는 누구라고 생각하십니까?"[3]라는 질문을 받고 깜짝 놀랐다.

신문에는 매일 숱한 정치기사들이 쏟아진다. 그리고 우리는 "정부 측의 분열로 인해 야당이 이익을 얻고 있다"라든가, "장관은 자신을 어려운 입장에 몰아넣었다"는 등의 정치적 사건이 보도되는 것에 익숙해져 있다. 정치부 기자들은 하나의 상황을 야기한 많은 요소나 사건을 하나하나 헤아리거나 거론하지 않는다. 정치적 발언이나 모든 비밀정보에 대해 미주알고주알 주워섬기는 것을 어느 누구도 기대하지 않기 때문이다. 독자들은 그저 대강의 개요에만 흥미를 가질 뿐이다.

어찌 보면 내가 아른험에서 목격한 사건들도 그런 식으로 요약할 수 있을 것이다. 그것은 어떤 의미에서는 아주 손쉬운 방법이지만 그 정도로는 설득력이 부족하다. 그러므로 나의 해석은 정치부 기자의 해석보다 더욱더 의심의 눈초리를 받을 수밖에 없다. 동물과 '정치'라는 용어를 연관짓는 것 자체만으로도 의혹을 불러일으키기 때문이다.

이 장에서 내가 침팬지의 의사소통이란 도대체 어떤 것인가를 개관하는 것을 시작으로, 단계에 따라 차근차근 주제에 접근해갈 수밖에 없겠다고 느낀 이유도 바로 그것이다. 그런 다음 이어지는 장에서는 아른험 집단의 여러 구성원들을 소개하고, 6년에 걸친 이 프로젝트의 진행 과정에서 볼 수 있었던 침팬지들의 권력에 대한 집념과 세력 판도가 성性적 특권에 미치는 영향에 대해서 보고하려고 한다. 그리고 마지막으로 사회적인 교섭의 기초를 이루는 몇 가지 일반적인 메커니즘, 즉 호혜성, 전략적 지능, 삼각관계 인식 등에 대해 논의하고, 그것이 인간의 메커니즘과 얼마나 비슷한지를 드러내 보이고자 한다.

첫인상

아른험 동물원에 들어서면 곧 넓은 가로수 길을 만나게 된다. 왼쪽에는 앵무새, 펠리컨, 플라밍고가, 오른쪽에는 잉꼬, 올빼미, 꿩 등이 살고 있다. 그 길을 절반 정도 지날 즈음, 여러 종류의 새들이 동시에 울어대는 불협화음보다 훨씬 더 귀에 거슬리는 커다란 울음소리가 들려온다. 바로 가로수 길이 끝나는 곳에 있는 대형 옥외 사육장의 침팬지들이 내는

위 아른험 동물원 침팬지관의 전경. 오른쪽에는 침팬지들의 야간 숙소와 동절기에 이용하는 실내 홀이 있다. 왼쪽에는 한때 침팬지들이 점령했던 담장이 있다. 보니 윌리엄스(Bonnie Williams)의 그림

아래 중앙에 죽은 떡갈나무가 있는 야외 사육장의 일부 모습

아우성이다.

동물원을 찾은 사람들은 그 길을 따라 끝까지 가더라도 정작 유인원들과의 거리가 20미터 정도 떨어져 있다는 것에 실망할지도 모른다. 하지만 그것은 관람객들이 침팬지들에게 먹이를 주지 못하게 하려고 일부러 그렇게 한 것이다. 좀더 가까이에서 보려면 관찰대에 올라가야 한다. 관찰대에서는 강화유리 너머로 8,000평방미터나 되는 넓은 옥외 사육장 전체가 내다보이는 멋진 풍경을 볼 수 있다(강화유리를 설치한 것은 침팬지들이 관광객에게 돌팔매질을 하기 때문이다!). 사육장은 일부를 제외하고는 모두 물이 가득 찬 넓은 도랑으로 둘러싸여 있다. 일찍이 대규모 산림의 일부였던 이 섬에는 지금도 약 50그루의 참나무와 키 큰 너도밤나무가 자라고, 모든 나무의 주변에는 이 섬의 주민인 침팬지들의 장난을 막기 위해 전기 철책이 둘러쳐져 있다. 전기 철책으로 보호해 놓지 않은 참나무는 껍질이 벗겨져 흉한 몰골을 하고 있었다. 이렇게 죽은 고목나무는 사육장 중앙 부분에서 많이 발견되는데, 침팬지 집단의 사회생활에서 매우 중요한 역할을 맡고 있다. 주요한 공격적인 충돌을 마감하는 장소가 바로 쫓기던 놈에게 여러 가지 가능성을 제공해주는 이 나무의 꼭대기이다.

동물원을 찾은 사람들은 새로운 반半 자연적인 설계에 익숙해져야 한다. 침팬지에게 먹이를 주거나 다가가서 만지거나 장난을 걸 기회가 거의 없어졌기 때문이다. 동물원을 찾은 사람들은 그저 멀리서 바라볼 수 있을 뿐이다. 그러나 훌륭한 장점이라면 두서너 마리의 침팬지가 비좁고 옹색한 우리 안에 갇혀 있는 일반적인 유인원 사육장보다는 볼거리가 훨씬 많다는 점이다. 그런 악조건 아래서 유인원들이 할 수 있는 것이라고는 누워서 지루하게 자위를 하거나, 올라갔다 내려갔다 하는

단순한 반복 혹은 리드미컬하게 등이나 머리를 벽에 부딪쳐보는 것이 고작이다.[4]

그러나 이곳 아른험 집단에서는 그런 모습은 찾아볼 수가 없다. 가장 자주 볼 수 있는 사회적 행위는 너무도 자연스러운 '털고르기'다. 대개 몇 마리의 침팬지가 모여 앉아 서로의 털을 가지런히 해주는 데 열중하고 있다. 부드럽게 푸푸거리며 입맛을 다시기도 하고, 새롭게 자세를 잡기 위해서 종종 털고르기 상대끼리 부드럽게 서로 밀고 당기기도 한다. 상대의 지시를 기꺼이 따르며 자세를 바꿔주는 것만 봐도 침팬지들이 얼마나 털고르기를 즐기는지 알 수 있다.

어른 암놈들이 모여서 털고르기를 하고 있는 동안 새끼들은 보통

휴식중인 침팬지들. 이미(왼쪽)가 테펄의 털을 고르고 있다. 이미의 막내 아이가 그 둘 사이에 앉아 있다. 가운데 있는 녀석들은 두 암컷 각각의 아들들로, 요나스 겨드랑이 밑에서 바우터가 간지럼을 태우고 있다. 맨 오른쪽에 크롬이 앉아 있다.

어른 수컷이 새끼들에게 신경을 쏟고 그들의 장난을 받아주는 것은 집단이 화목할 때뿐이다.

위 자신과 자주 놀아주던 니키가 자기를 공중으로 들어올리자 모닉이 매우 즐거워하고 있다.

왼쪽 라윗은 모닉이 자기 등에서 뛰어 놀도록 내버려둔다.

그 주변을 배회한다. 아주 갓 태어난 새끼인 경우에는 어미 배에 찰싹 달라붙어 주위에서 벌어지는 일들을 신기한 듯 바라보지만, 조금 나이가 든 침팬지들은 좀처럼 지칠 줄 모르는 기세로 활발하게 뛰놀기도 한다. 그들은 도깨비 놀이를 하거나 어른들이 서로 털을 고르고 있는 곳으로 뛰어 들어가 머리 위를 넘어 다니거나 모래를 끼얹으며 훼방을 놓기도 한다.

아른험 집단의 특징은 사육장이 넓고 엄마 침팬지와 함께 자라나는 새끼 침팬지가 많다는 점뿐만이 아니다. 전체적으로 침팬지의 수가 많고(1981년에는 25마리가 있었다) 집단 속에 여러 마리의 어른 수컷이 살고 있다는 점도 특이하다. 수놈이 암놈보다 덩치가 훨씬 크지는 않지만 흥분하거나 공격적일 때는 긴 털이 곤두서서 실제보다 더 커 보인다. 인상도 무서울 정도로 압도적이다. 흥분한 수놈의 경우 인상을 쓰면서 놀라울 정도로 재빠르게 움직인다. 이와 같은 공격적인 동작은 대부분 예측 가능하다. 그다지 눈에 띄지 않는 몸 동작이나 자세의 변화를 면밀히 관찰하면 10분 전부터 예측할 수 있다. 사람들을 안내해서 동물원에 들어갔을 때 마침 이렇게 위협과 과시의 동작을 일으킬 것 같은 징후를 발견했다면 모든 지식을 총동원해서 손님들을 감동시킬 수 있을 것이다. 나에게는 손님들이 보게 될 장면을 예측할 수 있는 충분한 시간이 있기 때문이다.

그러나 침팬지들의 행동을 예측할 수 있다고 해서 그들이 언제나 동일한 사회적 행동 패턴을 반복한다는 의미는 아니다. 만약 그렇다면 정말 따분한 시간이었을 것이다. 침팬지 연구에서 가장 매력적인 측면은 몇 해에 걸쳐서 일어나는 변화를 기록하는 일이었다. 단기적인 예측은 그저 손님들을 놀라게 하는 재미 정도에 불과하다.

집단생활의 역학은 아른험 집단에서 일어난 지도력의 변화에서 가장 명확하게 드러난다. 그 변화 과정은 수개월에 걸쳐서 일어났다. 그리고 우리들이 생각했던 것과는 달리 리더십의 변화가 단 몇 차례의 투쟁으로 결판나지 않았다. 내 연구는 결코 눈에 띄지 않게 계속되는 사회적 책략에 관한 것인데, 그것은 최종적으로 리더의 추방으로 이어진다. 집단의 안정성은 그 토대부터 천천히 무너진다. 개체들은 제각기 음모에 찬 감시망 속에서 자기가 완수해야 할 역할을 가지고 있다. 미래의 새로운 리더는 스스로 그 길을 개척해 나가지만 혼자서는 그렇게 할 수 없다. 단독으로 자기의 리더십을 집단에 강요할 수 없는 것이다. 그의 지위는 부분적으로 다른 침팬지에 의해 주어진다. 리더, 즉 우두머리 수놈도 다른 구성원들과 마찬가지로 역시 감시망에 걸려 있다고 할 수 있다.

자유를 찾은 무리들

몇 년 전부터 동물원에서는 비비나 마카크 원숭이같은 여러 종의 원숭이들을 자연스러운 집단으로 구성하여 사육해왔다. 그러나 대형 유인원의 경우에는 지금까지 이런 식으로 사육해본 적이 없었다.[5] 동물원 관리자는 유인원처럼 흉폭하고 무슨 일을 저지를지 모르는 동물을 대규모 시설에서 사육한다면 반드시 피 흘리는 싸움이 벌어지거나 죽는 경우가 생길 것이라고 우려했다. 더욱이 대형 유인원은 병에 걸리기 쉬운 체질이라서 소독된 우리에 격리시켜 전염병을 예방해야만 한다고 생각했다.

그러나 1966년 판호프 형제는 아른험 동물원에서 야심적인 사업을 벌이기로 결심했다. 동생인 얀은 미국 뉴멕시코 주에 있는 홀로만(Holloman) 공군기지의 넓은 공간에서 사육하던 침팬지의 사회행동을 연구한 적이 있어서 그 경험을 살릴 수 있었다. 그곳에서는 침팬지가 약 10만 평방미터의 야외 사육장에서 집단으로 사육되고 있었다.

홀로만에 이런 사육지를 조성한 아이디어 자체는 기발한 것이었지만 성공을 거두지는 못했다. 그 집단에는 매우 공격적인 분위기의 긴장감이 감돌았는데, 얀은 그 원인이 먹이를 줄 때 침팬지를 분리하기 위한 설비가 없기 때문이라고 추측했다. 다시 말해, 먹이를 독점하려는 몇몇 놈들 때문에 먹이를 줄 때마다 격렬한 다툼이 벌어졌던 것이다. 긴장감은 먹이 시간이 되기 오래 전부터 누적되기 시작했다. 이것은 적어도 협조적인 집단생활을 위한 기본적 조건이 결여되어 있음을 뜻한다.

자연적인 환경에서 생활하는 침팬지는 소규모 집단으로 나뉘어 먹이를 구하러 다닌다. 그들이 모아 오는 장과漿果, 즉 토마토처럼 살과 수분이 많은 과일이나 나뭇잎은 곳곳에 흩어져 있기 때문에 먹이를 가지고 다투는 일은 좀처럼 보기 어렵다. 그러나 사람에게 먹이를 받아먹고 살게 되면서부터는 설사 정글 속이라 해도 금세 평화가 깨져버린다. 그러한 사태는 제인 구달의 연구로 알려진 아프리카 탄자니아의 곰비(Gombe) 강에서도 일어났다. 리처드 랭엄(Richard Wrangham)[6]은 곰비 유역의 침팬지들이 급속도로 공격적 성향을 가지게 된 원인이 인간이 바나나를 먹이로 주었기 때문이라고 결론짓고 있다.

아른험에서는 이 먹이 다툼을 두 가지 방법을 사용해 효과적으로 해결했다. 첫째는 먹이를 던져주기 어려울 정도로 침팬지들을 관람객으로부터 멀리 떼어놓는 것이고, 둘째는 침팬지를 매일 저녁 소집단으로 나누어 그들이 잠자는 열 개의 우리에서 먹이를 주는 것이다. 집단 전체가 함께 있는 동안에는 거의 먹지 못하고, 아침과 저녁에 우리에서 공평하게 분배되는 먹이를 받는 것이다. 그들의 식사는 사과, 오렌지, 바나나, 당근, 양파, 빵, 우유 등이고 때때로 달걀이 들어간다. 주식은 둥글게 뭉쳐진 음식물 덩어리로 탄수화물, 단백질, 비타민 등이 함유되어 있다. 침팬지는 여름 동안 풀과 도토리, 너도밤나무 열매, 나뭇잎, 곤충, 식용 버섯 등을 많이 먹는다.

야생 침팬지가 먹을 것을 충분히 확보하려면 움직이는 시간의 절반 이상을 먹이를 구하는 데 써야 한다. 그러나 동물원에서는 그럴 필요가 없기 때문에 금방 싫증을 낸다. 그 결과 사회적인 상호작용이 증

타르잔(왼쪽)과 요나스의 즐거운 싸움 놀이

가하게 되고, 그들에게는 이른바 '사회화'를 위한 시간이 지나칠 정도로 많아진 것이다. 게다가 주거지가 제한되어 있어 집단으로부터 자신을 완전히 떼어놓기가 어렵다. 이것은 특히 겨울철에 두드러지게 나타나는 현상이다.

네덜란드의 겨울(11월 하순부터 4월 중순까지)은 침팬지들에게는 견디기 힘들 정도로 추운 날씨이기 때문에 난방 시설이 잘 갖추어진 실내 사육장에서 지낸다. 건물 안에는 그들이 잠자는 장소와 두 개의 큰 홀이 있는데, 그 홀에는 타고 올라갈 수 있는 철제 사다리나 안이 비어 있는 금속 드럼 같은 것이 마련되어 있다(어른 수놈은 때때로 이 드럼을 이용해서 리드미컬한, 그러나 아주 시끄러운 콘서트를 연다). 대형 홀은 길이가 21미터, 폭은 18미터이다. 이 정도면 적당한 넓이 같지만, 야외 사육장에 비해서는 20분의 1에 불과하다. 그렇기 때문에 겨울철이면 여름철보다 2배 정도로 자주 다툼이 일어난다.

1년 중 침팬지들이 가장 기쁜 날은 바로 겨울 주거지에서 벗어나는 날이다. 그날 아침이 되면 사육 담당자가 야외 사육장으로 통하는 문을 통보 없이 열어젖힌다. 침팬지들도 자신들이 있는 곳에서는 밖에서 무슨 일이 일어나고 있는지 볼 수는 없지만, 건물에 있는 모든 문의 움직임을 소리만으로도 쉽게 분간할 수 있다. 1초도 채 지나지 않아 집단 전체가 찢어질 듯한 비명을 지르면서 반응한다. 그리고 그들은 소집단 별로 나뉘어 야외로 나간다. 비명과 '후우후우' 하는 소리는 여전히 계속된다. 광장 여기저기서 침팬지들이 서로 포옹하거나 키스하는 모습을 볼 수 있다. 때로는 세 마리, 또는 그 이상의 침팬지들이 흥분해서 펄쩍펄쩍 뛰거나 서로의 등에 올라타기도 한다.

다시 자유를 찾은 그들이 기뻐하는 것은 당연하다. 겨우내 많이 빠

이른 아침이라 아직 잔디가 젖어 있어 즈바르트는 두 발로만 걸어서 암버르(오른쪽)가 있는 무리를 향해 걸어간다. 모닉이 신나게 박수를 치면서 즈바르트를 환영한다.

져버린 검은 털은 몇 달 안에 다시 돋아나 윤기가 흐르고, 창백했던 얼굴도 햇빛을 받아 본래의 색깔을 되찾는다. 무엇보다 중요한 것은 겨울내내 밀폐된 공간에서 지내며 긴장했던 마음까지도 드넓은 광장에서 말끔히 풀린다는 점이다.

잊을 수 없는 대탈출

이곳 아른험 영장류 센터의 책임자는 소장인 안톤 판호프이다. 이 센터는 그의 진취적인 기상과 대담함, 그리고 무엇보다 많은 종의 동물을 나쁜 환경에서 사육하기보다는 소수의 종이라도 좋은 조건에서 사육해야 한다는 소신에 따라 유지되고 있다. 동물원과 연구시설을 동시에 갖추고 있으며, 1971년 8월 데즈먼드 모리스(Desmond Morris)에 의해 공식 개관되었다. 개관 당시 그는 옷차림을 단정히 갖춘 '털 없는 원숭이'들 앞에서 인사를 했고, 그 다음 털이 난 인간의 친척들을 야외 사육장으로 안내했다. 모리스는 첫 연설자로서 개관 인사를 하면서 두 가지 재난 중 한 가지는 우리가 피할 수 없을 것이라고 예언했다. 즉 침팬지들이 뗏목을 만들어 도랑을 건너거나, 아니면 사다리를 발명해서 차단벽을 타넘어 도망치거나 할 것이라는 얘기였다. 첫 번째는 모리스 자신이 생각해낸 것이지만, 두 번째는 일찍이 로크(Rock)라는 침팬지가 발명한 탈출 방법이었다.

에밀 멘젤이 미국 루이지애나에서 연구하고 있을 때 로크란 녀석은 새끼 침팬지 소집단 가운데서 가장 나이 많은 수놈이었다. 로크는 순전히 혼자 힘으로 벽을 타넘기 위해 긴 장대를 사다리처럼 이용하는 놀라운 방법을 생각해냈고, 같은 집단의 동료 침팬지들도 이 도구의 사용법을 금방 이해했다. 그리고 사다리에 오르는 것을 서로 도와주기도 했다.

사실 이곳 아른험 집단의 역사에서 가장 기억에 남을 만한 탈주 사건도 바로 그런 방법으로 이루어졌다. 개관할 때부터 누차 주의했음에도 불구하고 침팬지들이 사는 섬 주변에 기다란 나뭇가지가 남아 있었던 모양이다. 게다가 야외 사육장의 일부는 도랑이 아니라 높이 4미터 가량의 벽으로 되어 있다. 이런 상황이다 보니 그런 일이 벌어졌고, 이제 이 이야기는 아른험 동물원의 고전이 되어버렸다. 이 사건의 전말은 다음과 같다. 침팬지는 나뭇가지를 벽 여기저기에 걸쳐 놓고 마치 사전에 모의나 한 것처럼 일제히 벽을 타고 넘었다. 그것은 마치 중세의 성을 공격하는 장면과 비슷한 광경으로, 침팬지들은 서로를 도와주면서 성벽을 타넘은 것이었다. 그리고는 열 마리가 넘는 침팬지들이 큰 식당을 향해 그대로 밀고 들어가 그곳에서 오렌지와 바나나를 배불리 먹었다. 그러고 나서 훔친 과일을 잔뜩 움켜쥐고는 천천히 잠자리로 되돌아와서 남은 시간 동안 나머지를 먹으며 흡족해 했다는 것이다.

이같이 흥미로운 이야기를 들은 지 몇 년 지나지 않아, 나는 이 책의 집필을 염두에 두고 당시 상황에 대해 좀더 상세히 알기 위해 여기저기서 이야기를 들었는데 사실 조금 실망했다. 나는 많은 사람들에게 당시 각자의 눈으로 어떤 광경을 목격했는지 물어보았다. 결과는 예상한 대로였다. 전해지는 이야기 속에는 진실의 핵심이 담긴 것은 분명한데, 몇 해가 지나는 동안 아주 멋대로 각색돼 버렸던 것이다. 예를 들면, 식당 종업원은 침팬지가 과일을 훔쳐간 적이 한 번도 없었을 뿐더러 탈주하던 그날도 침팬지는 한 마리밖에 없었다고 증언했다. 그 침팬지는 마마(Mama)로, 집단에서 가장 연장자이자 가장 위험한 암놈이다. 마마는 카운터를 넘어가서 계산대를 조사했고, 그 다음 관람객들 한가운데 자리를 잡고 앉아 조용히 초코밀이 든 병을 비웠던 것이 분명했다.

나는 침팬지의 탈주를 직접 목격했다는 사람은 만나보지 못했다. 탈주하는 데 나뭇가지를 효과적으로 이용했음이 확실했지만(길이가 5미터나 되는 무거운 나뭇가지가 벽에 세워져 있는 채로 발견되었기 때문이다), 그런 나뭇가지가 동시에 몇 개나 사용되었는지 여부도 분명하지 않다. 나는 그 탈주 사건이 팀플레이의 결과였다고 해도 그다지 놀라지는 않을 것이다. 그 나뭇가지의 무게만 생각해봐도 충분히 그럴 법하기 때문이다.

사육 담당자는 매일 아침 침팬지 사육장을 열심히 둘러보면서 꺾어진 나뭇가지를 발견하기만 하면 얼른 치워버린다. 그것은 잊을 수 없는 대탈주 뒤에 생긴 습관이다. 그러나 침팬지의 비상함을 꺾을 수는 없다. 침팬지들은 꺾어진 나뭇가지를 찾다가 못 찾으면 참나무 고목에서 기다란 가지를 잘라낸다. 이 일에는 아주 센 힘이 필요해서 늘 어른 수놈 침팬지들이 일을 저지른다. 다행스럽게도 이렇게 잘린 가지는 더 이상 탈주용으로 사용되지 않았고, 대신 나무를 살리려고 주위에 설치한 전기 울타리를 넘어가는 데 쓰였다.

침팬지처럼 머리 좋은 동물을 상대로 탈출 기회를 완전히 차단한다는 것은 사실상 불가능하다. 그들은 열쇠 사용법도 알고 있어 가끔 사육사 주머니에서 열쇠를 꺼내기도 한다. 탈주 사건이 흥미로울 때는 시간이 지나서 그 일을 회상할 때뿐이다. 사건 발생 당시에는 웃을 여유조차 없이 모두 그 사건이 가져올 위험만을 먼저 떠올린다.

우리들 중에서 누구도 감히 침팬지들 속으로 들어가려 하지 않는다. 사육사와 내가 무리 가운데 몇 마리와 제법 친숙해지는 순간도 그들이 잠자리에 들어갔을 때뿐이다. 동물원에서는 어른 침팬지의 경우 결코 마음을 놓지 말라고 당부하고 있다. 사람들보다 체중은 덜 나가지만 힘은 훨씬 세다. 동물원에서 벌어지는 침팬지와 관련된 문제는 모두 그들의 강한 팔 힘 때문에 일어난다. 팔 힘뿐만 아니라 불 같은 성미도 침팬지를 위험한 동물로 간주하는 데 한몫 한다.

야생 침팬지의 경우는 자신들이 사람보다 강하다는 사실을 알지 못하며, 도리어 사람과 사람이 지닌 무기의 위력을 잘 알고 있다. 그래서 역설적인 상황이 벌어진다. 야생 침팬지는 일단 사람과 친숙해지면 아른험 집단의 침팬지보다 훨씬 가까이서 관찰할 수 있다. 반면, 이곳 아른험에서는 도랑 너머 6~60미터 거리를 벗어나야만 그들을 관찰할 수 있다(관찰대에서 보는 경우를 제외하고 동물원 관람객과의 거리는 더 멀다). 탄자니아 곰비의 경우, 야외 연구자는 더 가까이 다가가 침팬지 곁에 앉아서 관찰할 수 있었다. 그러나 여기서도 침팬지들은 자신들이 인간보다 어느 정도 힘이 센 사실을 알아챈 듯하다. 가장 악명 높은 성격의 소유자인 근육질 침팬지 프로도(Frodo)는 캠프 근처의 방문객들을 손바닥으로 맘껏 때리고, 때로는 질질 끌고 다니기도 했다. 한번은 프로도가 제인 구달의 머리 위에 올라가 힘껏 짓누르는 바람에 그녀의 목이 부러진 적도 있었다. 그는 사람들을 겁주거나 지배하고 싶어하는 것 같았다. 굳은 신뢰감을 손상시키지 않고 침팬지의 그런 행동을 중단시킬 수 있는 연구자는 거의 없을 것이다.

동물행동학

어떤 젊은 선생이 학급 아이들을 데리고 침팬지를 보러왔다. 때마침 한겨울이라서 침팬지들은 우리 안에 들어가 있었다. 단지 몇 마리만이 넓은 홀 구석에 놓여 있는 높은 금속 드럼통 주변에서 앉았다 일어섰다, 다시 엎드려 눕곤 했다. 드럼통의 높이는 제각각이었는데 선생은 갑자기 드럼통의 배치 형태에서 교육적 의미를 찾아냈다. 그리고 가장 높은 드럼통 위에 앉아 있는 것이 우두머리라고 아이들에게 이야기해 주었다. 그 아래 드럼에는 부두목 정도가 앉아 있고, 다시 그 아래에는 졸개들이 앉아 있는 식이었다. 그리고 선생은 모든 것을 단순 명쾌하게 밝혀주고 싶었는지 가장 낮은 서열에 드는 침팬지가 어느 놈인지도 알려주었다. 땅 위에 앉아 있거나 주변을 어슬렁거리며 걷고 있는 무리가 그들이라고 말했다.

맨땅을 배회하던 침팬지 가운데 이 집단에서 서열이 높은 수놈인 이에룬(Yeroen)이 있었다. 흥미롭게도 그가 엄포를 놓는 과시 행위를 하려고 막 준비 동작을 하고 있는 게 아닌가! 털은 벌써 조금씩 곤두서기 시작했고, 혼자 조용히 씩씩거리고 있었다. 그가 일어서자 씩씩거리는 소리가 더욱 크게 들렸고, 침팬지 몇 마리가 드럼 위에서 재빨리 달아났다. 침팬지들은 이에룬의 과시 행위가 드럼 위에서의 길고 리드미컬한 발 구르기 콘서트로 막을 내린다는 것을 이미 알고 있었다. 나는 젊은 선생이 그 상황을 어떻게 설명할 것인지 호기심이 발동했다. 이에룬은 평소처럼 아주 시끄러운 소리를 내면서 계속해서 홀 전체를 거칠게

바우터, 타르잔, 그리고 뒤편에 있는 즈바르트가 호기심 어린 눈으로 니키가 도랑에서 무슨 고기를 잡았는지 살피고 있다.

위협했다. 그리고는 조용해졌다. 도망쳤던 침팬지들은 다시 드럼 위로 올라가 하던 일을 계속했다. 그 선생의 해석은 풍부한 상상력의 산물이었다. 그가 학생들에게 설명한 바에 따르면 방금 목격한 행동은 맨땅 위에 있던 침팬지가 권력을 얻으려고 벌인 실패한 시도였다.

우습기 짝없는 설명이다. 그러나 이 책에 실린 많은 해석들 또한 진실이라는 것을 누가 보장해줄 수 있겠는가. 벌써 몇 해 동안이나 계속 관찰해왔기 때문에 나는 이 집단의 일은 잘 알고 있다. 그리고 간간이 일어나는 사건에 대한 나의 해석도 틀리다고 생각하지 않는 것이다. 그렇다고 절대적인 확신을 가지고 있느냐 하면 결코 그렇지도 않다. 동물의 행동을 연구하는 것은 결국 해석한다는 뜻인데, 그 해석이 틀릴지도 모른다는 점을 늘 고려하지 않을 수 없다. "저 동물은 왜 저런 행동을 하지?"라는 흔한 질문을 받으면, 흔히 과학자들이 대답 대신 침묵하게 되는 이유가 바로 이 때문이다. 전문가들은 가끔 자신은 아무것도

관찰자는 특정 행동을 주목하거나 개체를 추적한다. 이들 작업에는 보기보다 훨씬 더 많은 인내심이 필요하다.

모른다는 인상을 주고자 한다. 자신 있게 설명하던 그 젊은 선생과는 상반된 태도이다. 두 가지 태도 모두 소득이 없고, 불행하게도 나 자신도 이 두 가지 태도를 완전히 탈피할 수는 없다. 어떤 점에서 나는 아주 소극적인 태도를 보일 것이고, 또 어떤 점에서는 내 해석이 과장됐다고 여겨질 수도 있다. 그러나 다른 방도는 없다. 동물 행동에 관한 연구는 이런 양극단을 오가는 시소게임과도 같기 때문이다.

동물행동학(ethology)이란 동물의 행동을 생물학적으로 연구하는 것을 가리킨다. 1930년대 콘라드 로렌츠(Konrad Lorenz)와 니코 틴버겐(Niko Tinbergen)의 영향으로 생겨난 이 학문은 독일, 네덜란드, 영국 등지에서 확고한 입지를 구축했다. 동물행동학과 동물심리학 사이의 가장 큰 차이점이라면, 동물행동학이 어디까지나 '자연환경'에서 또는 적어도 가능한 한 자연적인 조건에서의 '자발적인 행동'을 강조한다는 점이다. 동물행동학자들은 물론 실험도 하지만 야외조사를 절대 빼놓을 수 없다. 그래서 그들은 무엇보다도 인내심이 강한 관찰자라야 한다. 어떤 실험 목적을 위해 특정 행동을 조장하는 것이 아니라 동물들이 스스로 어떤 행동을 하는지 관찰하기 위해 한없이 기다리는 태도를 지녀야 하는 것이다. 이는 아른험에서 이뤄진 우리 연구의 특징이기도 하다.

지각 능력

단순히 지켜보는 것은 누구라도 할 수 있다. 그러나 사물을 제대로 '지각知覺'하고 이해하려면 반드시 학습이 필요하다. 이는 아른험에 새로운 학생들이 올 때마다 늘 반복해서 들려주는 이야기이다. 처음 몇 주 동안 학생들 눈에는 정말 아무것도 '보이지' 않는다. 침팬지 집단 속에서 공격 사건이 일어난 경우, 내가 "이에룬이 달려가서 마마를 붙잡았다. 그러자 호릴라(Gorilla)와 마마가 합세해 이에룬을 쫓아버렸다. 이에룬은 니키(Nikkie)가 있는 곳으로 피난했다"고 설명하자 학생들은 황당스럽다는 듯 나를 쳐다봤다. 나로서는 이 정도의 일은 아주 단순한 상호작용(단지 침팬지 네 마리가 관계하는)이고 그것을 피상적으로 정리했을 뿐인데, 학생들 눈에는 귀가 찢어질 듯한 비명을 지르면서 몇몇 검은 야수가 이리저리 날뛰고 있는 것으로밖에는 보이지 않았던 것이다. 침팬지가 따귀를 올려붙이는 것도 학생들 눈에는 보이지 않았을 것이다.

그럴 때면 나 자신도 한때는 그런 장면을 보고도 아무런 의미를 찾지 못했던 일이 떠올랐다. 실제로는 사건에 의미가 없었던 것이 아니라 나의 지각능력이 모자랐던 것이다. 많은 침팬지들의 성격, 우호 및 적대관계, 몸짓, 특징적인 음성과 표정, 그밖의 여러 가지 행동 모두를 다 알아둘 필요가 있다. 그런 다음에야 비로소 야생의 풍경이 갖는 의미에 눈을 뜨게 된다.

처음에 우리는 인식하는 것만 볼 수 있다. 장기에 대해서 아무것도 모르는 사람은 다른 사람들이 게임을 하고 있는 것을 보고도 장기판 위에서 벌어지는 긴장감을 전혀 느끼지 못한다. 그 사람이 곁에서 한 시간 동안 지켜보더라도 게임 상황을 다른 판에 복기해 보라고 하면 정확히 재현하기가 쉽지 않을 것이다. 만약 장기에 뛰어난 사람이라면 몇 초 동안만 바라봐도 말들의 배치를 모두 파악해서 기억할 수 있다. 이는 기억력의 차이가 아니라 지각력의 차이에 의한 것이다. 문외한에게 체스 말의 위치는 각각 아무 관계가 없는 것처럼 보이지만, 내용을 아는 사람은 말의 위치에 커다란 의미가 있으며 그들 상호 간에 서로 위협하거나 지원하는 관계가 성립된다는 것을 이해한다. 무질서한 것의 집합보다는 어떤 유기적인 구조를 가진 편이 훨씬 쉽게 기억될 수 있는 원리이다.

이것이 이른바 게슈탈트 지각(Gestalt perception)의 종합 원리이다. 즉, 게슈탈트(전체)란 단순한 부분들의 합 이상이며 지각을 학습한다는 것은 구성 부분들이 규칙적으로 전개되는 여러 가지 패턴을 인식할 수 있게 된다는 의미이다. 따라서 침팬지들 사이에 일어나는 상호작용의 여러 패턴에 익숙해지면 그것들이 너무나 인상적이고 명확해지기 때문에 다른 사람들이 지엽적인 문제에 구애받거나 상황의 기본적인 논리를 놓치는 것을 상상도 할 수 없게 된다.

의사소통 신호

침팬지의 표정은 각각의 특정한 기분을 나타낸다. 예를 들면, 즐거운 기분과 불안한 기분 사이의 차이는 이빨이 어느 정도 드러나는지로 추측할 수 있다. 침팬지는 놀라거나 괴로울 때면 즐거울 때보다 훨씬 길게 이빨을 드러낸다. 보통의 구경꾼에게는 입을 크게 벌린 표정이 즐거워서 웃는 것처럼 보이겠지만, 적어도 침팬지의 경우는 웃을 만한 일과 전혀 관계없는 것이 확실하다. 이와 같이 이빨을 드러내는 것은 엄마가 제멋대로 방치해서 외톨박이가 된 새끼나 집단 내에서 우위를 점하고 있는 구성원과 싸우게 된 제법 나이든 침팬지에게서 가끔 볼 수 있다(서열이 높은 침팬지는 좀처럼 이빨을 드러내지 않는다).

또한 공포에 떠는 표정에는 목소리가 동반되는 경우가 많다. 그중에서도 특히 듣기 싫은 것은 째지는 듯한 금속성 소리이다. 일찍이 집단에서 가장 연장자인 이에룬이 권좌를 박탈당했을 때 내지른 울음소리는 온 동물원이 떠나갈 정도였다. 나는 늘 동물원을 걸으면서 점심을 먹었는데, 그때 멀리서 이에룬이 도전자와 한바탕 싸움을 벌이고 있는 소리를 자주 들을 수 있었다. 나는 급히 샌드위치를 삼키고는 극적인 광경을 보기 위해 허겁지겁 사육장으로 달려가곤 했다.

공포로 가득 찬 항의의 표시라 할 수 있는 이런 비명 소리는 금세 낙담해서 흐느낌에 가까운 불쌍하고 가련한 소리로 변할 때가 많다. 그들은 또 짖는 소리, 헐떡이는 소리, 칭얼거리는 소리, '후우'하는 소리 등으로 의사표현을 한다. 이런 소리의 의미를 배우기 위한 최고의 방법은 음성을 전부 테이프에 녹음해서 서로의 차이가 명확해질 때까지 반복해서 들어보는 것이다. 그것은 마치 낯선 문화권의 민속음악을 듣는 것과 같다. 몇 번이고 반복해서 들은 다음에야 겨우 멜로디를 알 수 있다.[7]

침팬지들 사이의 소통 방법에 익숙해지면, 그 다음 맞닥뜨리는 문제는 개체별로 나타나는 커다란 차이점이다. 각각의 침팬지는 여러 가지 특별한 신호를 개발한다. 예를 들면, 단디(Dandy)는 다른 침팬지를 초대해 털고르기를 해줄 때 자신만의 몸짓을 한다. 그는 먼저 오른손으로 자기의 왼팔 윗부분을 잡는다. 가만히 앉아서 이런 몸짓을 했다면 눈치채기 힘들었겠지만, 단디는 두 다리와 왼손만 쓰면서 절뚝거리는 걸음으로 털고르기 상대에게 접근한다. 또 한 가지 독특한 사례는 마마가 "싫어!"라고 할 때 머리를 흔드는 모습인데, 정말로 "싫어!" 하고 말하는 것처럼 보인다. 예를 들면 이렇다. 마마는 마치 구걸이라도 하듯 호릴라에게 한쪽 손을 뻗는다. 그러면 제3의 암놈이 다가와서 마마와 호릴라 사이로 비집고 들어가 앉는다. 마마는 단호하게 머리를 좌우로 흔든다. 제3의 암놈이 다소 망설이는 기색을 보이다가 물러나면, 마마는 다시 손짓하며 부르듯 호릴라 쪽으로 팔을 뻗는다. 그러자 호릴라가 다가와 마마 곁에 앉고 서로가 털을 다듬어주기 시작한다.

우리는 손바닥을 편 채 팔을 뻗는 몸짓에 대해 "손길을 내민다"라고 표현한다. 이것은 이 집단에서 가장 흔히 볼 수 있는 몸짓이다. 이것의 의미는 침팬지의 여러 가지 신호와 마찬가지로 문맥에 따라 다양하게 바뀐다. 그들은 먹을 것을 달라고 조를 때나 몸의 접촉을 바랄 때, 또는 싸움 도중 원조를 요청할 때에 곧잘 이런 몸짓을 한다. 두 마리의 침팬지가 서로 대치하고 있을 때, 한쪽이 제3의 침팬지를 향해 손을 뻗는 경우가 있다. 이같은 몸짓은 제3자를 공격하기 위한 '동맹' 또는 '제휴' 형성에 중요한 역할을 한다. 뛰어난 정치적 도구인 셈이다.

이 집단에서 규칙적으로 볼 수 있는 100가지 이상의 행동은 모

침팬지는 놀랐을 때나 불안할 때, 그리고 불쾌할 때 이빨을 드러낸다.

왼쪽 로서가 안전을 위해 씌워둔 수건을 치우자 비명을 지르는 반응을 보이고 있다.

오른쪽 이에룬이 자신에게 위협 과시 행동을 하는 니키를 피하면서 이빨을 드러내고 으르렁거리고 있다.

두 야생의 환경에서 살고 있는 침팬지들에게도 발견된다. 즐거운 표정이나 공포 혹은 적의를 나타내는 표정, 구걸하는 몸짓 등은 인간 행동을 모방한 것이 아니라 인간과 침팬지가 공유하는 비언어적 의사소통의 자연스런 형태인 것이다. 단, 마마가 "싫어!"라고 할 때 고개를 흔드는 것과 같은 몇 가지 특별한 신호는 사람의 영향을 받은 것이라고 봐도 좋을 것이다. 그러나 이런 특별한 신호조차도 아드리안 코틀란트(Adriaan Kortlandt)에 의해 야생 침팬지에게서도 관찰되었다. 따라서 아른험 집단의 침팬지들 사이에 일어나는 의사소통 방법은 야생 침팬지 사이의 의사소통 방법과 별반 차이가 없다.

편파적 행위

어른 수놈 한 마리가 경쟁자를 향해 위협하는 상황을 상상해보자. 그 수놈은 털이 곤두서 있기 때문에 마치 몸 전체가 부풀어오른 것처럼 보이고, '후우후우' 소리를 내면서 상체를 좌우로 흔들며 한 손에는 돌을 들고 있다. 경험이 적은 관찰자는 이같은 위협적인 과시 행위에 놀라서 돌을 움켜쥐고 있는 사실도 알아채지 못할 것이다. 게다가 어른 암놈 한 마리가 보여주는 의도적인 행동도 지나치기 십상이다. 그녀는 자기 과시 중인 수놈이 있는 곳으로 조용히 다가가 돌을 뺏어들고는 그냥 가버린다. 나는 수주일을 관찰한 후에야 비로소 무슨 일이 벌어지고 있는지 이해할 수 있었다.

그날 내 일기장에는 커다란 감탄부호가 찍혀 있었는데, 내가 세기적인 대발견을 했다고 믿었기 때문이다. 그러나 일단 그 같은 행동 패

침팬지들은 겁을 먹고 대들 때 가장 큰 소리로 비명을 지른다. 사진은 어른 수컷 한 마리가 암컷들의 공격을 받은 뒤에 비명을 지르고 있는 모습이다.

재키가 비명을 지르면서 자기의 과일을 빼앗은 다른 침팬지에게 구걸하는 몸짓으로 손을 내밀고 있다. 먹을 것을 되돌려달라는 의사표시다.

턴을 제대로 익히게 되자 그것이 이상한 사건이 전혀 아니라는 사실을 알 수 있었다. 똑같은 일이 하루에도 몇 번씩이나 일어날 때도 있었다. 우리는 암컷의 이런 행동을 '압수행위(confiscation)'라고 부른다. 이러한 상황에서 수놈이 암놈에 대해 공격적으로 반응하는 것을 본 적이 전혀 없었다. 간혹 수놈이 암놈의 손을 뿌리치는 듯한 행동을 취하는 정도이다. 수놈이 암놈에게 무기를 압수당하면 이내 다른 돌이나 나무토막을 찾기도 한다. 그리고는 위협적인 과시 행위를 계속한다. 그러나 두 번째 무기까지 압수당하는 경우도 있다. 어떤 때는 암놈 한 마리가 수놈 한 마리로부터 여섯 개가 넘는 무기를 압수한 적도 있다.

사회적인 상호작용의 여러 패턴은 몸짓이나 음성과 같은 의사소통 신호보다 훨씬 더 식별하기 어렵다. 압수는 한 가지 예일 뿐이고 다른 것들도 많다. 무엇보다 문제를 일으키는 것은 공격적인 상호작용이다. 다툼이 두 마리의 침팬지에 한정될 경우도 있지만 집단의 다른 구성원

침팬지들의 의사소통 방식 중에 가장 눈에 띄는 것은 몸의 털을 꼿꼿하게 세우는 것이다. 여기서는 니키가 이에룬에게 과시 행동을 하면서 가능한 한 자기 몸을 크게 보이려고 털을 곤두세우고 있다.

이 간섭하는 경우도 왕왕 있다. 그렇기 때문에 세 마리 이상, 혹은 열다섯 마리까지 많은 침팬지가 한꺼번에 서로 위협하거나 쫓아다니기도 한다. 이런 경우 침팬지들은 시끄러운 소리가 동반된 아주 복잡한 행동 패턴을 보여준다.

어떤 일이 벌어지고 있는지 이해하려면 우선 적에 대한 행동뿐만 아니라, 동료나 제3자에 대한 행동을 분명하게 구별할 줄 알아야 한다. 후자의 경우를 '편파적 행동(side-directed behavior)'이라고 부르는데, 다음과 같은 형태로 나타난다.

피난처와 안도감 찾기

이것은 가장 일반적인 행동 양식이다. 새끼 침팬지는 비슷한 연배와 싸워서 지거나 어른 침팬지에게 위협을 당한 경우 비명을 지르면서 어미에게 달려가 품속에 숨어버린다. 그러나 어른 침팬지는 그렇지 않다. 위협을 당한 암놈은 우두머리 수놈이 있는 곳으로 달려가 그 옆이나 뒤쪽에 앉는다. 그러면 공격자는 계속할 엄두를 못 낸다.

흥분하거나 놀란 침팬지는 다른 개체와 신체적인 접촉을 하려는 강한 욕구를 갖게 된다. 이는 마음을 안정시켜주는 유일한 수단인 것 같다. 공격에 직면하여 안도감을 찾기 위해서라면 사이가 좋지 않는 경쟁자라는 사실도 서로 잊어버릴 정도이다. 예를 들면, 어른 수놈이 비명을 지르면서 사육장을 가로질러 젊은 침팬지나 늙은 침팬지들에게 다가가 몸을 비비거나 키스를 하거나 껴안으려고 한다. 그 순간에는 우애로운 상황처럼 보이지만 다른 수놈이 한동안 위협적인 행동을 했기 때문에 벌어진 일이다. 여전히 털이 곤두서 있는 수놈은 비명을 지르며 피신한 그 침팬지를 다시 위협하기 시작할 것이다.

어린 침팬지들은 어른 침팬지들 사이의 상호작용을 보고 배운다.

위 폰스가 털을 곤두세운 채 한 도전자를 쫓아내는 이에룬의 뒤를 따르고 있다. 도망가는 침팬지와 마찬가지로 비명을 지르고 있다.

아래 로셔가 안전한 엄마 무릎 위에서 두 침팬지 새끼들이 싸우는 모습을 바라보고 있다.

침팬지들은 간혹 꽤 멀리 떨어진 거리에서 접촉하는 방법으로 '후우후우' 하는 소리를 지른다. 라윗(왼쪽)과 이에룬이 니키가 '후우후우' 하는 소리에 화답하고 있다. 니키는 이들로부터 60미터 떨어진 곳에서 과시 행위를 하고 있다.

도움 구하기

앞서 말한 것처럼 지원을 요청할 때는 한쪽 손을 내민다. 이런 몸짓은 실제로 간원하는 심정 표현임이 분명하다. 그런데 만일 지원을 요청한 침팬지가 다시 일어나 지원에 나선 침팬지와 함께 적에게 대항하게 되면 그의 의도는 확실하게 전달된 셈이다. 그렇게 되면 적을 향한 간원자의 태도는 극적으로 달라진다. 그는 좀 전에 비명을 지르며 손을 내밀던 가련한 존재가 아니다. 공격적으로 변해 짖어대고 금속성 소리를 지르면서, 지원자가 아직도 자기를 지원해주고 있는지 어떤지를 계속 확인하면서 적을 향해 돌진한다. 만약 지원자가 주저하는 눈치를 보일 경우에는 지원을 호소하는 과정이 다시금 반복된다.

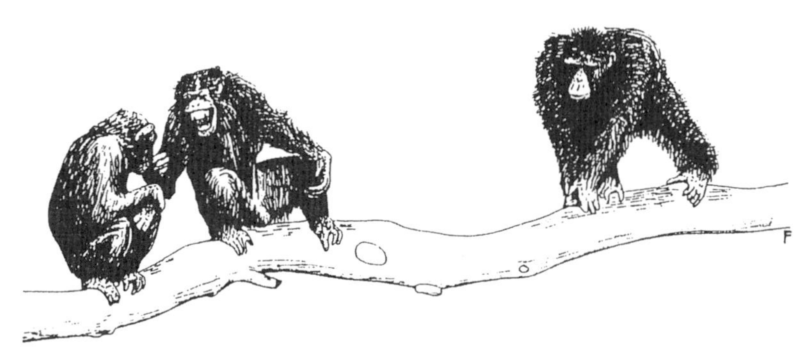

중앙에서 비명을 지르고 있는 수놈은 두 마리의 침팬지와 동시에 상호작용을 하고 있다. 오른쪽에는 허세를 부리는 적이 위협하며 다가오고 있다. 적수에게서 비켜나기 전에 수놈은 왼쪽에 있는 암컷의 입에 자기 손가락을 갖다댐으로써 그 암컷에게서 안도감을 구한다. 이것은 편파적 의사소통의 한 사례다.

부추김

이 경우는 의사소통이 동시에 두 방향으로 일어나는 경우이다. 대개의 경우 암놈이 다른 암놈을 공격하려고 제3자인 수놈을 끌어들일 때다. 위협을 받은 암놈은 분노에 찬 비명을 지르며 그녀의 적에게 맞서면서, 동시에 그 수놈에게 키스를 하거나 애교를 부린다. 간혹 암놈은 자신의 적수를 가리키기도 한다. 이는 흔치 않은 손짓이다. 침팬지들은 보통 손가락보다는 손 전체를 사용하여 가리킨다. 침팬지들이 손가락으로 상대를 적시하는 경우는 상황이 꼬여 있을 때이다. 예를 들면, 제3자인 수놈이 잠을 자고 있거나, 처음부터 그 상황에 관여하지 않았을 때다. 만약 그런 경우에 암놈은 자신의 적수를 손가락으로 가리킨다.

수놈이 어떤 행동을 취하게 되면 그를 선동했던 암놈은 더 이상 관여하지 않는다는 점이 '부추김'의 특징이다. 암놈이 사건을 몽땅 수놈에게 위임했기 때문이다.

바우터에게 키스하는 라윗

화해

전통적으로 폭력은 개체들의 분산을 야기하는 통제불능의 본능으로 여겨졌다. 개체를 분산시키는 기능은 초기 동물행동학자들이 연구한 자기 세력권을 갖는 종들에게서 명백히 드러났다. 그러나 그 결과를 어떻게 사회적 동물에 적용할 수 있을까? 만약 모든 싸움이 그 구성원들을 갈라서게 만든다면 집단은 매우 빠르게 해체되지 않았을까? 동물들은 어떻게 음식이나 친구를 둘러싼 경쟁을 지속하면서도 집단의 결합력을 유지해나갈 수 있는 것일까?

침팬지 집단에서 싸움이 벌어진 다음 무슨 일이 일어나는지에 대한 자료를 수집하면서, 우리는 적수들이 싸움을 끝낸 뒤에는 자석처럼 서로에게 이끌린다는 점을 발견했다. 싸움이 벌어진 이후에 회피보다 접촉 행동이 더 오랫동안 관찰됐다.

내 첫 번째 학생인 앙엘리너 판로스말런이 오기 몇 달 전부터, 나는 침팬지들 사이에 화해라는 현상이 존재한다는 사실을 점점 깨닫고 있었다. 간혹 화해의 전략이 아주 명백한 경우도 있었다. 싸움이 끝난 지 채 1분도 되지 않아 두 적수가 서로 껴안고 오랫동안 키스에 몰두하고는 서로 털을 골라주기도 한다. 그러나 가끔은 이런 감정적 접촉이 싸움이 끝난 지 몇 시간 지나서야 일어나기도 한다. 주의 깊게 관찰해 보니 적대자와 화해에 이르기 전에는 긴장과 망설임이 한동안 지속되는 것을 볼 수 있었다. 그 다음에 눈이 녹듯 갑자기 한쪽 침팬지가 상대방에게 접근한다.

앙엘리너는 갈등 후 적수 사이에 이뤄지는 접촉은 다른 경우보다도 훨씬 더 강렬하며, 키스가 가장 두드러진 특징이라는 것을 알아냈다. 이러한 현상을 설명하는 적당한 단어가 '화해(reconciliation)'이지만, 이런 용어는 침팬지를 필요 이상으로 인간화한다는 이유로 사용을 반대하는 사람들도 있다. 왜 있는 그대로 '싸움을 한 뒤의 첫 접촉'이라는 중립적인 용어를 사용하면 안 되냐는 것이다. 마찬가지로 객관성을 바라는 입장에서 보면 키스는 단지 '입과 입의 접촉', 포옹은 '어깨 부위에 팔을 걸치는 것', 얼굴은 '주둥이 부위', 손은 '앞발'이라 부를 수 있을 것이다. 나는 탈인간적인 용어를 선호하는 동기 자체는 받아들일 수 있다. 하지만 그 동기 때문에 침팬지가 우리한테 내미는 거울을 언어로 가려서야 되겠는가? 또한 인간의 위엄을 지키려고 모래 속에 머리를 처박아서 되겠는가?

침팬지와 일하는 사람들은 화해의 필요성이 얼마나 중요한지를 스스로의 경험을 통해 잘 알고 있다. 이런 필요성을 그렇게도 절실하게 보여주는 동물은 아마 없을 것이며, 이런 사실에 익숙해지기 위해서는 시간이 필요하다. 이보너 판쿠켄베르흐라는 여성은 이 현상에 대한 첫 경험을 이렇게 묘사했다.

이보너는 초코(Choco)라고 불리는 새끼 침팬지와 잠시 동안 함께 생활했다. 초코는 점점 짓궂은 장난을 좋아했는데, 어느 날 초코가 몇 번이나 전화기 코드를 빼놓자, 이보너는 초코의 팔을 아주 세게 붙잡으면서 심하게 꾸짖었다. 이러한 질책은 그녀가 바라던 효과를 내는 것 같았다. 그래서 그녀는 소파에 앉아 책을 읽기 시작했다. 그녀가 이 사건을 잊어버렸을 즈음, 초코는 갑자기 그녀의 무릎 위로 뛰어올라와 두 팔을 목에 휘감고는 침팬지가 하는 전형적인 태도로(입을 벌리고) 입술로

마마가 니키(오른쪽)와 비명을 지르는 폰스(왼쪽) 간의 다툼을 중재하고 있다. 마마는 니키에게 '인사'를 한다. 이때 마마는 니키와 포옹을 하고 입을 맞춘다. 이렇게 해서 니키를 진정시킨 후에야 겨우 폰스는 니키와 화해할 수 있다.

쪽쪽 소리를 내면서 그녀에게 키스를 했다. 이것은 초코의 평소 행동과는 아주 다른 것으로, 질책과 관계가 있음이 분명했다. 초코의 포옹은 이보너를 감동시켰지만, 한편으로는 깊은 심리적 충격을 안겨주었다. 그녀는 동물에게서 그런 행동을 전혀 기대하지 않았다는 사실을 깨달았다. 이보너는 간절하게 화해하고 싶어하는 초코의 마음을 전혀 짐작하지 못했던 것이다.

화해는 아른험에서의 연구 초기부터 인기 있는 연구 주제였다. 이 현상은 포획된 침팬지와 야생 침팬지를 가릴 것 없이 영장류에게서 광범위하게 발견된다. 지금은 영장류들이 화해를 하는 능력이 있다는 것에 의심의 여지가 없다. 오히려 의문점은 어떤 상황에서 화해가 이루어지는가 하는 점이다. 가장 유력한 생각은 화해가 가치 있는 관계를 회복하는 데 기여한다는 것이다. 이것은 종마다 친밀한 관계와 협력적 동반자 관계에 있는 개체들에게서 화해에 이르는 모습이 쉽게 관찰되는 이유를 설명해줄 것이다.

나는 《영장류들의 평화구축(Peacemaking among Primates)》에서 그 증거를 검토해보았다. 침팬지와 가장 가까운 종인 보노보(bonobo)는 침팬지의 화해 행동과는 달리 성 행동을 통해 화해를 이끌어낸다. 예컨대, 보노보들은 싸움이 끝난 뒤에 이성간이건 동성간이건 상관 없이 성행위를 하거나 성행위를 흉내 내거나, 혹은 서로의 성기를 접촉하는 일종의 화해의식을 벌인다. 이렇게 접촉하는 이유는 침팬지들과 동일하다. 두 종 모두 갈등을 해결할 필요성을 공유하고 있는 것이다.

연합

침팬지 두 마리가 서로 때리거나 위협을 하기 시작하면 제3의 침팬지가 개입해서 한쪽 편을 들어준다. 그 결과 두 마리가 제휴해 한 마리와 싸우게 된다. 많은 경우, 싸움이 더욱 확대되고 더 큰 연합이 형성된다. 모든 것이 매우 빠르게 이뤄지는 바람에 침팬지들은 다른 놈들의 공격에 의해 그저 맹목적으로 싸움에 가담하는 것처럼 보이기 쉽다. 그러나 이는 진실과는 한참 동떨어진 상상일 뿐이다. 침팬지들은 절대로 계산 없이 행동하지 않는다.

이를 증명하기 위해서는 난투극 속에서 각 개체들이 어떻게 움직이는지를 반복해서 체크하면 된다. 각 개체는 예측할 수 없는 방식으로 싸움에 가담하는 것일까, 아니면 어떤 개체를 조직적으로 지원하는 것일까? 여기에는 매우 주의 깊은 관찰이 필요하다. 연합에 관한 정보를 모으는 데 필요한 것은 인내, 또 인내, 인내뿐이다. 하루 종일 기다려봤자 단 한순간도 발견하지 못할 때도 있다. 그러나 보통은 하루에 5~6회의 연합을 볼 수 있었고, 팀을 짜서 철저하게 관찰한 결과 1년에 총 1,000~1,500회의 동맹을 목격할 수 있었다. 이것들은 'C가 A를 지원, A는 B와 대립'이라는 식의 긴 목록으로 기록된다. 이 리스트를 상세하게 분석함으로써, 우리는 침팬지들이 집단 내에서 벌어지는 싸움에 개입할 때 어느 한쪽을 선택적으로 편든다는 사실을 확인할 수 있었다. 집단의 구성원은 모두 각 개체에 관한 대처 요령을 숙지하고 있다. 즉, 각 개체에 대한 나름의 호好·불호不好를 갖는 셈이다. 그들이 한번 선택한 편파적인 결정은 보통 몇 년씩 변하지 않는다.

그러나 이것이 집단 내의 관계가 항구적이란 뜻은 아니다. 실제로 침팬지의 연합에 관해 논할 때 가장 흥미로운 것이 바로 그 관계의 변화이다. 몇 해 동안이나 B에 대항해서 A를 지원해온 C가 어째서 차츰 A와 대립하고 B를 지원하기 시작하는 것일까? A-B, B-C, A-C 사이의 관계에서 변화를 일으키는 가장 강력한 요인은 무엇일까? 문제가 복잡한 것은 이것이 삼각관계이기 때문이다. 그리고 ABC 사이의 조합은 집단 내에 존재하는 몇천 가지의 연합 형태 중 한 가지일 뿐이다. 연합에 대해 연구하다 보면 집단생활의 '3차원적인' 복잡성에 맞닥뜨리게 된다.

협력이 연합의 경우에만 나타나는 것은 아니다. 타르잔이 나무에서 내려오는 것을 테펄이 돕고 있다.

영장류 학자인 어빈 드보어(Irven DeVore)와 고故 로널드 홀(Ronald Hall)은 1965년에야 비로소 이 문제를 총체적으로 다룬 본격적인 분석 결과를 발표했다. 그들은 케냐에서 야생 비비의 행동을 연구했다. 어른 수놈의 사회적 지위는 개인적인 싸움 능력 및 연합 행위라는 두 가지 요인에 달려 있다. 그들 무리 전체는 이른바 '중심 계급'을 형성하는 두세 마리의 수놈이 연대해서 이끌어나간다. 다른 수놈의 도움 없이 단독적으로 행동할 때는 그리 강하지 않으며, 중심 동맹에 끼지 못한 수놈 중에는 중심 수놈 한 마리만 상대한다면 전혀 무서워하지 않을 개체도 있다. 그렇기 때문에 중심 계급은 경쟁자들을 지배하기 위해 공동 전선을 형성해야만 한다.

론 내이들러(Ron Nadler)는 어떻게 집단의 최고 지위가 공격적인 협동에 달려 있는지에 대한 놀라운 사례를 발표했다. 애틀랜타의 유명한 여키스(Yerkes) 영장류 센터에서 한 고릴라 집단이 만들어졌다. 어른 암놈 네 마리와 거대하고 위압적인 수놈 칼라바(Calabar), 체구는 작지만 역시 어른 수놈인 란(Rann) 등 여섯 마리로 구성되어 있었다. 누구나 칼라바가 집단의 우두머리가 될 것으로 예상하고 있었지만 암놈들은 일방적으로 란의 편을 들었다. 이 두 마리의 수놈은 몇 주 동안은 아주 평화롭게 지냈지만, 암놈 집단과 어울리면서부터 가슴을 치거나 돌격 과시를 하면서 심한 싸움을 벌였다. 칼라바에게 큰 상처를 남기고 집단에서 왕따 신세가 되도록 만든 마지막 싸움을 내이들러는 이렇게 기록했다. "어느 쪽 수놈이 싸움을 걸었는지는 확실하지 않지만, 일단 맞붙어 싸우기 시작하자 암놈들이 싸움에 가담했다. 두 마리는 칼라바의 등으로 뛰어오르고 한 마리는 발을 붙잡았으며, 모두 달려들어 그를 물어뜯기 시작했다. 암놈들은 아주 맹렬히 싸웠고 몇 초 만에 결판이 나자 다시 흩어졌다."

암컷들이 특정 수컷을 선택해서 우두머리로 옹립했다는 사실이 이 사건의 가장 충격적인 측면은 아니다. 가장 놀라운 점은 란이 암놈들로 하여금 자신을 지원하도록 '강요할 수' 있었다는 사실이다. 이 점은 본격적인 싸움이 일어나기 전에 취한 란의 책략에서 확연히 드러났다. "란이 칼라바를 따라가면 언제나 암놈들도 곧이어 따라나섰다. 칼라바가 멈춰서면 언제나 암놈들은 란과 함께 위압적인 수놈 주위로 반원을 형성했다. 언젠가 암놈 한 마리가 그 자리에서 물러나려고 하자, 란은 그 암컷에게 거칠게 달려들어 본래의 자리로 돌아가게 했다." 이것은 이탈을 저지하는 란의 방법이었다. 그런데 어째서 암놈들은 한편으로는 자신들에게 의존되어 있는 한 마리의 수놈에게 복종한 것일까? 어쨌든 수놈의 운명은 암놈들의 손에 달려 있었는데 말이다. 아마 고릴라의 정치 생활도 침팬지와 마찬가지로 세련되고 복잡하면서도 수수께끼로 얽혀 있는 것 같다.

한편, 자연 서식지에 사는 침팬지의 연합에 대해서는 잘 알려져 있다. 우리는 연합이라는 것이 수놈끼리의 관계를 결정하거나 우위를 확립하는 데 매우 중요한 요소라는 사실을 밝혀냈다. 이것은 탄자니아의 곰비 강 집단에 대한 보고에서도 거듭 강조되는 바다. 거기에서는 파벤(Faben)과 피간(Figan)이라는 수놈 형제간 연합이 어떤 양상으로 발전했는지 거의 완벽하게 묘사되어 있다. 이러한 과정을 아른험 집단에서 일어난 과정과 비교해볼 때 근본적인 차이는 없다. 오직 유일한 차이라면 아른험에서는 그 과정을 더할 나위 없이 상세하게 관찰할 수 있었다는 점이다.[8]

안전한 해석

우리는 동물의 기분을 어떻게 알아차릴 수 있을까? 개가 다리 사이로 꼬리를 말아 넣는 행동을 보일 경우 우리는 일반적으로 그 개가 두려움을 느낀다고 여긴다. 왜냐하면 개가 그런 동작을 한 후에 대체로 도망치는 경향이 있다고 배웠기 때문이다. 도망치는 동작은 '다리 사이에 꼬리를 말아 넣는' 동작보다 훨씬 이해하기 쉽다. 우리는 그 양자 사이에 존재하는 관계에서 한쪽의 행동이 공포를 나타내는 것이라면 다른 한쪽의 행동 역시 공포를 나타내는 것이라고 추론한다. 마찬가지로, 개가 낮은 소리로 으르렁대거나 목덜미의 털을 곤두세울 때, 그 개의 다음 행동을 모르는 사람은 없을 것이다. 이러한 것은 우리들이 무의식중에 학습해온 연상작용에 의한 것인데 이것을 종종 '직관'이라고 칭하는 이유가 바로 여기에 있다. 그래서 우리는 개가 가진 여러 가지 기분을 "직관적으로 알고 있다"고 말하는 것이다.

직관이 가치 있는 것이기는 하지만 과학자들은 그 자체로 만족하지 않는다. 즉 직관의 배후에 놓인 것을 알아냈을 때만 비로소 만족한다. 그렇게 되면 직관과 같은 암시적인 지표에 항상 의존할 필요도 없다. 즉 개가 보내는 신호를 이해하고 해석하기 위해 배운 무의식적인 방법이 만약 의식적이고 체계적으로 적용된다면 효과적인 과학적 수단으로 바뀔 수 있는 것이다. 얀 판호프는 이런 방법을 미국 뉴멕시코 주에 있는 홀로만 집단의 사회행동을 기록하는 데 적용했다. 면밀한 관찰을 통해 그는 침팬지들이 보여주는 모든 행동 패턴에는 순서가 있다는 사실을 밝혀냈다. 그는 컴퓨터를 이용하여 어떤 행동 패턴이 동시에, 또는 빠르게 연속적으로 일어나는지 분류해냈다. 그 결과 상호 연관된 행동 패턴이 포함된 여러 집합이 만들어졌다. 예를 들면, 도주나 회피 등의 행동 패턴을 포함하는 집합은 '복종적'으로, 습격하고 깨물고 짓누르는 등의 행동 패턴을 포함하는 집합은 '공격적'이라는 식으로 지칭한 것이다. 그리고 이 작업을 통해 확실치는 않지만 여러 가지 행동 관계를 추론할 수 있게 됐다. 이를테면, 짖는 행동은 공격이라는 집합(습격)에, 비명이나 깽깽거리는 소리는 복종이라는 집합(도주)에 속한다.

컴퓨터는 행동 패턴들 사이의 연관을 보여줄 뿐이다. 그 밑바탕에 놓인 것이 무엇인지는 알려줄 수 없다. 판호프가 이 집합을 정서나 동기라는 표현 대신 '행동 체계'라고 부른 이유가 여기에 있다. 독자들의 이해를 돕기 위해 미리 말하자면, 나는 이 책에서 판호프 식의 신중함을 따라할 생각이 없다. 침팬지 한 마리가 다른 침팬지에게 '친밀하게 숨가쁜 소리를 낸다'고 내가 말할 경우, 그것은 첫째, 침팬지는 소리가 들리도록 호흡한다는 사실, 둘째, 이 숨가쁜 소리는 판호프의 분석에 의하면 '친밀한' 행동 집합 속에 포함된다는 사실을 뜻한다. 이런 행동 집합이 이렇게 불리는 이유는 그것이 포옹, 키스, 사교적인 털고르기와 같은 분명한 몇 가지 친밀한 접촉 형태를 포함하기 때문이다.

대담한 해석

본능적이고 충동적인 동물 행동의 반대편에는 의식적이고 계획적인 행동이 있다. 물론 자신들의 사회적 행동 결과를 제대로 이해하지 못하는 동물이 많은 것이 사실이다. 예를 들어, 수놈 귀뚜라미는 자신이 내는 소리가 암놈을 매혹시킨다는 사실을 안다고 말할 수 있을까? 그러나 암놈을 유혹하는 것이야말로 수놈 귀뚜라미의 신호가 갖는 가장 대표적인 기능이다.

그런데 고등동물은 자신들이 내는 신호의 효과를 실제로 알고 있는 것처럼 보인다. 특히 대형 유인원의 행동은 아주 유연해서 자신의 행동에 대해 다른 개체가 어떻게 반응하는지, 또 그 결과 자신은 무엇을 얻는지 등에 대해 모두 알고 있는 듯한 인상을 준다. 그들의 의사소통은 지능적인 사회적 조작과 매우 흡사해 보인다. 마치 다른 개체에게 영향을 미치는 수단으로 자신들의 신호를 사용하는 법을 배운 것처럼 말이다.

사례 1

어느 무더운 날, 이미(Jimmie)와 테펄(Tepel) 두 어미가 참나무 그늘 아래 앉아 있다. 새끼들은 곁에서 모래를 가지고 장난을 치고 있다(웃는 얼굴로 레슬링, 모래던지기 등을 하고 있다). 두 어미 사이에서는 무리 가운데 가장 어른인 마마가 잠을 자고 있다. 그런데 갑자기 새끼들이 큰 소리를 지르면서 서로 때리며 부딪치고 털을 잡아당기기 시작한다. 이미는 부드럽지만 위협적인 소리로 새끼들에게 경고한다. 테펄은 걱정스러운 마음에 자리를 옮긴다. 새끼들이 계속해서 싸우자 마침내 테펄이 마마의 옆구리를 몇 번 쿡쿡 찔러 깨운다. 마마가 일어나자 테펄은 싸우고 있는 새끼들 쪽을 가리킨다. 이윽고 마마가 마치 협박을 하듯 한발을 내디디며 한쪽 팔을 휘두르면서 소리를 지르자 새끼들이 싸움을 멈춘다. 그러고 나서 마마는 다시 낮잠을 잔다.

해석 내 해석을 충분히 이해하기 위해서는 다음 두 가지 사실을 알아둬야 한다. 먼저 마마는 우두머리 암놈으로 무리에서 대단한 존경을 받고 있다는 점, 그리고, 새끼들의 싸움은 어미들 사이에 긴장감을 불러일으키며, 어미들끼리도 서로 달라붙어 싸우게 되는 경우가 많다는 점이다. 이 긴장은 다른 쪽 어미가 새끼들의 싸움에 끼어드는 것을 막고 싶어하는 어미의 바람에서 생기는 것이다.

위의 사례에서, 새끼들의 놀이가 싸움으로 변하자 어미들은 모두 곤란한 상황에 빠져버렸다. 테펄은 권위 있는 제3자, 즉 마마에게 다가가 그녀에게 상황을 알려서 위기를 모면했던 것이다. 마마는 자신에게 중재자 역할을 해달라는 테펄의 기대를 한눈에 알아차렸다.

사례 2

이에룬은 니키와 싸우다가 손에 상처를 입었다. 심각한 부상은 아니지만 절뚝거리고 있는 것으로 보아 상당히 아플 것 같다. 다음날 디르크 포케마라는 학생이 보고하길, 이에룬이 절뚝거리는 것은 니키가 가까이 올 때만 그렇다는 것이다. 나는 더크가 관찰자로서 예리한 안목을 가진 학생이라고 생각하지만 이번엔 그의 말을 믿을 수가 없었다. 그래서 직접 관찰한 뒤에야 그의 보고가 사실임을 알게 됐다. 이에룬은 앉아 있는 니키 앞을 지나 뒤편으로 갈 때까지, 즉 니키의 시야 속에 있는 동안에만 계속 불쌍한 모습으로 절뚝거리지만, 일단 니키 옆을 지나가면 갑자기 태도가 바뀌면서 정상으로 걷기 시작한다. 이에룬은 거의 일주일 동안 니키의 시야에 들 때마다 그런 행동을 했다.

해석 이에룬은 연기를 한 것이다. 그는 자신이 중상을 입었다는 사실을 니키가 실제로 보고 믿게 만들고 싶었던 것이다. 이에룬이 니키가 보고 있을 때만 거짓 행동을 한 것은 자신이 내는 신호가 상대방이 보지 못하면 별 효과가 없음을 알고 있다는 것을 시사한다. 이에룬은 니키가 자기에게 주의를 기울이고 있는지 아닌지를 확인하려고 니키에게서 눈길을 떼지 않았다. 이에룬은 예전의 싸움에서 중상을 입고 (어쩔 수 없이) 절뚝거렸을 때, 경쟁자가 그에게 그리 가혹하게 대하지 않았던 기억을 통해 그 같은 책략을 배웠을 것이다.

사례 3

세 살이 되는 수놈 바우터(Wouter)가 암버르(Amber)와 싸우고는 고래고래 소리를 지르며 운다. 그러면서도 바우터는 암버르를 향해 공격적으로 접근해간다. 어미 테펄이 아들 바우터에게 다가가 손으로 입을 막아 째지는 듯한 소리가 더 이상 나오지 않도록 하자 그제서야 바우터는 조용해지고 싸움은 끝이 난다.

해석 시끄럽고 요란한 싸움은 주목을 끌게 마련이다. 싸움이 길어지면 어른 수놈 한 마리가 다가가 싸움을 멈추게 하는 것이 보통이다. 수놈이 위협을 하며 접근하면 바우터는 자연히 어미 있는 곳으로 달려가 몸을 피한다. 이것은 아들에 대한 벌을 어미가 대신 감수한다는 것을 의미한다. 테펄은 일이 더욱 꼬이기 전에 아들의 입을 막아 위험요소를 없애려고 생각했던 것이다.

침묵을 강요한 예는 이것만이 아니다. 어미의 무릎 같은 안전한 장소에서 새끼가 집단 내의 고위층에게 공격적으로 소리치기 시작하면 어미가 손으로 새끼의 작은 입을 막는 것을 본 적이 있다. 이것 또한 자기 새끼가 일으킨 사회적 실책으로 곤란한 상황에 빠지는 것을 두려워한 어미의 행동이라 할 수 있다.

사례 4

단디는 네 마리의 어른 수놈 중에서도 가장 나이가 어리고 지위도 낮

침팬지의 진보된 사고 과정은 쾰러(Köhler)의 유명한 도구 실험에 의해 비로소 밝혀졌다. 침팬지들은 자연스럽게 도구를 사용한다. 여기에서는 암버르가 물 위에 떠 있는 사과 껍질을 보고 나무막대기를 이용해 건져올리려 하고 있다. 즈바르트(왼쪽)와 프란예가 암버르의 성공 여부를 흥미롭게 지켜보고 있다.

다. 다른 세 마리, 특히 우두머리 수놈은 단디가 어른 암놈들과 교미하는 것을 허락하지 않는다. 그래도 단디는 '밀회'를 즐기고 기회만 되면 이들과 멋지게 교미한다. 단디와 암놈은 마치 우연히 같은 방향으로 걸어가는 것처럼 가장하다가 일이 잘 되면 몇 그루밖에 없는 나무 뒤에서 만난다. 이런 '밀회'는 몇 번 눈이 마주친 다음이나, 때로는 짧은 순간의 신체 접촉 뒤에 이뤄진다.

이렇게 벌이는 은밀한 정사에는 어떤 신호를 억제하거나 은폐하려는 경우가 많다. 그 상황이 너무도 우스꽝스러웠기에 나는 그 일을 처음 알아차렸을 때를 지금도 또렷이 기억하고 있다. 단디와 암놈 한 마리는 소곤소곤 서로에게 사랑을 속삭이면서 한편으로는 다른 수놈이 그 광경을 지켜보는 건 아닌지 불안한 표정으로 주변을 둘러본다. 수놈 침팬지는 두 다리를 크게 벌리고 앉아 발기된 성기를 과시하며 성적인 구애를 시작한다. 단디가 이런 방식으로 성적 충동을 나타내기 시작하던 바로 그때, 연장자 중 하나인 라윗(Luit)이 뜻하지 않게 구석으로 다가왔다. 단디는 즉각 손을 내려서 자신의 성기가 보이지 않게 가렸다.

언젠가 라윗은 두목 수놈인 니키가 50미터 정도 떨어진 풀숲에서 잠을 자고 있을 때 근처에 있는 암놈에게 구애를 하려고 했다. 마침 니키가 눈을 뜨며 일어서자 라윗은 그 암놈에게서 서서히 몇 발자국 떨어져 니키에게 등을 돌리고 앉았다. 니키는 천천히 라윗이 있는 곳으로 걸어오면서 도중에 무거운 돌을 주웠다. 그의 털은 약간 곤두서 있었다. 라윗은 니키가 다가오는 것을 힐끔 훔쳐보고는 다시 자신의 성기를 보았다. 그것이 쭈그러들자 라윗은 몸을 돌려 니키 쪽으로 걸어갔다. 그러나 니키가 움켜쥐고 있던 돌을 슬쩍 본 순간, 그 암놈과 니키에게서 멀리 떨어져 나갔다.

암놈들은 절정에 오를 때 특별히 높은 음색의 쇳소리를 냄으로써 비밀 정사 장면을 노출시켜 버리는 경우가 있다. 수놈 두목은 이 소리를 듣자마자 그 짓을 멈추게 하려고 그들이 숨어 있는 곳으로 달려간다. 묘령의 오르(Oor)는 대개 정사가 끝날 즈음 날카로운 비명을 지른다. 거의 다 성숙할 무렵부터 두목 수놈과 교미할 때는 절정에 다다를 즈음 쇳소리를 내지르지만, 다른 수놈과 '밀회'를 즐길 때는 거의 그렇지 않았다. '밀회' 때는 비명을 지를 때 나타나는 얼굴 표정(이빨을 드러내고 입을 벌리는)을 여전히 짓고 있지만, 일종의 소리 없는 비명(목 뒤쪽에서 숨을 내쉬는)을 지른다.

해석 이런 사례는 모두 은폐되거나 억압되는 성적 신호를 보여주고 있다. 예를 들어, 오르의 경우 소리 없는 비명은 강한 충동을 힘겹게 조절하고 있는 듯한 인상을 준다. 수놈의 경우에는 자신이 성적으로 흥분해 있다는 증거를 금세 없애고 정상적인 상태로 돌아가기가 어렵다는 문제에 직면하지만, 그들 역시 해결책을 알고 있다.

라윗은 뻔뻔스럽게도 니키가 손에 들고 있던 무기에 코를 대고 냄새를 맡아보기까지 했다. 이것은 수놈 두목이 자신을 혼낼 구실을 찾을 수 없으리라는 라윗의 확신이다. 이 행동은 내가 한때 두 마리의 수놈 마카크 원숭이에게서 목격한 사건과는 아주 대조적이다. 왕초 수놈이 몇 분 전에 밀회를 즐긴 다른 수놈을 만났다. 왕초 수놈은 교미를 한 수놈이 여느 때처럼 행동했다면 그 비밀 정사를 도저히 알 수 없었을 것이다. 그런데 불륜을 저지른 수놈은 쓸데없이 안절부절못하면서 복종의 태도를 취했고, 그것은 매우 과장된 몸짓이었다. 만일 그 우두머리가 침팬지 정도의 사회적 자각 능력을 가지고 있었다면 벌써 그 수놈이 교미한 사실을 확실하게 눈치챘을 것이다.

모험이 실패로 끝난 뒤에 라윗의 행동은 완전히 달랐다. 죄의식 같은 것은 조금도 찾아볼 수가 없었다. 침팬지는 시치미를 떼는 데 천재적인 소질을 가졌으므로 의심도 하지 않는 친구의 머릿속에 의혹의 씨앗을 뿌리는 짓은 여간해서는 하지 않는다.

융통성을 발휘하는 행동

침팬지들 사이에서 놀라운 사회적 조작의 사례를 많이 목격한 나는 침팬지에게 단순히 '고도로 지능적'이라는 수식어를 붙이는 것만으로는 불충분하다는 사실을 깨달았다. 침팬지가 다른 동물에게는 없는 것처럼 보이는 특별한 능력을 가지고 있다고 생각하지 않을 수 없었던 것이다. 그것은 '목적성을 가지고 생각하는(think purposefully)' 능력이다.

쥐에게 먹이를 얻기 위해 페달을 누르도록 훈련을 시켜보자. 배가 고파지면 페달을 누를 것이고 배가 부르면 멈출 것이다. 쥐가 이런 행동을 하는 것은 단지 페달을 누르면 먹을 것이 나온다는 것을 다소 우연하게 발견한 때문이고, 페달을 누름으로써 음식이 나온다는 사실을 기억하고 있을 뿐이다. 그러나 침팬지는 어떤 행동이 어떤 결과를 야기할 것인지를 직접 경험하지 않고서도 목표 지향적으로 행동한다. 그들은 즉석에서 효과적인 해결책을 금세 궁리해낼 수 있는 것 같다. 예를 들면 사례 1에서 테펄이 마마를 깨워 두 새끼들이 싸우는 것을 가리키거나, 사례 3처럼 테펄이 아들을 조용히 있게 하는 경우이다. 그와 같은 행동이 자기를 어려운 상황에서 구출해낸다는 사실을 테펄이 우연히 발견할 개연성은 매우 적다. 단순히 기억력이 좋다는 것 이상으로 고도의 능력이 필요한 것이 아닐까?

한편, 그와 같은 해결책은 테펄의 사회적 경험과 전혀 무관한 것일까? 그녀는 새끼들의 싸움, 잠자고 있는 동료, 마마의 권위적인 지위, 입에 손을 댔을 때의 효과 등을 포함해, 과거의 경험 전체를 효과적으로 연결하는 데 놀라운 능력을 보여주고 있다. 침팬지의 행동을 이렇게 융통성 있게 만드는 특별한 능력은 흩어져 있는 지식들을 '결합하는' 능력이다. 자신들의 지식이 익숙한 상황에만 제한되지는 않기 때문에 새로운 문제에 직면해 맹목적으로 덤벼들지는 않는다. 침팬지는 계속해서 변하는 실제적인 적용 상황에서 자신의 모든 과거 경험들을 활용한다.

우리는 하나의 목적을 달성하기 위해 과거의 경험을 새롭게 조합시키는 능력을 표현하는 데 '추리력' 혹은 '사고력'이라는 용어를 사용한다. 달리 적합한 단어는 없을 것이다. 실제로 시행착오를 통해 특별한 행동을 시험해보지 않고서도 침팬지들은 그들 머릿속에서 선택의 결과를 가름할 수 있다. 이를 통해 신중하고 합리적인 행동을 보인다. 영장류들은 수많은 사회적 정보를 고려하며 상대방의 의도와 기분에 민감하게 잘 조율되어 있다. 그래서 그들이 가진 높은 지능이 복잡한 집단생활을 유지하기 위해 진화되어 왔다고 추측한다. '사회적 지능 가설(Social Intelligence Hypothesis)'[9]로 알려진 이 개념은 우리 자신의 계통에서 벌어진 막대한 뇌 용량의 팽창에도 적용될지 모른다.

이런 견해에 따르면 기술적인 창의성은 부차적인 발전이다. 영장류 지능의 진화는 꾀로 상대방을 이기고, 속임수 전략을 감지하고, 상호 이익이 되는 타협을 이루며, 자신의 삶에 이득이 되는 사회적 연대를 증진시키기 위한 필요성에서 출발했다. 침팬지들은 이런 영역에서 분명히 뛰어나다. 그들이 가진 기술적인 재주는 인간보다 떨어지는 것이 확실하지만, 그들의 사회적인 능력도 그렇다고는 쉽게 단정하지 못하겠다.

개성

스핀과 함께한 단디

§

침팬지들은 각기 나름대로 뚜렷한 개성을 지니고 있다. 얼굴 생김새의 특징으로 우리가 주위 사람들을 알아보듯 침팬지들도 서로를 쉽게 구별할 수 있다. 게다가 목소리까지도 모두 다르기 때문에 연구를 시작한 지 몇 년이 지난 후에는 목소리만 듣고도 누구인지 알 수 있었다. 침팬지들은 각자 걷는 법, 잠자는 자세, 그리고 앉는 모양새에도 특징이 있어 머리를 돌린다거나 등을 만지는 것만 보고도 어떤 놈인지 구별할 수 있다. 그러나 여기서 그들의 개성을 이야기하는 데 가장 중점을 두는 부분은 각각의 침팬지들이 집단 내에서 동료들을 대하는 방식의 차이이다. 이런 차이는 사람들을 특징짓는 데 사용하는 것과 똑같은 형용사를 쓰지 않는다면 정확하게 묘사하는 것이 불가능할 정도로 다양하다.

그래서 나는 지금부터 소개할 침팬지들에게 '자신 있는'이라든지, '행복한', '자긍심이 높은', '계산이 빠른'과 같은 표현을 사용하려고 한다. 이러한 표현은 개개의 침팬지에 대한 나의 주관적 인상을 반영한 것이다. 그것은 가장 순수한 형태의 의인법이라 해도 좋을 것이다.

침팬지를 하나의 개성을 지닌 주체로 인식하게 되면 그런 사실은

수컷

이에룬　　라윗

니키

단디

'마마'를 중심으로 한 암컷 집단

암버르

마마와 모닉

호릴라와 로셔

폰스

프란예

'이미'를 중심으로 한 암컷 집단

이미와 야키

요나스

크롬

스핀

'테펄'을 중심으로 한 암컷 집단

테펄

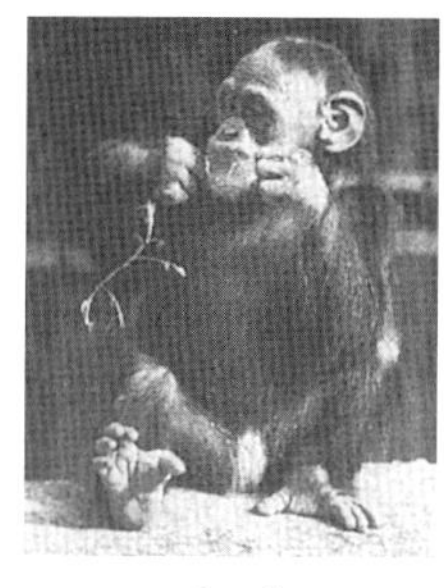
타르잔

바우터

파위스트

그밖의 젊은 암컷

즈바르트

오르

헤니

그들과 일하는 우리들의 꿈속에서부터 명백하게 드러난다. 꿈에 어떤 특정한 사람이 나타나는 것처럼 우리의 꿈에는 개개의 침팬지들이 등장하곤 한다. 만약 어떤 학생이 한 마리의 유인원을 꿈에서 보았다고 한다면, 그것이 나에게는 어떤 사람을 꿈속에서 만났다는 말처럼 그리 놀랍지 않은 일이다.

나는 처음 꾸었던 침팬지 꿈을 지금도 뚜렷하게 기억한다. 거기서도 그들과의 거리감이 분명하게 드러났다. 내가 침팬지들이 사는 곳에 이르자 안쪽에서 커다란 문이 열렸다. 침팬지들은 나를 좀더 잘 살펴보려고 서로 밀쳤다. 가장 나이 많은 수놈인 이에룬이 한 발 앞으로 나와 악수를 청했다. 그는 안으로 들어가고 싶다는 내 말에 귀 기울이는 듯했으나 냉정하게 거절했다. 그가 말하길, "그것은 전혀 불가능한 일이오. 그리고 우리 사회는 당신이 적응하기 힘들 것이오." 인간에게는 너무 거친 곳이란 이야기였다.

영장류 학자들이 각각의 개체에게 이름을 붙이는 것을 비판하는 사람들이 있다. 그들은 이름을 붙이는 행위가 동물을 쓸데없이 의인화시키는 결과를 가져온다고 비난한다. 이런 비판에는 개별적 차이에 대한 관심이 종種 특이적 행동에 대한 연구만큼 중요하지는 않다는 의미가 깔려 있다. 하지만 요즘은 각 개체의 사회적 배경이나 삶, 독특한 유전적 자질 중 한 가지 요소라도 없으면 동물의 행동을 이해하기 힘들다는 생각이 상식이 되었다.

개체의 개별적인 식별을 광범위하게 시도한 최초의 과학자는 1950년대에 이 작업을 시작한 일본의 영장류 학자들이었다. 숫자 코드를 사용한 그들의 관찰은 '험프리'라든지 '플로'와 같은 이름을 붙였던 제인 구달보다 더 객관적으로 보였지만 근본적으로는 동일했다. 숫자

코드를 시도했던 관찰자들은 한결같이 그 숫자가 이름처럼 들리기 시작했다고 보고했다. 영장류에게 부여한 숫자가 마치 이름과 같은 개성으로 자동 연상됐기 때문이었을 것이다.

1979년 내가 이 책을 준비하기 시작했을 때 이곳 아른험의 사육장에는 23마리의 구성원이 있었다. 그 가운데 암놈 세 마리와 수놈 네 마리는 집단 내에서 영향력이 컸기 때문에 특별히 개별적으로 소개하고자 한다. 대부분 암놈과 새끼들인 다른 16마리는 이 집단에 처음 온 어미들을 중심으로 형성된 세 개의 암놈 하위집단에 속해 있다. 침팬지의 나이는 1979년 당시를 기준으로 한다.

여장부 마마

이곳 아른험에서 나이가 가장 많은 침팬지는 마흔 살 가량으로 추정되는 암놈이다. (지금까지 알려진 침팬지의 최장수 기록은 50세 정도이다) 우리는 그녀를 마마(Mama)라고 부른다. 마마의 눈빛에는 큰 힘이 담겨 있다. 그녀는 나이 든 여성 특유의 예리하면서도 모든 걸 이해하고 있다는 듯한 눈빛으로 우리를 바라본다.

마마는 이 공동체 안에서 최대의 존경을 받고 있다. 그녀의 중심적인 지위는 스페인이나 중국 가정에서 보이는 할머니의 위치에 비견될 만하다. 집단 내부의 긴장이 극에 달하면 싸우고 있던 놈들은 장성한 수놈조차 모두 그녀에게 의지한다. 두 마리의 건장한 수놈들 사이의 다툼이 결국에는 그녀의 수완으로 끝나는 것을 나는 수없이 보아왔다. 그들은 대결의 정점에서 육체적인 폭력을 사용하기보다는 서로 찢어질 듯한 소리를 지르며 마마가 있는 곳으로 달려간다.

중재자로서 그녀의 역할을 단적으로 보여준 사건은 집단 전체가 니키에게 반항했을 때였다. 니키는 불과 몇 달 전에 우두머리 수놈이

마마는 집단에서 중심적인 역할을 맡고 있다. 집단을 안정시키고 화해로 이끄는 영향력은 물론이고, 암놈들의 힘을 결집시키는 리더이기도 하다. 어떤 수놈도 감히 그녀를 무시할 수 없다.

되었기에 그의 난폭한 행위는 아직 집단 구성원들에게 잘 받아들여지지 않는 경우가 많았다. 그때 마마를 비롯한 모든 침팬지들은 비명을 질러대며 니키를 쫓아버렸다. 늘 압도적인 힘을 가진 니키였지만 그때는 그저 한 마리의 공포에 질린 침팬지가 되어 비명을 지르며 나무 위로 도망칠 수밖에 없었다. 도피할 수 있는 곳도 모두 차단됐다. 니키가 나무 위에서 내려오려고 할 때마다 다른 침팬지들이 다시 나무 위로 쫓아냈다. 15분쯤 지나자 상황이 달라졌다. 마마가 천천히 그 나무 위로 올라가더니 니키를 만지고 입맞춤을 했다. 그런 다음 니키를 자기 뒤꽁무니에 붙이고 나무에서 내려왔다. 마마가 니키를 데리고 내려온 뒤로는 누구도 더 이상 반항하지 않았다. 니키는 여전히 신경을 곤두세우고 있었지만 간신히 적대자들로부터 벗어날 수 있었다.

마마는 몸집이 대단한 중년 여성이다. 침팬지로서는 특이하게도 행동반경이 넓고 강건한 체력의 소유자이다. 걸음이 느리고 나무에 오르는 것이 다소 힘겨워 보인다. 가끔 얼굴을 찡그리는 것으로 보아 관절에 가해지는 무게로 통증을 느끼는 듯하다. 이 사육장이 만들어진 당시에는 지금보다 훨씬 민첩했다. 그럴 수밖에 없었던 것이 그녀는 어른 암놈만이 아니라 장성한 수놈까지 지배하는 집단의 지도자였기 때문이다.

장성한 수놈들은 한참 뒤에 집단에 합류했다. 마마는 1973년 11월 5일 세 마리의 수놈이 나타나기 전까지 18개월 동안 지도적인 위치를 차지하고 있었다. 이들 신참 수놈들은 그녀의 권위에 이의를 제기하지 않았다. 도리어 여성 부대가 물고 당기고 때리는 것을 막는 데 힘겨워했다.

겨울이 다가와 침팬지들은 넓은 실내 사육장에서 생활하게 되었다. 새로 온 세 마리 수놈들은 매일 아침 제일 먼저 우리를 빠져나왔다. 그중 이에룬은 늘 커다란 금속 드럼통으로 달려가서는 털을 세우고 "후우후우" 하고 소리쳤다. 다른 두 수놈도 그 뒤에 착 달라붙어 쉿 소리를 내며 어깨 너머로 흘낏흘낏 주변을 둘러보았다. 수놈들은 암놈들이 나타날지 모르는 통로를 빈틈없이 살피고 있었다. 암놈들이 나타나면 수놈들은 가장 높은 드럼통으로 올라가고 아래에서 암놈들이 공격을 한다. 이것은 모두 마마와 마마의 친구인 호릴라의 지령으로 이루어진 것이다. 암놈들은 발을 물고 털을 잡아당겼다. 수놈들은 방어에 최선을 다했지만 오히려 암놈들의 공격적 과시 행동을 부추길 따름이었다. 수놈들이 비명을 지르고 설사를 하고 토하는 것으로 보아 성난 암놈들을 두려워하는 게 틀림없었다.

며칠 뒤 몇몇 암놈들이 조심스럽게 수놈들과의 접촉을 시작했다. 마마가 믿고 있던 호릴라 역시 새로 온 신참들에게 우호적인 태도를 보였다. 그녀는 특히 이에룬

세 마리의 어른 수놈이 겁에 질려서 가장 높은 드럼 위로 몰려들었다. 암놈들은 공격적인 비명을 지르며 그 주변에 모여들어 수놈들의 다리와 털을 잡아당긴다. 암놈 한 마리가 앞쪽에서 과시 행위를 하고 있다.

에게 분명한 호감을 보였다. 이런 선호는 이후로도 계속되었고 몇 년간 집단 내부의 판도 변화에도 중요한 역할을 하게 된다. 두 파벌 사이에서 이뤄진 조심스런 교섭 움직임에도 불구하고 종종 격한 싸움이 일어났다. 마마는 자신의 지위가 위태로워짐을 느끼자 수놈을 받아들일 기색을 전혀 보이지 않았다.

이런 상태는 결국 인간들의 간섭으로 종지부를 찍게 됐다. 수놈들이 들어온 지 두 주일이 지난 뒤 마마와 호릴라가 집단에서 빠졌다. 그 뒤 몇 달 동안, 이에룬은 다른 침팬지들에게 자신의 이미지를 구축하는 데 성공하여 전원이 그에게 복종하게 되었다. 이에룬이 이를 달성하게 된 것은 소위 말하는 드럼 콘서트를 통해서였다. 속이 빈 커다란 금속 드럼 위에 올라가 발로 리드미컬하게 쉬지 않고 두드리는 것이다. 그의 드럼 독주는 갑자기 털을 세워 무리 속으로 뛰어내려 난폭하게 돌진하는 것으로 끝났다. 누구라도 그의 진로를 가로막으면 얻어맞기 십상이었다.

석 달이 지나자 이에룬이 확고히 권력을 장악했음이 분명해졌다. 이제는 마마와 호릴라를 집단으로 되돌려보낼 시기가 된 것이다. 자연스럽게 당혹스런 상봉이 이뤄질 것이다. 당시의 극적인 광경을 관찰하고 기록한 티티아 판뷜프턴 팔터(Titia van Wulfften Palthe)는 보고서에 다음과 같이 기록했다.

마마와 호릴라를 방으로 들여보내자 침팬지들이 굉장히 흥분해서 거의 귀청이 찢어질 지경이었다. 그 광경은 처음 세 마리의 수놈을 들여보냈을 때와 비슷했다. 세 마리의 수놈들은 제일 높은 금속 드럼에 올라가 차례로 내려와 자리를 차지하더니 계속해서 비명을 질러댔다. 그리고는 마마와 호릴라에 대한 두려움으로 설사를 했다. 설사가 마마의 발에 떨어지자 그녀는 닳아빠진 로프 조각으로 정성껏 오물을 닦아냈다. 마마는 수놈들에 대해서는 매우 공격적이었고 힘껏 공세를 취했다.

그러나 예전과는 사뭇 다른 분위기였다. 마마는 구성원들 중 누구에게도 지원받을 수 없었다. 호릴라조차 입장한 지 10분이 지나지 않아서 이에룬과 우호적인 접촉을 한 것이다. 암놈들 사이의 단결이 무너졌다는 것은 마마에 대한 경외심이 급속히 사라졌음을 의미한다. 몇 주일 뒤 마마는 1인자의 자리를 잃었다. 그때부터 이에룬이 두목이 된 것이다.

일시적으로 마마와 호릴라를 집단에서 제외시킴으로써 수놈에 대한 상위의 권위 기반을 이루고 있던 강력한 동맹이 파괴됐다. 이 일은 내가 아른험에서 연구하기 전에 이뤄졌지만 아직도 나는 페미니스트들에게 이 간섭 때문에 비난을 받고 있다. 연구진들은 수놈이 지배하기를 원한 것인가? 마마는 훌륭한 지도자가 아니었는가? 등등.

그런 간섭을 시도한 데는 여러 가지 이유가 있다. 우선 야생에서는 장성한 수놈이 암놈보다 우위에 있다고 알려져 있다. 따라서 이곳 아른험 동물원의 수놈들도 인간의 간섭 없이도 결국 지배권을 가졌을 테지만 그 과정에서 많은 시간과 어려움이 따랐을 것이다. 특히 억눌린 실내에서 지내야 하는 겨울철에는 아마 정권 탈취에 성공할 수 없었을 것이다. 그러나 넓은 야외 사육장이라면 수놈들은 마마나 다른 암놈들과 충분한 거리를 유지할 테고, 그런 경우에 그들은 회를 거듭하면서 용기를 갖게 되어 서서히 위협적인 도발행위를 더 자주 할 수 있었을 것이다. 그리고 야외에서는 수놈들이 마마와 단독으로 싸우기 위해 그녀를 지지자들로부터 분리시킬 기회도 가졌을 것이다. 장성한 수놈은 암놈보다 강하고 민첩하다.

이와 같은 자연스러운 사태의 진전을 기다릴 수 없었던 이유는 마마의 권력을 억누를 수밖에 없었던 절박함이 있었기 때문이다. 수놈들을 들여오기 전에 침팬지들은 일주일에 한 번 꼴로 부상을 당해 건강이 회복될 때까지 얼마 동안 격리시켜야만 했다. 그런 부상은 거의 마마의 소행이었다. 물리는 경우는 다반사였고 피가 나거나 때로는 피부가 벗겨질 때도 있었다. 수놈이 암놈보다 온순하다고 할 수는 없지만 이 정도로 심한 타격을 주는 공격은 드문 편이다. 오히려 수놈들이 공격성을 잘 통제하는 것으로 여겨진다. 더구나 수놈들은 암놈들의 싸움에 개입해서 다툼이 크게 번지는 것을 막는다. 집단 내에서 발생하는 부상 숫자로 보자면 이에룬의 권력 쟁취가 맘이 놓이는 일이었다. 권력 교체로 특히 낮은 지위의 침팬지들이 덕을 보았다. 마마는 무섭게 공격을 했지만 이에룬은 포악해질 수는 있어도 결코 어느 선 이상을 넘지 않았던 것이다.[10]

세월이 지나면서 마마는 크게 달라졌다. 최고 권력을 장악했던 사육장 설립 초기의 몇 해 동안, 그녀는 수놈처럼 위협적으로 행동했었다. 털을 세우고 발을 차면서 돌아다녔다. 그녀의 특기는 금속 드럼통 하나를 호쾌하게 차는 것이었다. 이럴 때는 기다란 두 팔로 몸을 떠받치고는 그네처럼 커다란 몸체를 흔들어댔다. 양손을 땅에 짚고는 두 발로 문을 차서 떠나갈 듯한 소음을 일으키기도 했다.

나는 그런 소리를 들어본 적이 거의 없었다. 내가 아른험에서 일을 시작하기 두 해 전에 이미 마마는 권좌를 잃었고 내가 연구소에 들어갔을 당시는 그녀가 권력 이행기를 겪는 때였다. 남성적인 위협 행동은 그리 심하지 않았으며, 자식에 대한 흥미도 거의 없는 듯했다. 그해에 새끼를 낳았지만 스스로 돌보려고 하지 않았고 자꾸만 친구인 호릴라에게 맡기려고 했다. 결국 우리는 새끼를 그녀로부터 떼어내 우유병으로 젖을 먹일 수밖에 없었다. 그것은 사육장 설립 초기에 태어난 새끼 대부분이 걸었던 운명이기도 했다.

마마는 그로부터 두 해 뒤 태어난 두 번째 자식은 받아들였다. 그 무렵부터 간신히 새로운 지위에 만족하는 것 같았다. 이전보다 확연히 부드러워지고 너그러워졌다. 그녀의 딸인 모닉(Moniek)은 공주처럼 지내고 있다. 마마는 아주 따스하게 새끼를 감싸주었다. 집단의 모든 침팬지들은 모닉이 털끝 하나라도 다치게 된다면 예전처럼 노모老母의 분노가 폭풍처럼 불어닥치리라는 것을 알고 있었다. 그래서 모닉은 어미가 집단에서 향유한 존경의 일부를 물려받게 된 것이다.

이에룬과 라윗

아른험 집단에서 가장 나이가 많은 수놈인 이에룬과 라윗은 서로 오랫동안 알고 지낸 사이이다. 둘 다 코펜하겐 동물원에서 왔으며 이곳 사육장에 들어오기 전에는 여러 해 동안 같은 우리에서 지냈다. 이곳에 온 뒤로는 이에룬이 라윗보다 우위에 섰고, 아마도 이에룬의 나이가 몇 살 연상일 것이다. 대략 이에룬은 30살, 라윗은 25살 정도라고 생각한다.

라윗은 놀기 좋아하고 장난기가 많다. 이에룬이 차분한 인상을 주는데 반해, 그는 생기발랄하고 활력이 넘친다. 이에룬의 턱수염은 회색이고 걸음걸이나 나무에 오르는 자세가 라윗에 비해 어색하다. 이런 특징 때문에 둘 중에 이에룬을 연장자로 판정했지만, 가장 중요한 이유는 그의 정력이 점점 줄어든다는 점이었다. 이에룬의 위협 과시는 그리 길지 못했다. 거칠고 눈에 띄게 행동했지만 곧 피곤해지는 듯했으며 일련

마마와 모닉

늙은 여우 이에룬

의 자기과시 뒤에는 눈을 감은 채 깊이 어깨 숨을 쉬기도 했다. 어떤 이유에선지 제법 긴 위협 과시를 계속할 때에는 나뭇가지를 옮겨 다니다가 미끄러지거나 비틀거리기도 했고, 나무를 쥔 손을 놓치기도 했다. 이렇게 피곤한 모습을 경쟁자들이 그냥 놓칠 리 없었다. 라윗이 이에룬의 경쟁자로 맞서고 있을 때 이 점이 분명하게 드러났다. 서로 과시적인 행동을 하던 중 이에룬이 피곤해 보이면 라윗은 이런 행동을 두 배로 보여주곤 했던 것이다.

이에룬과 라윗은 똑같은 경력을 가지고 있어, 우리는 이들을 오랜 동지라고 불렀다. 그러나 거부할 수 없는 그들의 결속은 종종 의견의 불일치로 인해 무너졌고, 집단생활을 함에 있어 서로 적이 될 때가 많았다. 이들은 경쟁적인 친구라고 말할 수 있다. 그들의 의견이 전혀 일치하지 않는 것은 사실 다소 놀라운 일이다. 나는 둘이 함께 우두머리가 되어 집단을 지도해 나가리라 예상해왔다. 만약 이런 일이 벌어졌다면 당시 침팬지 집단의 발전 양상이 그리 흥미롭지 않았을 것이다.

나는 수년간 이 두 마리가 다른 역할을 하는 것을 보면서 그들의 성격 차이를 판별할 수 있게 됐다. 그렇지 않았다면 각자의 성격을 알아내기란 쉽지 않았을 것이다. 가령 어떤 수놈이 우두머리 역할을 할 때만 보았다면 그 수놈은 매우 자신만만한 성격의 소유자라고 생각하기 쉽다. 그러나 꼭 그렇지만은 않다. 자신의 지위가 중대한 위협을 받자마자 금세 자신감이 사라질지도 모를 일이다.

이에룬은 천성적으로 계산이 빠르고, 신경질이며 이해관계에 민감했다. 그는 목표 달성을 위해서라면 누구도 아랑곳하지 않았다. 뒤에 나오는 일화에서 알 수 있듯 그는 대단한 수완가였다.

이에룬은 싸우기에는 나이 들고 쇠약했을 뿐 아니라 중대한 신체적 결함도 갖고 있었다. 성기가 발기했을 때 피하주름에 걸려서 음경 밖으로 돌출되지 않는다. 그는 정상적으로 성적 충동을 갖고 있어 규칙적으로 암놈을 상대하지만 수태를 시킬 수는 없다. 두 번이나 수술을 했지만 별 효과가 없었다.

라윗은 이에룬에 비해 확실히 사교적이다. 그의 성격은 개방적이

라윗

고 우호적이며 친절하다. 실제로 어떤 상황에서도 밝고 '신뢰할 수 있다'는 인상을 준다. 침팬지를 잘 알고 있는 몇몇 학생들이 "이에룬은 눈앞에서도 남을 속이는 것 같다"고 했고, 라윗은 "신뢰할 수 있는 것처럼 보인다"는 나름의 인상을 들려준 적이 있다. 의기양양한 라윗은 자신의 힘을 알고 있다. 그는 위협 과시를 할 때도 언제나 리듬감 있고 생기 넘치는 아름다운 모습을 보여준다. 이처럼 인상적이면서 동시에 우아한 모습을 연출할 수 있는 침팬지는 없었다.

파위스트

파위스트(Puist)는 듬직한 체격을 지닌 어른 암놈으로, 행동거지가 엄숙하고 무게가 있다. 그래서 침팬지 전문가들조차도 그녀의 앞모습만 보고는 암놈인지 잘 모른다. 뒤쪽을 보고 나서야 암놈인 것을 알고 놀랄 정도이다. 그녀는 성적인 면에서도 정상을 벗어나 있다. 짝짓기를 거부하기 때문이다. 그래서 임신하지 않기 때문에 해를 거듭하면서 다달이 성기가 부어오른다. (사람과 마찬가지로 침팬지들도 임신과 수유 중에는 월경이 멈춘다.) 결과적으로 그녀는 매달 규칙적으로 수놈의 매력을 끌지만 누구도 손 댈 수 없다.

그러나 파위스트가 성에 완전히 무관심하다고 할 수는 없다. 우선 그녀는 자위행위를 한다. 자위는 사육되는 유인원들 사이에 흔히 볼 수 있는 악명 높은 현상이지만 이곳 아른험 집단에서 그런 버릇을 가진 놈은 파위스트뿐이다. 흥미롭게도 그녀가 자위를 하는 때는 '핑크 시기(발정기)'가 아니다. 그녀는 손가락으로 1분 정도 음문을 민첩하게 비벼댄다. 표정에서는 아무것도 읽을 수 없지만 쾌감을 느끼고 있음이 틀림없다. 그렇지 않다면 왜 그런 행위를 하겠는가?

둘째, 그녀는 간혹 레즈비언처럼 행동한다. 다른 암놈의 성기가 부어오를 때면 파위스트는 교접을 하려고 그녀를 유인하기도 한다. 간혹 암놈이 승낙하면 파위스트는 재빨리 그녀에게 올라타고는 숫놈이 짝짓

'마담 뚜' 파위스트

기 할 때처럼 허리를 움직인다.

그녀는 다른 암놈들에 대해 관심이 대단하다. 발정한 암놈이 있으면 주위에는 장성한 수놈들이 모여들기 마련인데 파위스트도 그 무리에 끼어들곤 한다. 그런 상황에서는 수놈들 사이에 경쟁적인 분위기로 긴박감이 감돈다. 한 수놈이 그 암놈과 교미하려 하면 다른 수놈들처럼 파위스트도 그 교미를 허용할 것인지에 대한 발언권을 가진 듯이 보인다. 그녀는 가끔 다른 수놈들과 힘을 합쳐 교미하려는 수놈을 공격하여 방해하기도 한다. 반면, 암놈이 구애를 거부하는데도 수놈이 교미를 강요할 경우에 그 암놈은 파위스트의 강력한 지원을 받을 수 있다. 이처럼 파위스트는 성관계에서 독특한 역할을 하기 때문에, 우리는 가끔 농담 삼아 그녀를 '마담 뚜'라고 부른다.

어느 침팬지가 가장 마음에 드는지에 대한 의견은 사람마다 다르다. 그러나 가장 싫어하는 놈을 지적하라면 놀랄 정도로 의견일치를 보인다. 단연 파위스트라는 이름이 거론된다. 위선적이고 비열한 인상을 주는 그녀는 심지어 마녀에 비유되기도 한다. 파위스트는 장성한 수놈들과 잘 어울릴 뿐 아니라 그들과 '동맹'을 맺기도 하는데 성적인 부분 이외에는 다른 암놈들과 잘 맞지 않았던 것이다. 수놈이 공격하면 암놈은 다른 암놈들과 서로 힘을 합치는 데 비해 파위스트는 실제로 반대편에 협력한다. 어떤 수놈이 암놈을 공격하면 파위스트는 당하는 쪽에 달려들어 암놈을 물어뜯거나 때린다. 또한 그녀는 수놈을 교묘하게 부추겨서 다른 암놈을 공격하게 만들 수도 있다. 그러다 보니 서열이 낮은 암놈들이 그녀를 무서워하는 것도 당연하다.

이런 악행만이 아니라 그녀는 속임수나 거짓말이라고 불릴 만한 행동도 보인다. 싸움을 할 때 상대 암놈을 붙잡을 수 없게 되면 슬그머니 상대편 쪽으로 걸어가서 불시에 허를 찌른다. 그녀는 흔히들 하듯 화해를 제안하는 것처럼 상대를 유인한다. 즉 한 손을 상대에게 내민 후 상대가 머뭇거리며 손을 내밀어 오면, 갑자기 힘을 주어 꽉 붙잡아 버린다. 이러한 모습을 누차 볼 수 있어서 우리는 그녀가 앙갚음을 하기 위해 의도적으로 선의를 가장한다는 인상을 받았던 것이다. 그것을 기만적이라고 보든 아니든, 파위스트의 행동은 예측이 불가능하다. 그래서 서열이 낮은 침팬지들은 그녀가 가까이 오는 것을 꺼린다. 파위스트를 신용하지 않는 것이다.

파위스트는 테펄이라는 암놈과 특별한 친분을 유지하는 것 말고는 암놈들 중심 집단 밖에 있다. 또한 동성보다 이성과 더 오랜 시간을 보내는 놈은 파위스트밖에 없다. 그래서 그녀는 집단생활에서 수놈과 암놈의 중간 영역을 차지하고 있는 것이다. 시간이 흘러 이 두 집단이 점점 멀어진다면 그녀의 존재가 양측의 결합을 위한 중요한 요소가 될 수도 있다. 흥미롭게도 제인 구달이 연구한 야생 집단에서도 체격이 크고 수놈처럼 보이는 암놈인 기기(Gigi)가 있었다. 그녀는 임신할 수 없었지만 수놈들과의 관계는 상당히 좋았다. 기기와 파위스트 사이의 큰 차이라면 기기의 경우에 수놈들과의 교미를 거절하지 않았다는 점이다.[11]

호릴라

호릴라는 진짜 고릴라처럼 얼굴이 검고 등이 곧추선 암놈 침팬지다. 그녀는 마마와 파위스트와 함께 집단 내에서 가장 영향력 있는 암놈 중 한 마리다. 그러나 마마와 파위스트가 체격이 대단히 큰 데 비해서 호릴라는 날씬하고 호리호리하다. 그러나 가냘픈 모습과는 대조적으로 성질은 무척이나 사납다. 그녀는 '자신이 무엇을 원하는지' 알고 있다. 당당한 얼굴에 전혀 꿀릴 게 없다는 태도이다. 그녀가 높은 사회적 지위를 갖는 것은 마마와의 관계가 두텁기 때문일 것이다. 그녀는 마마와 다른 암놈인 프란예(Franje)와 함께 라이프치히 동물원에서 왔다. 마마와 호릴라는 처음부터 서로를 도왔다. 공격자에 대해 공동 전선을 폈을 뿐 아니라 서로 위로하며 자신감을 구했다. 한쪽이 어려운 싸움에 말려들면 다른 이에게 달려가 부둥켜안는다. 그리고는 그녀의 품에서 그야말로 통곡을 한다. 때로는 이런 접촉으로 상대방에게 용기를 주어 함께

호릴라

적수를 맹렬하게 뒤쫓기도 한다. 이런 때는 수컷들조차도 감히 제자리에 버틸 수 없다.

호릴라는 어린 침팬지를 좋아한다. 그래서 마마의 새끼인 모닉과 프란예의 새끼인 폰스(Fons)를 잘 보살폈다. 몇 해 동안 그녀는 늘 '이모'로 살아갈 수밖에 없었다. 왜냐하면 정작 그녀 자신이 낳은 새끼들은 모두 태어난 지 몇 주 되지 않아 죽고 말았기 때문이다. 그러나 새끼를 다루는 데 문제가 있는 건 확실히 아니었다. 아마 젖이 부족했던 모양이다.

그런데 이같은 암울한 상황은 1979년에 끝나게 된다. 이후에 유명해진 한 실험 때문이었다. 간단히 말하면, 호릴라에게 우유병으로 젖을 주는 방법을 가르친 것이다. 로셔(Roosje)라는 새끼는 자기 자식은 아니었다. 로셔는 10주 정도 사람들의 보살핌을 받은 뒤 호릴라에게 입양되었다. 그 순간부터 새끼는 양모에게 완전히 의존하게 됐다. 호릴라는 로셔를 매우 주의 깊게 보살펴 우유병으로 젖을 줬을 뿐만 아니라 일주일 정도 지나자 자기 젖을 만들게 됐다. 아마 로셔가 젖을 빨면서 그녀의 젖샘을 자극한 모양이다. 얼마 뒤 로셔는 하루 필요량의 절반 이상을 모유로 충당할 수 있었고, 나머지는 우유병으로 공급받았다.

모니카 텐타윈터(Monika ten Tuynte)와 내가 이 실험을 시작할 당시 두 가지 문제가 발생했다. 첫 번째 문제는 우유를 좋아하는 호릴라가 로셔의 우유를 먹어치우려 했던 것이다. 물론 충분히 예상한 일이었다. 우리는 그녀를 심하게 꾸짖어서 다시는 그러지 못하게 했다. 두 번째 문제는 호릴라가 수유법을 배우는 데 별로 열의를 보이지 않는다는 것인데 전혀 예상하지 못한 일이었다. 모니카는 매일 로셔를 안고 호릴라의 숙소 앞에 앉아 새끼에게 우유병으로 수유하는 법을 보여주었다.

우리는 호릴라가 곧 따라할 것으로 기대했지만 그것은 한낱 희망에 불과했다. 호릴라는 모니카 쪽은 아예 쳐다보지도 않았고 오히려 반대 방향만 바라봤다. 호릴라의 이러한 행동은 흥미가 없어서가 아니라 거의 늘 새끼 곁에서 응석을 받아주었기 때문이다. 이러한 현상은 어떤 암놈이 새끼를 안고 집단에 합류했을 때도 나타난다. 어떤 침팬지, 특히 젊은 암놈들은 틈만 나면 다른 새끼 침팬지들과 붙어 다니다가도 정작 그 어미가 자신들을 보기가 무섭게 시선을 딴 곳으로 돌려버린다. 이렇게 새끼에게 관심이 있다는 것을 애써 감추려는 것은 아마 새끼의 주변이 소란해지면 어미의 신경을 자극하기 때문일 것이다. 호릴라는 모니카에 대해 그와 똑같은 태도를 보인 것이다. 모방을 통한 학습이 여기서는 먹혀들지 않았다.

그 대신 우리는 조건화 과정에 매달릴 수밖에 없었다. 요컨대 그녀가 좋아하는 음식을 보상 차원에서 조금씩 주면서 차근차근 젖먹이는 방법을 가르쳤던 것이다. 이른바 당근 전략이다. 그녀가 이해하는 듯한 조짐을 보이기 시작한 것은 훈련을 시작한 지 몇 주 후로, 그녀가 로셔를 양녀로 받아들인 다음이었다. 그녀는 우리가 가르치지 않은 행동도 하기 시작했는데, 그것은 꽤 센스 있는 행동이었다. 예를 들어, 로셔가 목이 막히면 재빠르게 젖을 떼고는 트림을 시킨 뒤에 다시 젖을 물렸다. 이런 일이 있고 나서 우리는 호릴라에게 완전히 수유를 맡겨도 좋다고 생각했다.

호릴라와 함께 집단 속에 있던 로셔는 인간의 손길보다 훨씬 자연스러운 유년기를 보낼 수 있었다. 또한 호릴라 자신에게도 이 양녀 실험의 성공은 큰 사건이었다. 그때까지도 그녀는 자기 새끼가 죽을 때마다 으레 일종의 신경쇠약에 빠지곤 했다. 몇 주 동안 주변에서 벌어지

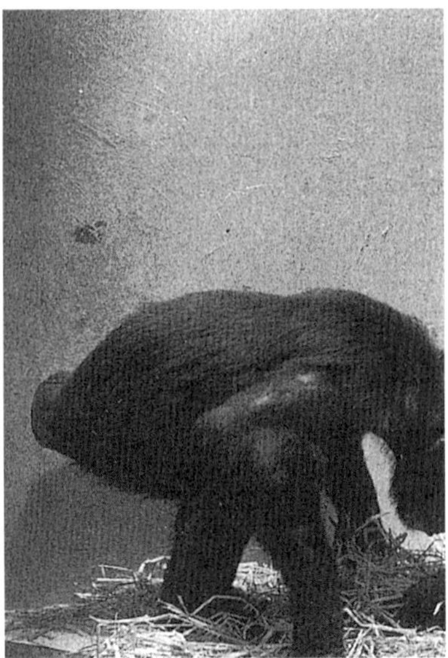

로셔('작은 장미')는 동종개체에 의해 젖병으로 길러진 세계 최초의 동물이다.

옆 페이지 젖병을 물리는 연습은 호릴라가 숙소에 있을 때 이뤄졌다(왼쪽 위). 우리의 주요 임무는 호릴라가 젖병의 우유를 자기가 먹지 못하도록 하는 것이었다. 호릴라는 맛 좋은 우유를 쉽게 포기하지 않았고(아래), 우리가 그러지 못하도록 하면 비명을 질렀다. 그러나 그때 중요한 순간이 찾아왔다. 마침내 호릴라가 그녀의 우리 안 지푸라기 속에 있는 새끼를 인식한 것이다(오른쪽 위).

위 로셔가 젖병으로 우유를 먹고 있다.

는 일에 전혀 반응을 보이지 않고 한쪽 구석에 몸을 웅크리고 앉아 있었다. 어떤 때는 가만히 있다가 혼자 비명을 지르기도 했다. 로셔를 입양한 이후로 그녀는 변했다. 몇 년 후, 호릴라는 그녀가 낳은 자식에게도 똑같은 방식으로 우유병으로 수유할 수 있게 되었다. 그러나 나중에는 그럴 필요조차 없어졌다. 로셔를 키우면서 우유와 자연수유를 병행한 덕분에 젖샘이 자극됐기 때문이다. 이후에 호릴라는 자신이 낳은 새끼들에게 추가 영양분이 거의 필요없을 정도로 충분한 자연산 젖을 생산할 수 있게 되었다.

니키와 단디

이제까지 우리는 이 책에서 전개될 정치드라마의 주연 배우들을 거의 만나본 셈이다. 그러나 마마와 이에룬, 라윗과 파위스트, 그리고 호릴라도 니키라는 수놈이 없었다면 좀더 안정된 집단 내에서 몇 년이고 아주 평화롭게 지냈을 것이다. 니키야말로 이 이야기의 젊은 주인공이다. 그렇다고 해서 영광의 주인공도 비극의 주인공도 아니다. 그는 이 집단에서 일어나는 모든 사건들의 동력이다. 그의 왕성한 에너지와 도발적인 행동이 촉매와 같은 효과가 있었던 것이다. 그는 서서히 집단의 구조를 붕괴시켰다. 추울 때면 부산하게 움직여서 다른 놈들을 따뜻하게 해줬고 더울 때는 낮잠을 방해했다.

니키는 우락부락한 근육에 이마는 넓고 표정은 약간 멍청해 보여서 촌뜨기 같은 느낌을 준다. 그러나 외모란 속기 쉬운 것이다. 그는 머리가 대단히 좋고 전체 집단에서 가장 민첩하며, 곡예 실력도 가장 출중한 침팬지다. 그는 위협 과시를 할 때 멋진 도약과 공중회전을 장기로 선보인다. 이곳에 오기 전에 '홀리데이 온 아이스 쇼'에 출연했던 그가 사춘기에 이르자 주인은 이 침팬지에게 손을 떼야겠다고 생각했다.

니키

아마도 그의 성적인 관심이 높아졌기 때문일 것이다. 게다가 그는 아주 빨리 성장해서 강한 체력을 갖게 됐고 송곳니가 치열에서 돌출하기 시작했다(장성한 수놈 침팬지의 송곳니는 표범의 그것만큼이나 위험하다).

니키가 이곳 집단에 합류한 것은 대략 열 살 무렵이었다. 당시 그의 체격은 여덟 살 정도의 단디와 거의 비슷했다. 니키는 열두 살이 되자 폭발적으로 성장한 데 비해 단디는 그렇지 못했다. 그 결과 현재 니키의 몸집은 단디보다 거의 두 배 가량 크다. 단디는 니키와 정반대이다. 다소 왜소한 체격에다 사려 깊은 듯한 눈빛으로 인해 이지적인 느낌을 준다. 실제로 단디는 이 집단의 인텔리이다. 그가 집단 내에서 가장 영리하다는 것은 모두가 인정하는 바 단디는 주변의 침팬지들뿐만 아니라 사람까지도 업신여긴다. 내가 목격한 가장 재미있는 예는 임시직 사육사와의 일화였다.

그 사육사는 일하는 날이면 종종 곤욕을 치러야 했다. 아침에 단디를 잠자리에서 밖으로 불러내기가 너무 힘들었기 때문이다. 단디는 다른 침팬지들과 같은 시간에 밖으로 나오는 것을 매몰차게 거부했다. 그에 대한 벌칙으로 사육사가 하루 종일 음식을 주지 않으려고 하자 나는 이렇게 충고했다. 그런 심한 수단은 옛날에나 통하던 것이었다고. 그러자 사육사는 자기가 생각하기에 가장 영리한 묘안을 생각해냈다. 며칠 지나서 그는 자랑스럽게 자신의 성과를 보여주었다. 다른 침팬지들이 모두 밖으로 나왔는데도 단디는 손을 놓고 실내에 앉아 있었다. 사육사는 단디의 손에 바나나 두 개를 들려주었고, 그러자 곧 단디가 밖으로 나왔다. 사육사는 자신이 단디가 밖으로 나오도록 가르친 것으로 여겼지만, 내 생각에는 거꾸로 단디가 사육사로 하여금 바나나를 가지고 오도록 훈련시켰을 가능성이 더 큰 것 같았다. 만일 침팬지에게서 그런

뇌물 수수가 유행처럼 번지기라도 한다면 매일 아침 어떤 일이 벌어질 지 생각만 해도 끔찍하다.

단디의 지능이 뛰어나다는 것은 많은 사건을 통해 분명하게 드러났다. 가령 침팬지들이 탈주 사건을 벌일 경우 단디가 관여되지 않을 때가 없었다. 이것은 그가 모든 탈주 사건의 배후임을 시사한다. 대부분의 경우 그것은 사실이었다.

단디는 사회적인 지위 때문에 늘 조심스럽게 행동해야 했다. 수놈 침팬지의 청년기는 여러 해 계속된다. 수놈은 대개 여덟 살이 되면 성적으로는 성숙하지만 사회적으로 성숙하려면 15세까지는 기다려야 한다. 이런 이행기 동안에 수놈들은 차츰 암놈이나 어린 침팬지들로부터 거리를 두려 하지만 그렇다고 아직은 장성한 수놈들과 대등한 대접을 받을 수는 없다. 야생에서는 청년기 수놈의 경우 혼자 배회하는 일이 아주 흔하다. 어떤 때는 며칠 내내 자기 어미나 어린 형제들과 함께 보낸다. 또 어떤 때는 장성한 수놈 집단에 쭈뼛쭈뼛 접근하는 경우도 있다. 청년기 수놈들은 나이 많은 놈들과 뛰어난 수놈들에 매료되지만, 그들의 손에 의해 엄한 대우와 위협을 당하기 일쑤이다. 수놈의 위계질서 속에서 자신의 지위를 쟁취하는 데 성공하기까지 그들은 수놈 진영이나 암놈 진영 어디에도 소속될 수 없는 어정쩡한 위치에 만족해야 한다.

단디는 니키와 달리 아직 사춘기 한복판에 있다. 그는 야생의 동년배 청년들보다 불리한 입장에 있다고 할 수 있다. 그에게는 돌아갈 어미의 품도 없고, 장성한 수놈들의 난폭한 행동을 피할 수 있는 공간도 없다. 다만 어른 암놈인 스핀(Spin)만이 그에게 어미 같은 안온함과 애정을 베푸는 듯하다. 단디가 장성한 현재까지도 이 둘은 잘 떨어지지 않으려 한다.

단디는 힘이 부족한 만큼 꾀를 쓰지 않으면 안 된다. 나는 독일 사진작가인 피터 페라(Peter Fera)와 함께 놀라운 광경을 목격했다. 우리는 침팬지 사육장에다 약간의 자몽을 감춰두었다. 과일의 일부가 언뜻 보이도록 해서 모래 속에 묻어두었는데 침팬지들은 우리가 뭔가 하고 있음을 눈치챘다. 과일이 가득 든 상자를 가지고 들어와서는 빈 채로 나가는 우리들의 모습을 지켜보았기 때문이다. 그들은 비어 있는 상자를 보자마자 흥분해서 '후우후우' 소리치기 시작했다. 그들은 우리가 밖으로 나오기가 무섭게 미친 듯이 찾았지만 성공하지 못했다. 침팬지 모두가 자몽이 숨겨진 장소를 그냥 지나쳤다. 적어도 우리는 그렇게 생각했다. 단디 역시 자몽이 숨겨진 장소에서 걸음을 멈추거나 느리게 걷는 행위를 일체 하지 않았으며 특별한 관심을 보이지도 않았다. 그러나 그날 오후 모든 침팬지들이 햇볕 아래서 꾸벅꾸벅 졸기 시작하자 단디는 유유히 일어나 꿀벌처럼 뱅뱅 돌아서는 문제의 장소로 갔다. 그는 머뭇거리는 기색도 없이 과일을 파내서 게걸스럽게 먹었다. 만일 단디가 문제의 장소를 비밀로 하지 않았더라면 과일은 다른 놈들에게 빼앗겼을 것이다.

이 실험은 침팬지끼리의 정보 전달에 관한 연구 중 에밀 멘젤이 채택한 방법에서 영감을 얻은 것이다. 우리는 이미 그의 연구로부터 유인원들이 서로를 속일 수 있다는 사실을 알고 있었다. 그러나 우리는 그 속임수가 이렇게 완벽할지는 전혀 예상하지 못했다. 단디가 과일이 숨겨진 곳으로 갈 때의 모습이 너무나 태연해서 우리는 정말로 깜짝 놀랐다. 너무 놀란 나머지 사진작가는 그 순간을 카메라에 담는 것조차 잊어버렸다.

암놈 소집단

아홉 마리의 암놈은 세 개의 소집단으로 나뉜다. 각 소집단을 이루는 암놈들은 대체로 함께 움직이는 편인데 서로 새끼들을 돌봐주거나 다툼이 벌어졌을 때 지원하거나 위로하기도 한다. 가장 큰 소집단은 마마(와 모닉), 호릴라(와 로셔), 프란예(와 폰스), 그리고 암버르로 이루어졌다. 이들 소집단에서 프란예와 암버르에 대해서는 아직 소개하지 않았다. 프란예는 치아도 나쁘고 건강도 좋지 않은 것으로 보아 나이를 많이 먹은 듯하다. 그녀는 천성적으로 결단력이 없고 소심한 편이다. 무언가 그녀에게 불안감을 줄 때, 예를 들어 커다란 거미를 보거나 수많은 관람객 속에서 수의사가 눈에 띌 때 그녀는 제일 먼저 큰소리를 질러 경고음을 울린다. 그러나 어린 침팬지들이 내는 경고음이 종종 무시되듯이, 프란예의 경고음도 마찬가지다(이와 대조적으로 장성한 수놈이나 서열이 높은 암놈의 경고음에는 모두가 즉각적으로 반응한다).

프란예는 불안할 때, 예를 들어 수놈들에게 쫓긴 경우에는 다리를 후들후들 떨고 때로는 구토까지 한다. 싸움은 피하는 것이 상책이라고 여기는 그녀는 자신의 아들인 폰스가 관계된 경우 외에는 어떤 다툼에도 끼어들지 않는다.

마마와 호릴라에게 새끼가 없던 몇 해 동안 폰스는 그 둘의 귀염둥이였다. 폰스는 집단 내에서 영향력을 행사하는 두 암놈의 보호를 받은 탓인지 자기 어미인 프란예처럼 예민하지 않았다. 폰스는 외모와 성격 면에서 라윗을 많이 닮았으며 천성이 유쾌하고 매우 우호적이었다.

암버르는 마마가 딸 모닉을 데리고 이 집단에 나타났을 때부터 이 첫 번째 소집단에 끼게 되었다. 암버르는 이 아기에게 완전히 목을 맨

듯했다. 그러나 마마가 생후 15개월이 지날 때까지 모닉에게 손대는 것을 허락하지 않아서 암버르는 오랜 시간 인내해야만 했다. 암버르가 등에 모닉을 업고 5미터 정도 걸어가다 보면 어느새 마마가 낚아채 가버리는 것이다. 그러나 시간이 흐르면서 모닉을 데리고 다닐 수 있는 허

프란예와 폰스

라윗이 한 살밖에 되지 않은 새끼 폰스를 뒤따르고 있다. 훗날 폰스는 점점 라윗의 모습을 빼다 박아서 누가 그의 아버지 역할을 했는지 의심의 여지가 없었다.

용 거리가 점점 길어졌다. 그리고 몇 달 뒤 모닉을 데리고 다니면서 보살피는 일은 거의 그녀 차지가 되었다. 암버르는 제2의 어미, 즉 '이모(aunt)'가 되었다.

암버르는 아직 젊다. 하지만 그녀는 네 '소녀들', 그러니까 이 집단의 어린 암놈들 중에서는 가장 나이가 많다. 암버르가 이곳에 왔을 때는 5살쯤 되었는데 당시에 가장 어린 소녀였던 헤니(Henny)는 3살 정도였다. 세월이 지나면서 어린 암놈들도 하나씩 사춘기를 맞게 됐다. 암버르가 처음 발정기를 맞은 것은 1976년 어느 날이었다. 그녀는 발정기가 거듭됨에 따라 성기가 더 크게 부풀어올랐고 수놈들에게는 더욱 매력적인 암놈이 되었다. 첫 번째 임신은 유산되었고, 두 번째는 가상 임신인 것으로 밝혀졌다. 그것은 아주 실망스러운 일로만 보이겠지만 젊은 암놈의 경우 이런 실패는 예외적인 일이라기보다는 흔한 일이다. 불임기로 알려진 사춘기에는 엄마가 되는 중요한 단계가 지연된다. 이제 암버르는 야생 침팬지로 치자면 새끼를 기대할 만한 열한 살이 된 것이다.

청소년기에 암놈의 생활은 수놈보다 편하다. 그녀들은 어른 사회

'이모' 암버르의 등에 올라탄 모닉

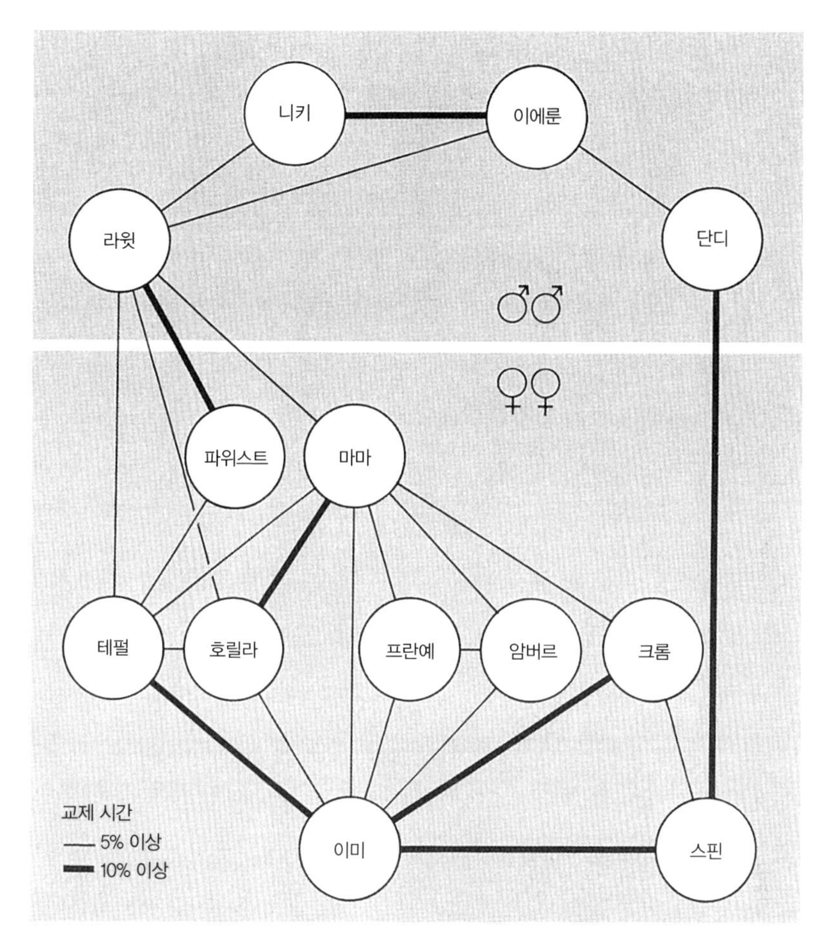

교제의 패턴 우리는 주기적인 조사를 통해서 침팬지들 사이에 일어나는 교제 혹은 우정을 계산할 수 있었다. 이 도식은 1976년부터 1979년 사이에 조사된 2,400회의 기록에 기초하고 있다. 여기서는 위쪽의 네 마리 수놈과 아래쪽의 9마리 암놈 등 어른 그룹의 침팬지들만 대상으로 삼았다. 가느다란 선은 서로 팔이 닿는 범위 안에서 관찰 시간의 5퍼센트 이상을 보낸 개체를 서로 연결한 것이다. 굵은 선은 교제 시간이 10퍼센트가 넘은 개체끼리 연결한 것이다. 최고 수치는 크롬과 이미 사이로 19.5퍼센트였다. 이 도식은 어떻게 마마와 이미가 암놈들 사이의 네트워크에 있어 핵심적 역할을 하고 있는지를 보여준다. 파위스트와 네 마리의 수놈 중 세 마리는 이런 암놈과의 네트워크와 거의 연결되어 있지 않았다. 수놈들 중 가장 큰 예외는 라윗으로, 중심적인 두 암놈에 필적할 만큼 암놈들과 친밀했다.

구조에 진입하면서 싸울 필요가 없고, 집단 내부에서도 젊은 수놈보다 확실히 관대하게 대우받는다. 암버르뿐만 아니라 다른 세 소녀들도 남의 자식들에게 관심을 보인다. 나이든 암놈들과는 이런 어린 침팬지들에 대한 공통된 관심사를 통해 자연스레 친해진다. 이런 방식으로 자녀 양육의 비법이 나이든 암놈에서 젊은 암놈으로 전수되는 것이다.

암버르는 걸음을 걸을 때면 엉덩이를 농탕치듯 흔들어대기 때문에 제일 외설적인 암놈으로 생각하는 사람들이 많다. 그러나 이런 동작이 수놈 침팬지들에게 에로틱한 이미지를 주는지는 의문이다. 그녀의 눈은 크고 밝으며 호박색을 띠고 있다. 그리고 꿋꿋한 성격과 호릴라에게서 볼 수 있는 결단력이 있다. 암버르가 집단에서 공헌하는 바는 아직 소소하지만, 우리는 벌써 그녀를 유력한 후계자로 꼽고 있다.

마마, 호릴라, 프란에, 암버르로 이루어진 소집단이 구성된 것은 아주 오래 전 일이다. 이들 가운데 나이든 세 암놈이 모두 같은 동물원에서 왔기 때문이다. 두 번째 소집단은 이 사육장이 들어서기 전부터 아른험 동물원에서 함께 지내온 세 암놈들로 구성되었다. 이들 가운데 한 놈은 두 마리의 새끼가 있고 다른 두 놈은 이 새끼들의 '이모' 역할을 한다. 어미인 이미는 적어도 사람들에게서는 가장 믿을 수 없는 침팬지이다. 숙소 근처에 낯선 사람이 오면 이미는 늘 같은 수법으로 현혹한다. 그녀는 철창 사이로 보릿짚을 내밀며 무표정하게 손님을 바라본다. 상대방은 이것이 호감을 보이는 행위라고 생각해서 이미가 내민 짚을 잡게 된다. 그 순간 이미의 다른 한 손이 눈 깜짝할 새에 철창에서 튀어나와 그 손님을 틀어잡는다. 누군가 도움을 받지 않으면 그녀의 손아귀에서 절대로 풀려날 수 없다.

반면 이미는 동료 침팬지들에게는 그리 악명 높지 않다. 변덕이 없고 둔감한 성격을 가지고 있어 다른 구성원 대부분과 사이가 매우 좋다. 사회생활에서 그녀는 적어도 마마와 같은 정도로 중심적 지위를 차지하고 있었다. 차이점이라면 집단 내에서 벌어지는 일에 대한 영향력이 늙은 마마에 비해 훨씬 낮다는 점이다.

이미의 큰 아들인 요나스(Jonas)는 응석받이로 키운 자식의 전형이다. 이미가 두 번째로 임신을 하자 큰놈 요나스에게서 젖을 떼기 시작했다. 요나스는 당시 두 살배기였다. 젖을 떼자 요나스는 보통 어린 침팬지들보다 훨씬 더 까다롭게 저항했다. 어미가 가슴에서 떼어 내거나 가까이 오지 못하도록 양팔로 젖을 가릴 때마다, 요나스는 과장된 비명을 지르며 모래 위에 몸을 던져 좌우로 구르거나 요동을 치면서 숨이 넘어갈 듯 소리를 질러댔다. 이미가 점점 요나스의 응석을 받아주지 않자 요나스는 다른 이에게 동정을 구해야 했다.

몇 주 동안 요나스는 프란예에게 젖을 달라고 보챘다. 그녀가 자기를 거절하거나 밀치면서 반기지 않을 때면 이 작은 악동은 금세 찢어질 듯한 소리를 지르기 시작했다. 그러면 이미는 위협적인 고함을 지르면서 곧장 불쌍한 프란예에게 달려와서 위협했다. 그런 다음 자식 요나스가 잠시라도 젖을 얻어먹을 때까지 프란예 곁에 서 있었다. 프란예가 할 수 있는 일이라고는 가능한 한 요나스로부터 멀리 떨어져 있는 것뿐이었다.

요나스의 동생 야키(Jakie)가 태어난 지 근 1년이 다 되어가지만 요나스는 아직 젖을 빨기를 원하는 듯했다. 스핀은 자기 새끼를 낳고는 돌보지 않아서 젖이 충분히 남아 있었을 뿐 아니라 이미와 그 자식들과도 친하게 지내왔기 때문에 요나스에게 젖을 주었다. 우리는 이러한 수유가 그치기를 기대하며 오랫동안 스핀을 집단에서 격리시켰지만 별

소용이 없었다. 요나스는 다섯 살이 될 때까지 스핀에게 머리를 디밀고는 자기 어미보다 훨씬 많은 시간을 함께 지냈다. 스핀에게서 더 이상 젖이 나오지 않았지만 요나스는 종종 '이모'의 젖꼭지를 빨아댔다. 그리고 그녀로부터 여러 형태로 보호를 받았다. 집단의 다른 새끼들과 비교해볼 때 요나스는 진짜로 '양모의 아기'가 되었다.

이 집단 내 다른 두 어른 암놈에 대한 소개가 남았다. 그중 하나가 이미와 꼭 붙어 다니는 크롬(Krom)이다. 집단에서 둘만큼 사이좋은 짝은 없다. 이들에 비한다면 마마와 호릴라, 스핀과 단디 사이의 결속은 상대적으로 약한 편이다.

크롬이란 '등이 굽었다'는 뜻이다. 그녀의 몸은 휘었고, 등을 활처럼 굽힌 채 걷는다. 이로 인해서 우스꽝스런 풍경이 연출된다. 늘 새로운 놀이를 고안해내는 어린 침팬지들이 한때 '크롬 흉내 내기' 놀이를 유행시킨 적도 있었다. 여러 날 동안 크롬이 나타나기만 하면 새끼들이 모두 그녀 뒤에 일렬로 늘어서서 몸을 굽힌 채 따라 걸었다.

크롬의 장애는 그것만이 아니다. 그녀는 청력도 좋지 않아서 집단에서 소동이 벌어지면 언제나 다른 놈들보다 반응이 느렸다. 그녀는 어떤 사건이 벌어지는지 눈으로 보거나 아니면 가까이 있는 동료들의 반응을 보고 짐작해야 했다. 그러나 이런 장애에도 불구하고 그녀는 자신의 지위를 훌륭히 다졌다. 그녀는 몸짓이나 표정 같은 시각적 의사소통으로 집단 내의 제반 관계에 대한 정보를 충분히 얻는 듯했다. 크롬은 소리를 내는 것은 가능했는데 침팬지라는 종이 갖는 다양한 음성 레퍼토리를 모두 자기 뜻대로 낼 수 있었다. 귀가 들리지 않는다는 사실이 정상적인 사회생활을 가로막은 것은 아니었다. 하지만 자식들에게는 치명적이었다. 우리는 반복해서 그녀가 새끼를 기르도록 애썼지만

암놈 네 마리가 다가오는 어른 수놈을 보고 있다. 왼쪽부터 오르, 모닉을 안은 암버르, 폰스

크롬의 새끼들은 모두 태어난 지 몇 주 안 되어 죽고 말았다. 침팬지의 새끼는 어미에게 중요하고도 다양한 소리를 낸다. 가령 크롬이 자신의 새끼를 깔고 앉을 경우에 새끼는 아주 크게 울기 시작한다. 보통의 어미들은 그런 소리가 들리면 즉시 자세를 고친다. 그러나 크롬은 조정이 불가능하여 그 후론 그녀가 출산을 하면 즉시 그녀에게서 새끼를 떼어 놓는다. 그런 조치로 처음 살린 새끼가 바로 호릴라의 품에서 양육되고 있는 로셔였다.

이곳 집단에는 로셔 외에 양자가 또 하나 있다. 바로 바우터다. 그의 이름은 스위스의 영장류 학자인 발터 앙스트(Walter Angst)의 이름에서 따온 것이다(독일어 '발트'는 네덜란드어로 '바우터'가 된다). 앙스트가 위트레흐트에 있는 실험실로 얀 판호프를 찾아왔을 때 나는 그곳에서 마카크 원숭이에 대한 연구를 하고 있었다. 얀은 함께 아른험으로 가자고 나를 부추겼고, 내가 아른험의 침팬지 집단을 만난 것은 그때가 처음이었다.

우리가 아른험을 방문하던 날, 마침 스핀이 출산을 했다. 그녀는 자신의 새끼를 받아들이려 하지 않고 몇 시간 동안이나 새끼에게서 등을 돌리고 있었다. 우리는 그 새끼를 데려와 큰 수건으로 감싸주었다. 새끼

요나스는 여전히 '이모' 스핀에게 응석부리고 귀여움 받는 것을 좋아한다.

는 수놈이었고 우리는 바우터라는 이름을 지어주었다.

몇 주 동안 바우터는 얀 판호프의 집에서 키워졌다. 얼마 뒤 아른험에서 또 다른 암놈인 테펄이 출산했다는 소식이 왔다. 그런데 그녀의 새끼는 한 시간도 못 되어 죽고 말았다. 아마 조산이었을 것이다. 우리는 즉시 바우터를 아른험으로 데려가 침팬지 숙소의 보리짚단 위에 눕혔다. 그리고 테펄을 그 우리로 들여보냈다. 다행스럽게도 그녀는 곧 바우터를 받아들였다. 테펄은 젖이 잘 나왔고, 바우터도 어디서나 젖을 잘 먹었다. 테펄의 젖꼭지는 매우 컸기에 그녀의 이름이 '젖꼭지'를 의미하는 테펄이 된 것이다. 모르긴 해도 이것은 침팬지에 의한 '양자 입양'이 완전히 성공한 최초의 사례였을 것이다.

이처럼 좋은 경험 덕분에 우리는 그 뒤 호릴라와 로셔를 상대로 한 어려운 입양 과정도 극복할 수 있었다. 바우터를 양자로 삼음으로써 테펄은 집단에서 어미로서의 선도적인 역할을 하게 되었다. 이 집단에서 새끼를 능숙하게 키운 최초의 암놈으로서 다른 암놈들에게 모범을 보였던 것이다. 침팬지에게는 본보기가 필요하다. 고양이나 새들과 달리 침팬지들은 새끼를 돌보기 위한 적절한 지식을 태어날 때부터 가지고 있지 않다. 테펄은 다른 동물원에서 얻은 지식을 여기서 활용했던 것이다.

여섯 살이 된 바우터는 친어미인 스핀('거미'라는 뜻)처럼 깡마른 체격이었다. 그의 다리는 양쪽 모두 비정상적으로 마르고 길었다. 바우터는 또 스핀의 기죽지 않는 성질을 물려받았다. 스핀은 상대가 제아무리 힘이 세더라도 항상 분연히 맞선다. 응석받이인 요나스에 비해 바우터는 독립심의 화신이라 할 수 있다. 나는 항상 바우터와 인연이 있다고 생각했다. 그것은 다분히 내가 이 집단을 처음 방문했을 때 신생아였던 바우터를 내 양팔로 안았던 기억 때문일지도 모른다. 그는 집단 구성원

중에서 가장 건방진 침팬지였다. 관찰자나 동물원에 온 사람들뿐 아니라 다른 침팬지들에게도 돌을 던졌다. 이러한 도발로 역공을 받게 되면 곧장 '이모'인 파위스트에게 도망친다.

세 번째 소집단은 여기서 소개한 테펄과 그녀의 두 자식들, 즉 바우터와 타르잔(Tarzan)으로 구성된다. 세 놈 모두 커다란 암놈인 파위스트와 특별한 유대를 갖고 있다. 그렇다고 이들 셋과 파위스트가 함께

침팬지는 어른들을 보면서 무엇을 먹을 수 있는지 배운다. 호릴라(오른쪽)가 썩은 나무에서 어떻게 벌레를 빼먹는지 요나스가 유심히 지켜보고 있다.

있는 빈도가 매우 높다는 것은 아니다. 파위스트가 대부분의 시간을 장성한 수놈들과 보내기 때문이다. 그렇다 해도 그들 사이의 결속은 위급 상황에서 분명하게 드러난다. 그런 때는 테펄뿐 아니라 그녀의 자식들도 파위스트에게 도움을 청한다. 보통 파위스트는 암놈이나 새끼 침팬지들과는 친하게 지내지 않지만 이들 가족은 예외였다. 이러한 결속은 파위스트가 놀고 싶을 때에도 간혹 드러난다. 이 경우 파위스트는 테펄의 새끼들 앞에서 깡충깡충 뛰기도 한다.

앞으로 또 하나의 암놈 소집단이 암버르를 중심으로 구성될 것이다. 암버르가 초산을 하게 되면 다른 처녀들도 암버르와의 결속을 강화할 것이다. 그들은 오르와 즈바르트(Zwart), 그리고 헤니인데 모두 이 책에서는 단역에 불과하다. 물론 그녀들도 모두 뚜렷한 개성을 갖고 있지만 여기서는 상세히 소개할 필요는 없을 것 같다.

스기야마 박사

아른험 침팬지들의 이름은 이곳 사육장에서 태어난 놈들을 제외하면 모두가 서로 다른 머리글자로 시작된다. 각각의 머리글자는 관찰 중에 약칭으로 사용되는데, 이렇게 하면 집단의 구성원을 쉽게 요약할 수 있다. 장성한 세 수놈(Y, L, N), 어린 수놈 한 놈(D), 장성한 암놈 여덟(M, G, F, J, K, S, T, P), 어린 암놈 넷 가운데 한 놈은 거의 어른(A), 아직 어린 나머지 셋(O, Z, H).

두 마리의 양자를 제외하고 사육장에서 태어난 새끼들은 모두 어미의 이름과 똑같은 머리글자로 불린다. 어떤 암놈의 첫 자식에게는 이름의 두 번째 문자에 'o'를 넣고, 두 번째 자식에게는 'a'를 붙인다. 이미(Jimmie)의 두 자식이 요나스(Jonas)와 야키(Jakie)가 되듯이 말이다. 사육장에는 모두 일곱 마리의 새끼가 있는데 그중 가장 어린 두 놈만이 암놈이다.

야생 침팬지의 단위 집단과 비교했을 때 아른험의 침팬지 집단은 소규모인 편이다. 예를 들어 제인 구달과 그 동료들이 연구한 집단은 이 집단보다 두 배나 많았다. 그러나 야생 무리는 다양하므로 아른험 집단의 규모와 구성은 야생 무리의 범위 밖에 있는 것은 아니다. 일본의 영장류 학자인 스기야마 유키마루(杉山幸丸)와 그의 공동연구자가 몇 달에 걸쳐 연구한 집단은 21마리에 불과했다. 어른 암놈에 대한 수놈의 비율도 아른험 집단의 경우와 대체로 비슷했다.

이 작은 야생 집단들은 서로 밀집해 있어 연장자들은 그들 시간의 20퍼센트 정도를 한 무리와 지냈다. 보통 정글 속에서 '패거리(parties)'라 불리는 작은 소집단으로 흩어져 사는 야생 침팬지들로서는 높은 비율이다. 이 점에서 아른험 집단의 특이함이 나타난다. 아른험 집단의 구성원들은 거의 모든 시간을 자신들의 무리 속에서 지내기 때문이다.

스기야마는 그러한 자료를 얻기 위해 아프리카로 출발하기 바로 직전 아른험에 들렀다. 그런데 하마터면 그는 아슬아슬하게 아프리카로 못 갈 뻔했다. 그가 침팬지에게 푹 빠져 관찰대의 창 쪽으로 다가섰을 때 니키가 갑자기 위협 과시를 시작했다. 니키가 무거운 나무토막을 등 뒤에 숨기고 있다는 것을 내가 눈치 챘을 때는 이미 늦었다.

나는 스기야마에게 네덜란드 말로 "조심해요!"라고 소리쳤다. 그는 가볍게 웃으며 고개를 끄덕였지만 내 말이 무엇을 뜻하는지 알지 못했다. 그 순간 니키가 던진 나무토막이 날아왔다. 나는 스기야마가 창가에서 떨어지도록 힘껏 밀었다. 바로 그 순간 무거운 나무토막이 스기야마의 머리 옆을 아슬아슬하게 휙 하고 지나갔다. 나머지 오후 시간 내내 그는 그 나무토막 미사일을 존경스러운 시선으로 관찰했다. 훗날 우리는 아프리카에서 연구 중인 스기야마 박사로부터 니키의 안부를 묻는 그림엽서를 받았다.

우리가 아는 한 스기야마 박사는 신기록 보유자다. 그는 하루가 채 지나지 않아 거의 모든 침팬지들을 일일이 식별해서 이름을 정확하게 댈 수 있었다. 그렇게 되기 위해서는 날카로운 관찰력과 기억력, 그리고 올바른 관찰 태도가 필요하다. 관찰자는 침팬지 집단을 그저 이름 없는 검은 야수의 무리로 생각해서는 안 된다. 동물에게는 각각 그 나름의 개성과 특징적인 외모가 있다. 침팬지는 우리 인간과 마찬가지로 자기들끼리만 아니라 외부 집단에 대해서도 개체를 식별할 줄 안다. 그들은 북적대는 많은 관람객 속에서도 익숙한 사람의 얼굴을 찾아낼 수 있다. 그리고 자기네 영토의 일부라고 생각하는 관찰대에 새로운 얼굴이 나타나면 간단한 실험을 한다. 스기야마에 대한 환영식은 평소보다 약간 드라마틱한 경우였을 뿐이다.

권력교체

이에룬(왼쪽)이 니키를 돕기 위해 그의 옆에 서서 라윗(사진 밖)을 향해 소리를 지르고 있다.

§

육중한 증기기관차, 돌진하는 탱크, 달려드는 코뿔소……. 이 모두는 앞을 가로막고 있는 모든 장애물을 넘어서 돌진하는 비장한 힘을 나타내는 이미지이다. 돌격 과시를 할 때 이에룬의 모습이 바로 그러했다. 전성기 때 그는 털을 곤두세운 채 십여 마리의 침팬지들 사이로 돌진해 사방팔방으로 쫓아버렸다. 그가 리드미컬하게 다리를 구르면서 접근할 때 그냥 태연하게 앉아 있는 침팬지는 아무도 없었다. 수놈들은 이에룬이 접근해오기 훨씬 전에 미리 나무 위로 올라가 버리고, 어미는 새끼들을 등에 업거나 품에 안고서 언제라도 도망칠 수 있게 준비한다. 공포에 질린 침팬지들의 비명과 으르렁대는 소리가 쉼 없이 계속된다. 미처 달아나지 못한 어떤 놈은 세게 얻어맞는 경우도 있다.

큰 소란이 순식간에 시작된 것처럼 평화도 그렇게 찾아온다. 이에룬이 자리를 잡으면 다른 침팬지들이 서둘러 그의 곁으로 와 인사를 한다. 마치 왕이나 된 것처럼 집단적 경의를 당연한 듯 받아들이면서 신하 몇쯤은 쳐다볼 가치조차 없다는 듯 무시한다. 이같은 '의례(formalities)'가 끝나면 모두가 다시 조용히 자리에 앉고 새끼들도 어미에게서 떨어져 멀리 돌아다니며, 이에룬은 편안한 자세로 암놈들의 털 고르기에 몸을 맡기거나 요나스나 바우터 같은 새끼들과 장난을 치기도 한다. 이 새끼들은 늘 두목과 장난 싸움을 할 태세가 되어 있다. 새끼들은 이에룬에 대한 경의는 까맣게 잊어버린 양 그를 쫓아다니며 모래를 뿌리거나 나무 막대기를 집어던진다.

이런 장난을 치면서 엄연한 우열관계가 무시되기도 하지만 혼란이 빚어질 위험은 없다. 다른 때에는 엄격한 우열관계가 충분할 정도로 명백하기 때문이다. 침팬지들 사이에는 의심의 여지가 없이 사회적 위계를 확인시켜주는 특별한 인사법이 존재한다. 권력 탈취에 대한 이야기를 하기 전에 다소 형식적인 우열관계부터 설명해야겠다.

형식적 우열관계와 실제적 우열관계

1974년 초부터 1976년 중반까지는 집단 속에서 누가 위계구조의 정상에 있는지가 지극히 명료했다. 언뜻 봐서는 이에룬의 최고 권좌가 최강의 육체적 힘 때문인 것처럼 보였다. 우리는 그의 거대한 체구와 자신감 넘치는 행동을 보고는 어리석게도 침팬지의 공동체가 최강자의 법칙에 지배당하고 있다고 쉽게 단정해버렸다. 이에룬은 서열 2위인 수놈 라윗보다 훨씬 강해 보였다. 이런 그릇된 인상은 이에룬이 최고 권좌에 올라 있을 때 항상 털을 약간 세우고 다니거나 거만하고 육중하게 걷는다는 사실에서 비롯되었다. 육중하게 보이려는 이런 습성은 수놈 두목의 특징이다. 훨씬 뒤에 다른 놈이 그 지위에 올랐을 때도 역시 그런 모습을 보였다. 권좌에 앉아 있다는 사실은 수놈의 육체를 인상적으로 보이게 만들고, 따라서 그가 자기 외양에 걸맞은 자리를 차지하고 있다고 여기게 만든다.

몸집의 크기와 사회적 서열 사이에 어떤 관계가 있을지도 모른다는 생각은 사회적 서열에 대한 가장 신뢰할 만한 지표로 나타나는 특정한 행동 형태에 의해 더욱 확고해진다. 바로 '복종적인 인사(submissive greeting)'라는 행동인데 야생에서뿐만 아니라 아른험에서도 동일하게 나타난다. 엄밀하게 말해서, '인사'란 헐떡이는 것처럼 짧고 빠르게 '아하아하' 하는 소리를 계속 내는 것에 지나지 않는다. 지위가 낮은 놈은 이런 소리를 내면서 '인사'받는 상대를 우러러 보는 포즈를 취한다. 그리고 대개의 경우, 상대방에게 연신 절을 해대는데 이 동작은 '굽신거리기'라고 불린다. 때로는 '인사'하는 녀석이 나뭇잎이나 나무 막대기 같은 것을 가져와서 지위가 높은 놈에게 건네기도 하고, 혹은 발이나 목, 가슴 등에 키스를 하기도 한다. 지위가 높은 침팬지는 이런 '인사'를 받으면 몸을 곧추세워 키가 커 보이게 하거나 털을 곤두세운다. 이로 인해 실제 체구가 같은 놈들끼리도 외양이 명확한 대조를 보인다. 한쪽은 굴욕적으로 굽실거리고, 다른 한쪽은 왕처럼 '인사'를 받는다. 또한 어른 수놈들 사이에서 보이는 우열관계는 지위가 높은 놈이 '인사'하는 놈을 밟거나 그 위를 넘어 다니는 연극적인 동작을 통해서 더욱 강조된다(소위 말하는 으름장이나 허세 부리기). 이때 지위가 낮은 놈은 몸을 웅크리며 양손으로 머리를 감싼다. 이같은 곡예 짓은 암놈이 '인사'할 때는 그리 일반적이지 않다. 암놈은 대개 수놈 우위자가 자신의 성기를 검사하고 냄새를 맡을 수 있게 엉덩이를 내민다.

암놈이 엉덩이를 들어 수놈에게 성기를 보여주는 이 행동—이 자세를 '프레젠팅(presenting)'이라 한다—은 침팬지에게 특징적인 행동 형태이지만, 많은 관람객들이 분분한 해석을 내놓을 정도로 강한 반응을 불러일으킨다. 나는 어떤 책에서 장성한 수놈 침팬지에게 공격을 받게 되면 엉덩이를 보여주는 방법이 유용하다는 내용을 본 적이 있다. "즉시 바지를 내려서 침팬지에게 벗은 아랫도리와 엉덩이를 보여주세요!"라고. 나는 이 방법을 누구에게도 권하고 싶지 않다. 단지 암놈 침팬지가 엉덩이를 보여주는 경우에 한해서만 실제로 유화적인 효능이 있기 때문이다. 그렇다고 해도 암놈들은 당장 공격받을 것 같은 경우에는 절대 이런 행동을 하지 않는다. 공격자가 일단 돌진해오기 시작했다면 복종의 자세를 취한들 이미 때는 늦은 것이다. 남은 선택은 도망치던가 맞붙어 싸우는 것뿐이다.

니키가 이에룬 앞에 엎드려 숨가쁜 듯한 헐떡이는 소리를 내며 '인사'를 한다. 이에룬은 이런 존경의 표시를 묵살한다(왼쪽은 라윗).

서열이 낮은 침팬지들은 그런 꼴을 당하지 않기 위해서 공격적인 분위기가 고조되기 전에 사태를 파악하지 않으면 안 된다. 그러나 만약 잠재적인 공격자가 암놈일 경우에는 상황 파악을 할 여유조차 없다. 암놈의 분노는 아무런 경고도 없이 돌발적으로 폭발하기 때문이다. 하지만 수놈의 경우에는 먼저 상체가 천천히 흔들리고 털이 곤두서고 '후우 후우' 하는 소리가 점차 높아진 뒤부터 실제로 몇 분이 지나야 본격적인 돌진이 시작된다. '인사'나 털고르기, 또는 엉덩이 보여주기로 수놈을 달래는 평화적 노력은 돌이킬 수 없는 공격이 개시되기 전에 이뤄져야만 한다.

복종적인 '인사'는 지위가 높은 놈이 접근하거나 그 놈이 자기과시를 시작할 때뿐만 아니라, 공격적 과시나 공격 상황이 끝난 직후 서로 접촉할 때에 나타난다. '인사'는 우열관계를 의식적으로 확인하는 절차라 할 수 있다. 이러한 확인은 싸움의 형세가 일시적으로 역전될 때도 나타난다. 지위가 높은 침팬지도 곤경에 처할 때가 종종 있다. 두들겨 맞은 순위 낮은 침팬지가 반격하거나, 특히 여럿이 힘을 결집해서 육체적으로 압도하는 경우는 침팬지 사회에서는 아주 흔한 일이다. 이에룬은 이런 곤경에 처한 경우는 별로 없었지만, 미친 듯 날뛰며 금속성 비명을 질러대는 암놈들에게 쫓겨 다니는 광경은 여러 차례 목격되었다. 그토록 자신감에 넘치는 이에룬마저도 무서워할 수 있다는 사실이 나로서는 정말 뜻밖이었다. 비록 그가 이빨을 내밀고 비명을 질러댈 만큼 무서워하지는 않았지만 능수능란한 절대강자라는 이미지는 손상되고 만 것이다. 그러나 이같은 사태가 그의 지위에 항구적인 영향을 미친 것은 아니었다. 왜냐하면, 그 사태 이후 서로 화해할 때면 암놈들은 여느 때와 다름없이 이에룬에게 '인사'를 했기 때문이다.

이렇듯 우열관계는 전혀 다른 두 가지 방식으로 표출된다. 먼저 사회적 영향력, 즉 '권력'이다. 이는 누가 누구를 이기고 누가 집단적인 갈등에서 가장 큰 영향력을 갖는지를 반영한다. 특히 침팬지들의 경우 이합집산에 능하기 때문에 이런 대결의 결과가 어떨지는 100퍼센트 예측할 수 없다. 다른 동물에 비해 침팬지들 사이에서는 사회적 서열이 일시적으로 역전되는 사태가 심심찮게 일어난다. 그래서 그들의 서열 조직은 종종 '유동적이다'라든지 '유연하다'고 표현된다. 때에 따라서는 두세 살쯤 된 어린 침팬지가 어른 암놈이나 수놈을 쫓아버리기도 하고 강제로 무언가를 시키는 경우마저 있다. 그것은 단순히 놀이에 그치지 않고 심각한 싸움으로 번지기도 한다. 어린 요나스가 어미의 후광을 업고 프란예의 젖을 뺏어먹은 경우처럼 말이다.

새끼들이 어른에게 '인사'를 받는 경우는 없다. 새끼들은 실제적인 권력을 누릴 수 있을지는 모르지만 '형식적인 우위'는 갖지 못한다. 다툼의 결과는 때때로 지도자마저 나무 위로 쫓겨갈 정도로 다양하지만 '인사' 의식은 완전히 예측 가능하다. '인사'는 '고정된' 우열관계를 반영하는 것이다. 그것은 침팬지 사회에서 유일하게 관찰할 수 있는 비상호적인 사회적 행동 양식이다. 간단히 말해, 일정 기간 A가 B에게 '인사'를 하는 경우, 그 기간에는 반대의 상황, 즉 B가 A에게 '인사'하는 일은 결코 일어나지 않는다. 이런 두드러진 경직성은 일련의 낮은 신음소리를 동반하는 복종적인 인사에서만 나타난다. 침팬지들은 여러 가지 방법으로 인사를 한다. 그러나 내가 인용 부호를 붙여 '인사'라고 하는 경우는 낮은 신음소리를 동반하는 복종적인 것을 지칭한다. 이에룬은 자신이 1인자였을 때 절대 이같은 낮은 신음소리를 내지 않았고, 대신 집단 내 모든 구성원으로부터 자주 그 '인사'를 받았다.

암놈들 간의 싸움에는 수놈들의 싸움에서 흔히 보이듯 정점을 향해 서서히 고조되는 긴장감 같은 것이 없다. 암놈의 공격은 수놈에 비해 더욱 충동적이다. 암버르(왼쪽)가 호릴라에게 갑자기 따귀를 얻어맞고 비명을 지르고 있다.

공식적인 지위가 높으면 대개 권력도 강하다. 하지만 어떤 경우에는 지위가 권력에서 분리될 수도 있다. 다른 말로 하면, 우세한 침팬지로서의 지위를 지킬 수 없게 되는 경우이다. 침팬지들이 그런 순간을 어떻게 결정하는지는 정확히 알려져 있지 않지만 공격적인 접촉이 이런 정보의 주요한 원천을 이룬다는 점은 분명해 보인다. 예컨대, 만약 열위 침팬지들이 점점 더 자주 싸움에서 승리하게 되거나 우위 침팬지가 적어도 규칙적으로 두려워하고 쭈뼛거린다면 그런 순간을 피할 수 없을 것이다. 만약 침팬지들의 역학관계가 이런 식으로 계속해서 변화한다면 그들 사이의 '인사'는 점차 공허한 형식이 되어버릴 것이고, 열위 침팬지들이 우위 침팬지들에 대한 '인사'를 중단하게 될 것이다. 이로 인해 침팬지는 이전의 역학관계에 의문을 품게 된다. 첫 번째 단계, 즉 '인사' 중단은 아른험 집단에서 우열이 역전되는 경우에 어김없이 관찰되었다. 1976년 봄, 라윗은 용기를 내서 이에룬에게 도전했다. 둘 사이의 기존 관계는 무너졌고 집단 전체가 1년에 걸친 서열 재편에 빠지게 되었다.

이에룬은 한때 대단히 강력한 권위를 가지고 있어서 집단에서 행해지는 '인사'의 4분의 3 이상을 독점했으며, 특정 기간에는 이 수치가 90퍼센트를 넘어설 때도 있었다. 라윗도 이에룬에게만은 종종 '인사'를 했는데, 그 자신이 다른 침팬지들로부터 '인사'를 받는 일은 그보다 훨씬 적었다. 마마나 파위스트처럼 서열이 높은 암놈들은 라윗에게는 결코 '인사'를 하지 않았다. 이에룬보다 왜소하고 약해 보였으며 언제나 눈에 잘 띄지 않는 뒤편에 물러나 있었던 라윗이 쿠데타를 일으키리라고는 누구도 상상할 수 없는 일이었다.

최초의 투쟁

1976년 여름은 몹시 뜨겁고 건조했다. 유럽 전체가 극심한 가뭄으로 초원이 누렇게 변해갔고, 아른험 주변의 숲도 커다란 산불로 인해 황폐화되었다. 한때 산불이 동물원 근처까지 번져 동물들의 안전을 위협하기도 했다. 침팬지 공동체의 여름은 사회적인 면에서도 정말 길고 뜨거웠다. 6월 21일 오후, 나는 이에룬이 이를 악무는 모습을 처음 보았다. 그가 비명을 지르는 것도, 지원과 위로를 원하는 것도 처음 보았다. 게다가 그와 라윗 사이의 체격 차이도 돌연 소멸되어 버린 듯했다.

그날은 아침부터 중대한 변화의 조짐이 일고 있었던 것이 분명했다. 라윗이 당당하게 스핀과 교미를 한 것이다. 스핀은 발정기에 들어서 있었기 때문에 성기가 부풀어올라 수놈들을 성적으로 유혹하고 있었다. 평소에 이에룬은 다른 수놈들이 교미하는 꼴을 극도로 못 참아 했지만, 그로부터 10미터도 떨어지지 않은 곳에서 라윗이 스핀과 교미를 하는데도 광장 한가운데 멍하니 엎드린 채 미동도 하지 않았다. 꼴 보기 싫은 광경은 아예 안 보는 게 낫다는 듯, 그는 아예 그들에게 등을 돌려버렸다. 우리의 첫 번째 가설은 이에룬의 건강이 나빠져 라윗이 이 상황을 잘 이용하고 있다는 것이었다. 그러나 이 가설이 완전히 틀렸다는 것은 그날 저녁 무렵에 드러났다. 이에룬의 식욕이 완전히 정상이었던 것이다.

그날 오후, 라윗은 연상의 지도자인 이에룬의 주위로 큰 원을 그리며 자기 과시를 했고, 그를 자극하기 시작했다. 이런 과정에서 라윗은 오랜 기간 인상적인 과시 행위와 다툼이 있을 것임을 예고하는 기미를 보여주었다. 날이 갈수록 그 강도가 높아졌다. 다음은 첫 번째 공개적인 대결에 관한 기록이다.

1976년 6월 21일 오후 1시 45분

라윗은 온 몸의 털을 곤두세우고 이에룬의 주위를 15미터쯤 떨어져 맴돈다. 발로는 땅을 쿵쿵 구르고 손바닥으로는 땅바닥을 두드린다. 그리고 한쪽 모퉁이에서 돌이나 나무토막을 주워 던진다. 이에룬은 풀밭에 앉아 가끔 라윗을 힐끗 쳐다볼 뿐이다. 도전자가 등 뒤로 와도 이에룬은 몸을 돌리지 않는다. 단지 머리를 조금 돌려 어깨 너머로 조심스럽게 라윗이 무슨 행동을 하는지 지켜본다. 간혹 라윗이 몇 미터 가까이 접근할 때면 이에룬은 털을 곤두세우고 몇 걸음 걸어간다. 이 짧은 순간의 대결에서 그들은 절대 서로를 똑바로 쳐다보지 않는다. 라윗이 멀리 떨어지면 이에룬은 곧장 그가 앉아 있던 풀밭에 돌아와 자리를 잡는다.

라윗은 예닐곱 번 맴돈 다음 스핀에게 다가가 부풀어오른 그녀의 성기를 검사한다. 호릴라가 이에룬에게 접근해서 키스를 한다. 니키와 단디가 이에룬 옆을 통과해서 스핀에게 다가간다. 어느 침팬지도 이에룬에게 '인사'를 하지 않는다는 것이 평소와 다르다. 라윗은 당시 가장 어린 폰스와 놀고 있었다. 폰스의 어미 프란예와 마마는 자리를 옮겨 라윗 곁에 앉는다. 라윗은 마마의 털을 골라준다. 그 뒤 잠시 동안 집단은 평온하다. 이에룬이 일어나 스핀을 향해 걸어갈 때까지는 아무런 변화가 없다.

오후 2시 25분

파위스트는 평소 습관대로 발정 상태인 암놈과 함께 있다. 이번 상대는 스핀이다. 파위스트가 이에룬에게 '인사'를 하자 이에룬은 몸을 움직여 파위스트와 스핀 집단에 합류한다. 그러자 라윗은 안절부절못한다. 약간 털을 세운 라윗은 커다란 막대기를 모으고, 부드럽게 '후우후

라윗이 이에룬 주위를 큰 원으로 돌며 과시 행위를 하고 있다.

우' 하는 소리를 내기 시작한다. 이 소리를 들은 이에룬은 스핀의 곁을 떠나 약간의 과시 행동을 하고 있는 라윗의 곁을 지나간다. 이번에도 라윗 쪽을 보지 않는다. 이에룬은 마마가 있는 곳으로 가서 그녀의 털을 골라주기 시작한다. 그러는 동안 마마는 라윗이 뭘 하고 있는지 보려고 주변을 살핀다. 라윗은 프란예를 잠깐 포옹한 다음, 이에룬과 마마의 면전에 앉아 더욱 노골적인 동작을 취하려고 한다. '후우후우' 하는 소리가 점점 커지더니, 마침내 라윗이 일어나 마마와 이에룬을 향해 전속력으로 돌진한다. 그러나 목표에서 아슬아슬하게 빗겨간다. 이에룬은 잠시 멍하니 서 있었지만 라윗이 지나가자 재빨리 마마의 등 뒤로 가서 앉는다.

오후 2시 35분

라윗이 이에룬을 향해 두 번째 공격을 준비하는 동안 니키가 그 틈을 이용해서 스핀과 교미한다. 아무도 무슨 일이 벌어졌는지 눈치 채지 못한 듯하다. 라윗이 먼저 마마를 공격하자 마마는 비명을 지르며 도망친다. 그 다음 라윗은 이에룬 앞에 앉아 그를 향해 도전적으로 '후우후우' 하며 소리친다. 이에룬은 비스듬하게 심어진 나무 기둥 밑으로 가서 혼자 앉는다. 라윗은 이 나무에 올라가며 과시 행위를 하고 크게 '후우후우' 소리를 지른다. 이에룬은 겁을 먹고 주저하는 표정으로 라윗을 쳐다본다. 라이벌로부터 몇 미터 위에 올라간 라윗은 나무 기둥을 리드미컬하고 강하게 탕탕 두드린다. 마침내 라윗이 나무에서 뛰어내려 이에룬의 바로 옆에 착지한다. 라윗은 큰소리를 지르며 손바닥으로 이에룬의 귀싸대기를 후려치고는 재빨리 내뺀다. 이에룬은 힘을 다해 비명을 질러댄다. 이에룬은 호릴라, 크롬, 스핀, 단디, 헤니 등의 구성원으로 이루어진 집단 쪽으로 달려가 모두를 차례로 포옹한다. 거의 모든 침팬지들이 대혼란에 개입된다. 이에룬은 후우후우, 캬아캬아, 와우와우 하며 비명을 질러대는 한 무리의 지지자 및 동조자들의 지원을 받고 나서야 도전자에게 접근한다.

그 순간까지 일정한 거리를 둔 채 털을 약간 세우고 이에룬을 지켜보던 라윗은 이에룬과 그 부대가 나타나자 비명을 지르며 도망친다. 공격하는 소리가 여기저기서 터져 나오고, 라윗은 열 마리가 넘는 침팬지로부터 공격을 받는다. 그러나 몇몇은 그 공격에 가담하길 거부한다. 이미의 경우 그저 멀찍이 거리를 두고 앉아 있을 뿐이다. 이에룬은 그녀에게 두 차례나 와서 고훗고훗 하는 소리를 내면서 한 손을 내밀지만 이미는 몸을 돌려 멀리 걸어가 버린다. 한 무리의 침팬지들이 몇 분 동안 라윗을 쫓아다니던 상황이 돌연 중단된다. 라윗의 비명이 가끔 정적을 깰 뿐 주위가 고요해졌다. 라윗은 섬에서 멀리 떨어진 구석으로 쫓겨났다. 첫 번째 전투에서 라윗이 패배했음이 분명했다.

'처녀들' 가운데 오르가 라윗에게로 와서 엉덩이를 내밀었다. 라윗은 그때까지 비명을 질러대고 있었지만, 그래도 답례로서 엉덩이를 갖다댄다. 그 둘은 잠시 엉덩이를 마주 댄 채 서 있다. 그때 갑자기 라윗이 응석받이 행동을 한다. 제 마음대로 되지 않을 때 응석부리는 아이처럼, 그는 비명을 지르며 모래 위를 뒹굴고 손으로 머리를 때리며 죽겠다는 듯 헐떡거리는 소리를 낸다. 오르는 다시 한번 다가가 그를 감싸 안았다. 차츰 평정을 되찾은 라윗은 사육장 가운데로 돌아오는 이에룬의 뒤를 천천히 따라간다.

이 모든 상황은 5분도 안 돼 종료됐다. 처음에 따귀를 때렸던 것 말고는 신체적 공격은 없었다.

오후 2시 40분

라윗은 또다시 과시 행동을 개시했다. 그는 우선 스핀과 함께 앉아 있는 파위스트에게 공격을 가한다. 그 다음 스핀에게 교미하자고 유혹한다. 스핀이 유혹에 응한 순간 이에룬이 비명을 지르기 시작하지만 끼어들 엄두는 내지 못한다. 단디가 이에룬에게 '인사'를 하면서 그를 진정시키려는 듯 포옹한다. 그 사이 라윗은 방해받지 않고 스핀과 사랑을 즐긴다.

오후 2시 50분

이에룬은 마마와 프란예와 어울려 놀면서 꼬마 폰스에게 간지럼을 태우고 있다. 그는 즐거운 표정이지만 그렇다고 완전히 맘을 놓고 있는 것은 아니다. 라윗이 있는 쪽을 쏘아보고 있기 때문이다. 라윗은 조금 떨어진 곳에 주저앉아 몸을 앞뒤로 흔들며 나뭇가지를 주워 이빨로 분지르고 있다. 라윗이 그 같은 행동을 하자 마마는 이에룬을 떠난다. 이에룬은 그녀를 따라간다. 그러나 그가 곁에 앉으려 하면 마마는 일어서서 자리를 옮긴다. 이런 광경이 몇 차례 반복된다. 이에룬은 마마 옆에 앉으려고 하지만 그녀는 이에룬과는 함께 있고 싶지 않다는 태도를 보인다.

그런 동안에 이에룬과 함께 앉아 있던 프란예가 라윗의 공격을 받는다. 라윗이 프란예의 등에 올라타 짓누르자 프란예와 아들 폰스가 비명을 질러대기 시작한다. 프란예의 배에 달라붙어 있던 폰스는 라윗이 뛰어올라 짓누를 때마다 땅바닥에 눌려 납작코가 되었다. 라윗은 그때부터 이에룬과 마마에게 주의를 집중하고 그들을 향해 수차례 위협적인 과시 행위를 한다. 마마는 이에룬의 곁을 떠나려 하고 이에룬은 계속 뒤따라 다녔지만, 라윗이 결국 마마를 쫓아버리는 데 성공한다.

다른 침팬지들도 흩어져버린 뒤 다시 평화가 찾아왔다. 이제는 오직 두 마리의 수놈 라이벌만이 사육장 한가운데 남아 서로 마주하고 있다. 둘은 6미터 정도 거리를 두고 애써 서로의 시선을 피하고 있다. 라윗은 비둘기가 날아가는 모습을 보고 있고, 이에룬은 땅만 쳐다보고 있다.

오후 3시 10분

이 특이한 사태의 마지막 단계는 크롬에 의해 촉발되었다. 그녀는 라윗의 곁으로 가 '인사'를 하고 그의 털을 고르기 시작한다. 그러나 라윗은 이를 뿌리치고 일어나 걸어간다. 이에룬도 똑같이 움직인다. 크롬은 여느 때처럼 태연하게 다시 한번 라윗에게 다가가 털을 고르기 시작한다. 처음에는 10여 미터 정도 떨어져 걷던 이에룬이 그때 멈칫거리다가 몸을 돌려 크롬과 라윗 쪽으로 서서히 다가온다. 크롬이 이에룬에게 다가가 '인사'를 한다. 이에룬은 신경질적으로 이빨을 내밀며 그녀를 포옹한다. 라윗은 이에룬이 처음 앉아 있던 곳으로 가서 땅바닥의 냄새를 맡더니 그 자리에 앉는다. 이상하게도, 이에룬도 똑같이 라윗이 앉아 있던 곳으로 가 앉으며 라윗의 행동에 화답한다. 이렇게 해서 두 수놈들은 또다시 서로를 향해 앉게 됐다.

크롬이 이에룬의 털을 고르기 시작한다. 그러자 라윗은 그들 주위에서 과시 행위를 보이고 큰 원을 그리며 주위를 맴돌았다. 자신과 이에룬이 '후우후우' 하며 큰 소리를 주고받을 때에만 그는 맴돌기를 잠시 중단한다. 라윗이 좀더 접근하자 크롬은 곧장 이에룬의 곁을 떠나 라윗의 털을 골라주러 간다. 크롬은 네 번이나 두 수놈을 오가며 털을 골라준다. 이런 상황이 5분 이상 계속되었다. 이에룬은 혼자 앉아 있고, 크롬과 라윗은 그리 멀지 않은 곳에서 서로의 털을 골라주고 있다.

갑자기 라윗이 크롬으로부터 떨어져 어슬렁거리듯 이에룬에게 접근한다. 두 수놈은 털을 세우고는 처음으로 서로의 눈을 정면에서 똑바로 노려본다. 이에룬이 라윗을 잠시 끌어안는다. 그 순간 라윗은 이에룬에게 엉덩이를 돌려대고는 털고르기를 허락한다. 어른 수놈들 간의 화해는 흔히 상대방의 엉덩이 털을 골라주는 것으로 시작된다. 크롬은 물러간다. 이때가 오후 3시 30분이다. 두 라이벌은 약 15분 동안 서로의 털을 골라준다.

이에룬의 고립

이제까지 설명한 것은 두 달 동안 계속된 권력투쟁 과정 중에서 처음 두 시간의 기록이다. 최초의 접전에서는 어떤 결론에도 도달하지 못했다. 어째서 두 라이벌은 한 번에 끝장을 보는 싸움으로 갈등을 결판내지 않는 것일까? 해답은 간단하다. 육체적인 힘은 어디까지나 우열관계를 결정짓는 한 가지 요소에 불과할 뿐 가장 중요한 요소는 아님이 분명하다.

내 경험에 의하면 장성한 수놈 침팬지 사이에서 나타난 위협 과시의 경우, 열 번 중 네 번 정도가 이에룬이 비명을 지르고 라윗이 뺨을 강하게 후려치는 것과 같은 실제적인 충돌로 이어졌다. 이같은 사건은 대개 위협, 추적, 비명 같은 일련의 행동이 포함되는 것이 일반적이다. 수놈들 사이에서 서로 때리는 일은 흔하지 않지만 한 번 가격을 했다고 그 자체로 싸움이 성립되는 것은 아니다. 심각한 다툼일 때는 실제로 맞수끼리 서로 붙잡고 물어뜯는다. 백 번의 충돌 가운데 한 번 이하, 정확하게는 수놈끼리의 대결 중 0.4퍼센트만이 진짜 결판을 내는 결투에 이른다. 빈도는 낮지만 결투의 위협은 늘 상존하고 있고, 바로 이런 점이 우위 다툼 과정의 긴장감을 더욱 부채질한다.

라윗과 이에룬이 암놈을 끌어들인 사회적 책략은 사실 단순한 신체적 대결보다 더욱 깜짝 놀랄 일이었다. 행위와 그에 대응하는 과정은 비교적 조용히, 그리고 아주 오랜 기간 지속되었지만 그 효과는 아주 극적이었다. 두 놈 모두 반복적으로 어른 암놈과의 접촉을 갈구했다. 특히 이에룬은 암놈들과 늘 붙어 있으려고 했다. 그가 암놈들의 보호를 받는 점에서 보면 그리 놀라운 일은 아니다. 권력 이행기 내내, 즉 차기

지도자의 첫 번째 공격에서부터 모든 암놈들은 라윗에 맞서 이에룬을 지지했다. 반대의 경우는 한 차례도 일어나지 않았다.

이 집단에 있는 아홉 마리의 어른 암놈들이 마치 일치 단결한 것처럼 보인 것은 특이한 일이다. 그들이 실제로도 만장일치였는지는 여전히 의심스럽지만 말이다. 이에룬과 라윗 사이의 우위 경쟁은 가끔 암놈들 사이에도 긴장관계를 조성했다. 그럴 때면 마마와 호릴라 같은 서열 높은 암놈들이 분명하게 이에룬을 적극 지지했지만 파위스트나 이미 같은 다른 암놈들은 그 정도는 아니었다. 파위스트는 이에룬 편이 되어 라윗에 대항하려던 마마를 공격한 적도 있다. 이후 암놈들의 공동전선이 붕괴되기 시작했을 때에는 반대의 경우도 나타났다. 결국 라윗이 최강자로 등극하자 가장 먼저 이에룬을 버리고 새로운 권력자 진영에 합류한 것은 파위스트였다. 초기에 마마는 파위스트의 탈당에 분노해서 파위스트가 공공연하게 라윗의 편을 들 때마다 그녀를 공격했다. 만일 마마가 없었다면 파위스트나 이미 같은 암놈들이 더 빨리 라윗 편에 달라붙었으리란 것은 충분히 짐작할 수 있는 일이었다. 암놈들이 몇 달에 걸쳐서 이에룬을 공동으로 지지한 데에는 자발적인 만장일치보다는 마마의 압도적인 영향력이라 할 수 있다.

혹자는 배후에 이런 강력한 지지 집단이 있는 이상, 이에룬은 무서울 것이 전혀 없지 않겠냐고 생각하기 쉽다. 그러나 첫날부터 그가 집단적인 지원을 상실할 위험성을 갖고 있음이 명백히 드러났다. 마마는 그가 따라오는 것을 몇 차례 거부했고, 이것은 이에룬의 권력 기반을 무너뜨리려는 라윗의 전술에 의한 것이었음은 의심할 여지가 없다. 라윗은 이에룬이 어른 암놈과 함께 있는 것을 볼 때마다 안절부절못했다. 그는 이에룬과 암놈이 있는 곳으로 가서 어떻게든 암놈을 이에룬에게서 떨어뜨려 놓았다. 암놈은 이에룬과 막 성적 접촉을 시작했건 이미 끝났건 간에 라윗에게 응징당할 위험을 감수해야만 했다(앞서 본 프란예의 일화처럼). 라윗은 투쟁 첫날 오후부터 몇 주 동안 꾸준히 이 전술을 사용했다.

때로는 라윗이 일어나 움직이기 시작하는 것만으로도 이에룬과 암놈들의 접촉이 곧장 중단되기도 했다. 어떤 경우에는 라윗이 이에룬의 저항을 받기도 했으며, 신경전이 다툼으로 커지기도 했다. 만일 라윗이 완전 고립무원의 상태였더라면 그런 충돌은 예외 없이 라윗의 패배로 끝났을 것이다. 왜냐하면 그의 적수들이 수적으로 우세했기 때문이다. 그랬더라면 암놈들이 라윗의 공격적인 자세에 두려움을 느끼며 이에룬과의 접촉을 회피할 이유가 거의 없었을 것이다. 그러나 상황은 그렇게 단순하지 않았다. 제3의 거물급 침팬지 니키의 개입 때문이었다. 니키의 등장으로 인해 이에룬이 우위를 계속 유지할지 못할지, 그리고 암놈들이 이에룬과 도전자 간의 충돌에 개입하는 것이 위험천만한 일인지 아닌지 불분명해 보였다.

나는 이에룬이 암놈 집단과 접촉하지 못하도록 떼어놓는 라윗의 행위를 '떼어놓기 간섭(separating interventions)'이라고 부른다. 그것의 단기적인 효과는 명백하지만 우리는 그것이 장기적으로 가져올 효과를 알아보려고 그해 말에 통계를 분석해보았다. 특히 과정 자체가 느리게 진행될 때 주관적인 인상은 확실히 신뢰하기 어렵기 때문에 이런 방법이 반드시 필요했다. 우리는 매 5분마다 어느 놈들이 서로 어울려 소집단을 형성하는가, 즉 누가 2미터 이내에 앉아 있는지를 휴대용 테이프에 녹음해왔다. 1976년 여름에 행한 연구에서 우리는 몇백 개의 기록자료를 분석해서 이에룬이 그밖의 침팬지들과 어떤 친소관계에 있었는

라윗은 라이벌인 이에룬(왼쪽) 옆에 앉아 있었다는 이유만으로 테펄을 못살게 굴고 있다. 이에룬은 그 장면을 바라보면서도 감히 나서서 그녀를 지켜주지 못한다.

지를 그려냈다.

라윗이 아직 이에룬에게 주기적으로 '인사'를 하던 1976년 봄, 이에룬은 자기 시간의 30퍼센트 가량을 어른 암놈들의 집단과 무리를 지어 보냈다. 그러나 처음으로 라윗에게 노골적인 도전을 받은 뒤 몇 주 동안에는 그 시간이 두 배 이상으로 늘어났다. 이것은 당시 이에룬이 암놈들과 거의 모든 시간을 함께 있으려고 했다는 것을 뜻한다. 라윗의 태도가 변하기 시작한 사실을 간파한 이에룬은 아마 자신의 지위가 위협받고 있음을 느꼈는지 자주 암놈들에게로 물러나 있었다. 당시 라윗은 이에룬에게 거의 '인사'를 하지 않았다. 이에룬이 폭풍 전야의 고요함 같은 시기에 암놈 무리라는 안전한 피난처를 확보하려고 노력했다는 사실은 기록 자료의 분석을 통해서도 드러났다. 우리는 곤란한 사태가 진전되고 있음을 눈치채지 못했지만 이미 새로운 권력투쟁을 준비하는 움직임이 시작된 것이다.

그 이후의 데이터는 매우 현저한 변화가 일어나고 있음을 보여준다. 라윗이 이에룬의 리더십에 좀더 적극적으로 도전해서 수없이 '떼어놓기 간섭'을 자행하고 있던 몇 주 동안, 이에룬이 암놈들과 함께 보내는 시간은 차츰 줄어들었다. 급기야 가을이 오자 암놈들과의 접촉 횟수가 뚝 떨어졌고, 암놈들과 함께 있는 시간이 봄철보다 더욱더 줄어들었다. 우리가 조사한 데이터를 통해서 이에룬이 사회적으로 고립되었음이 입증된 것이다.

라윗은 암놈들이 그의 라이벌과 함께 있을 때에만 적대적인 태도를 보였다. 다른 경우에는 암놈들에게 대단히 우호적인 행동을 취했다. 종종 암놈들 곁에 앉아 털을 골라주거나 그들의 새끼들과 어울려 놀기도 했다. 이와 같은 접촉이 전술상 중요한 순간에 일어나는 경우도 있었다. 라윗이 이에룬과 암놈들 간의 동맹에 의해 패배하고 이에룬과 화해했던 바로 그 첫날에도 이런 현상이 분명하게 나타났다. 그날 오후, 라윗은 또다시 자기 과시를 시작하면서 다시금 중대한 갈등을 야기했다. 이런 도발이 일어나기 몇 분 전부터 라윗은 '순회'를 시작했다. 프란예를 시작으로 호릴라와 파위스트의 털을 순서대로 골라주었다. 라윗은 이처럼 이상할 만큼 재빠르게 연쇄 접촉을 가진 직후에 이에룬 주변에서 위협 과시를 보였다. 네 암놈에 대한 라윗의 우호적 행동은 다가올 싸움에서 암놈들로 하여금 중립을 지키게 하려던 사전 예방책이었을까? 그것은 일종의 '뇌물', 즉 우호적인 행동을 통해 동정심 유발을 기도한 것이었을까?

나무 위에 있는 라윗이 서로 털을 골라주던 이에룬(땅 위 오른쪽)과 크롬(왼쪽)을 위협해서 억지로 떼어놓고 있다. 테펄과 요나스가 이를 지켜보고 있다.

라윗과 이에룬 사이의 문제도 암놈들이 없었다면 결코 그처럼 대형사건으로 번지지 않았을 것이다. 단지 두 개체만의 문제라면 양자 사이의 우열관계는 일주일 내로 결판이 날 수 있었다. 그것은 무리들과 떨어져 밤을 보내는 숙소에서 벌어지는 행동을 보면 분명해진다. 전에는 주로 눈에 잘 띄지 않는 구석진 곳으로 가던 라윗이 지금은 호기롭게 마음 내키는 대로 돌아다닌다. 어떤 때는 이에룬 몫의 사과를 가로채기도 했다. 대체적으로 두 라이벌은 야간 숙소에 있을 때는 꽤 평온하게 지내는 편이었지만 이미 두 번 씩이나 충돌이 있었다. 두 번 다 이에룬의 상처가 더 심했다. 심각한 상처는 아니었지만 이에룬의 꼬락서니가 불쌍하기만 했다. 이전의 자신감을 완전히 상실했고 자신이 받은 심리적 타격의 깊이가 눈빛에서 드러났다.

이에룬이 혼쭐난 모습으로 나타난 첫날 아침에 다른 침팬지들은 흥분했다. 마마는 이에룬의 상처를 발견하고선 '후우후우' 비명을 지르며 사방을 둘러보았다. 이에룬이 겁에 질린 채 금속성 비명을 지르자 다른 침팬지들이 무슨 일이 벌어졌는지 보려고 몰려들었다. 침팬지들이 몰려들어 후우후우 소리를 내자, '범인'인 라윗 또한 비명을 질러대기 시작했다. 그는 신경질적으로 암놈들에게 달려가서 연신 포옹하거

이에룬이 도전자인 라윗을 쫓고 있다. 둘 다 금속성 비명을 질러댄다.

나 엉덩이를 들이대는 자세를 취했다. 라윗은 그날 남은 시간 동안 이에룬의 상처를 살피면서 보냈다. 이에룬은 라윗의 강력한 송곳니에 다리 한 곳과 옆구리 두 곳에 부상을 입었다. 이만한 상처로 그런 소란이 벌어진 것이 별로 이상하지 않은 이유는 최근 몇 해 동안 이에룬은 단 한 번도 부상을 당한 적이 없었기 때문이다.

실제로 라윗은 이에룬보다 강했다. 이런 라윗의 육체적 우월함으로 인해 1976년 가을에 이에룬이 사회적으로 고립된 일은 지극히 중요한 의미를 갖는다. 일단 고립되고 나면 야간 숙소에서뿐만 아니라 집단 속에서도 이에룬은 패배자일 수밖에 없다.

라윗과 니키의 간접 연합

라윗과 이에룬 사이의 충돌에서 니키의 역할은 결정적이었다. 서로 독자적으로 행동했음에도 불구하고 라윗과 니키가 연합, 정확하게는 '간접 연합'을 형성했던 것이다. 그들이 늘 함께 있었던 것은 아니고 동시 동작을 할 때 특정 신호를 교환한 적도 없다. 서로가 주고받은 지원이란 대부분 간접적인 것이었다. 그리고 역설적이게도, 이들의 협동은 결국 그들의 관계를 파괴하는 시한폭탄이 되었다. 연합의 결과 라윗은 지도력을 얻었고, 니키는 어른 암놈들이나 이에룬보다 지위가 높은 2인자의 자리에 올랐다. 사실 니키의 승진은 라윗에 비해 훨씬 큰 변화였다. 그도 그럴 것이 1976년 초만 해도 니키는 누구에게도 주목받지 못했기 때문이다. 어른 암놈들 가운데 누구도 그에게 '인사' 따위는 하지 않았을 뿐 아니라 늘 괴롭힘만 당했다. 막되게 군다는 이유로 마마가 니키를 두들겨 패도 누구 하나 놀라거나 소란을 피우지 않았다.

이에룬의 지도력이 도전받기 얼마 전부터 니키는 라윗과 똑같은 수법으로 암놈들을 대했다. 가령 라윗이 어떤 암놈을 공격할 경우에 니키는 다짜고짜 그 암놈을 사정없이 후려쳤다. 이런 '치고 빠지기' 전술이 니키의 장기가 되었기 때문에 우리는 그를 '겁쟁이 불로소득자'로 여기게 됐다. 그러나 같은 해 후반에 벌어진 몇몇 사건은 라윗의 그림자 같던 니키의 행동을 전혀 달리 보이게 만들었다. 그 둘은 어쩌면 이미 이

1976년 여름이 되자 니키는 어른 수놈으로 완전히 자랐다.

에룬의 지위를 시험해보기 시작한 듯했다. 왜냐하면 암놈들에 대한 그들의 공격이 위험할 정도로 이에룬과 가까운 곳에서 벌어지는 경우가 많았기 때문이다. 보호를 받으려고 이에룬에게 도망쳐서 그를 포옹한 암놈들조차 니키와 라윗의 공격으로부터 늘 안전하지는 못했다. 그런 상황에서도 이에룬이 강력하게 반격하지 않았다는 사실은 다른 두 수놈의 판단에 중요한 지표가 됐을지도 모른다. 자기의 부하를 지키는 것을 머뭇거리는 리더는 자신을 지켜내는 데에도 문제가 있기 마련이다.

라윗과 이에룬이 공공연하게 충돌을 거듭하던 당시, 니키가 두 라이벌의 대결에 직접 개입한 것은 단 한 차례뿐이었다. 이상하게도 그때 니키는 라윗에게 맞섰다. 이 사건은 권력투쟁의 초기, 즉 라윗이 니키와 스핀이 사랑 행위를 나누는 것을 무력으로 중단시키고 나서 10분쯤 뒤에 벌어졌다. 이는 대단히 주목할 만한 사건이었다. 라윗이 니키와 직접 싸울 만큼의 여유가 없었음을 드러내는 것이기 때문이다. 첫날에도 이와 매우 흡사하지만 그리 명확치 않은 사건이 일어났다. 그날도 성적 경쟁심이 원인이었다. 라윗에게 혼쭐난 니키는 비명을 지르면서 이에룬에게 다가가 연대를 형성하며 라윗을 위협했다. 라윗은 서둘러 사육장 반대편으로 도망쳤다. 두 사건은 라윗이 왜 니키와 적이 되는 것을 일부러 피했는지를 설명해준다. 니키가 자신에게 대항하지 않게 하려면 라윗은 관용적인 태도를 취해야만 했다. 니키의 원조가 절실히 필요했던 라윗은 그와 소원해질 위험을 피하려고 했을 것이다.

니키가 공개적으로 라윗에게 대든 적은 딱 한 번뿐이다. 오히려 그는 이에룬의 지지자들인 암놈들을 물리침으로써 간접적으로 라윗의 편을 들었다. 니키의 도움이 없었다면 라윗은 어떤 수를 쓴다 해도 이에룬을 물리칠 수 없었을 것이다. 이런 사회적 상호작용의 통상적 패턴은 다음과 같다. 라윗이 이에룬의 주변에서 위협 과시를 시작하면 이를 더 이상 묵과하지 못한 이에룬은 도움을 청하려고 비명을 지른다. 이에룬은 암놈들에게 도움을 간청하든가 아니면 직접 가서 암놈들을 끌고 온다. 이에룬과 그 지지자들이 라윗에게 접근하면 그때부터 니키가 나서서 이에룬 지지자들 가운데 한 놈, 특히 마마나 호릴라 가운데 어느 한 쪽을 겨냥해서 공격한다. 이런 개입은 상황을 복잡하게 만드는 효과를 불러온다. 즉, 이에룬과 라윗 사이의 충돌이 계속되는 동안 암놈들은 연합해서 니키에 대항하는 것이다. 이에룬과 라윗 사이의 싸움은 대개 마른 떡갈나무 가지 위에서 종료된다. 거기에서 라윗은 자기 과시를 하고, 이에룬은 비명을 지르며 아래에 있는 암놈 지지자들을 향해 한 손을 뻗는다. 그러나 아무 소용이 없다. 나무 밑의 암놈들은 지칠 줄 모르는 니키를 상대하는 것만도 벅찼기 때문이다.

니키는 곡예사처럼 대단히 민첩해서 암놈들은 그를 좀처럼 붙잡을 수 없었다. 니키는 길길이 날뛰거나 적수들의 머리 위로 뛰어넘기도 하면서 동에 번쩍 서에 번쩍하며 날쌔게 몸을 피했다. 정면에서 공격해오리라 생각하는 찰나에 등 뒤에서 귀뺨을 때리는 경우도 있었다. 그러는 와중에 니키는 마마의 등 뒤로 다가가 엉덩이 밑에 두 팔을 넣고는 그녀가 미처 상황을 파악하기도 전에 공중으로 집어던져버린 적도 있었다. 이런 묘기는 그의 체력이 보통이 아님을 입증해준다. 그는 더 이상 무시를 당하거나 콧대가 꺾이는 일이 없다. 나무 위에서 벌어지는 권력 투쟁과는 별개로 니키는 암놈들을 상대하면서 스스로 활력을 찾고 있었다. 이에룬과 라윗의 접전이 끝난 뒤에도 니키와 암놈들 사이의 싸움은 종종 일어났다. 때로는 니키가 고의로 라윗을 측면 지원하는 것처럼 보일 때도 있었다. 어떤 경우 니키는 마마를 이에룬 곁에서 몰아내 마

니키(오른쪽)에 대적하는 마마(왼쪽)와 크롬의 연합

른 나무 위로 쫓아버린 다음 그 나무 밑에 앉아 라윗과 이에룬의 싸움을 응원하곤 했다. 마마는 싸움이 끝나고 나서야 나무에서 내려올 수 있었다.

반대로 니키가 암놈들과 활극을 펼치고 있을 때면 라윗이 니키를 지원했다. 드문 경우이기는 하지만, 니키가 위기에 몰릴 것 같은 상황이 되면 라윗이나 파위스트가 그를 구하려고 급히 나선다. 여기서도 파위스트의 역할은 묘하게도 비여성적이다. 다른 암놈들이 모두 니키에게 대항해 단합을 과시하고 있는 데 반해, 파위스트만이 특이하게도 '불의'의 편을 드는 것이었다. 그녀와 니키 사이의 특별한 관계는 니키와 라윗 사이의 관계처럼 상호적인 것이었다. 니키는 결코 파위스트를 공격하지 않았다. 파위스트는 비상시에 니키의 원조를 얻어낼 수 있는 유일한 암놈이었다.

만일 니키가 암놈들과의 싸움에 전력했다면, 즉 그가 위험한 이빨을 사용했더라면 좀더 빨리 암놈들을 굴복시켰을 것이다. 그러나 니키는 손과 발만을 사용해 싸울 뿐, 결코 송곳니로 물지 않는다는 규칙을 철저하게 지켰다. 수놈들이 간혹 암놈을 무는 경우가 있지만 앞니만 사용하는 것이 보통이다. 그러나 커다란 송곳니를 가지지 못한 암놈들의 경우에는 다른 암놈과 싸울 때나 수놈의 공격으로부터 자신을 지키려고 할 때 수놈들보다 신중하지 못하게 이빨을 사용하기도 한다. 이와 같은 규칙 때문에 몇 주 동안 니키와 암놈들 사이의 충돌이 계속되었지만 어느 쪽에도 결정적인 결과를 가져다주지 못했다. 니키가 좀처럼 붙잡을 수 없을 만큼 민첩했기 때문에 그만큼 심각한 싸움으로 번지지도 않았다.

니키는 시시때때로 암놈들에게 싸움을 걸었고 암놈들이 이에 맞서려고 금속성 소리를 지를 때면 암놈들이 어느 정도까지 자기에게 접근할 수 있을지 보려고 기다렸다. 암놈들은 너무 가까이 접근하다가는 따귀를 맞는다는 사실을 잘 알고 있었다. 만약 반대로 암놈들이 수적으로 압도하면 니키는 민첩하게 도망쳐 위기를 모면했다. 니키의 강력함과 암놈들의 반격에도 불구하고 이들의 대결이 부상을 당할 정도까지는 결코 이르지 않았다.

우열을 다투는 과정이 커다란 집단 속에서 피를 흘리지 않고도 이런 식으로 일어날 수 있다는 사실은 아른험 계획이 착수될 당시의 낙관론이 대체로 타당했음을 증명하는 것이다. 아울러 침팬지는 '극단적인 공격성' 때문에 한 마리씩, 아니면 몇 마리 정도의 집단으로 사육될 수밖에 없다는 동물원 관리자들의 통념을 근본적으로 부정하는 것이다. 수놈 침팬지는 대단히 힘이 세서 살상 능력도 갖고 있지만, 또한 자제력도 갖고 있다. 사실상 니키는 호주머니에 나이프를 감추고 있으면서도 암놈과 싸울 때는 맨손밖에 사용하지 않는 셈이다. 송곳니의 사용은 수놈들끼리 싸울 때로 극히 한정되며, 그런 때에도 대단히 엄밀한 행동 규칙의 지배를 받는다.

몇 달이 지나는 동안 니키와 암놈들과의 대결은 점차 많은 암놈들이 그에게 '인사'를 하면서 차츰 줄어들었다. 니키의 새로운 지위를 마지막으로 인정한 암놈은 마마와 파위스트였다. 그녀들은 10월이 되기까지 니키에게 '인사'를 하지 않았다. 그때쯤 되자 니키는 모든 암놈들보다 높은 지위에 올랐다. 그가 새로운 지위를 획득한 것은 급속하게 강해진 그의 육체적인 힘(니키는 1975년부터 이듬해까지 급성장했다)뿐만 아니라 집단이 무질서 상태에 빠진 덕택이기도 했다. 암놈들은 의지할 만한 대상이 없었다. 집단에는 절대 강자가 없었고, 여기에다 두 마리의 지도자 후보들이 서로 나무 위에서 대결을 벌이고 있는 동안 니키가 알력을 일으켰던 것이다.

니키의 행동에서 라윗이 얻는 커다란 반사 이익은 니키 자신으로 보자면 어디까지나 부산물에 지나지 않았다. 니키와 라윗 사이의 이해관계가 일치하지는 않았지만 병행할 수는 있는 것이었다. 권력을 획득하려는 라윗의 시도는 니키와 암놈들의 힘겨루기로 인해 더욱더 용이해졌으며, 그 반대의 경우에도 마찬가지였다. 그들의 협력관계는 명백했으나 활동무대는 전혀 달랐기 때문에 나는 그들의 결탁을 '간접 연합'이라 부르는 것이다.

라윗과 니키가 더욱 직접적으로 결탁한 경우는 이에룬이 집단 내에서 사실상 소외되고 난 후에야 나타났다. 그때까지 니키는 이에룬과 라윗 사이에 충돌이 일어나면 한 편에서 어릿광대 노릇을 하곤 했다. 그는 양자의 충돌 과정에 가담하지 않고 방관자로서 관망하며 여기저기를 뛰어다니며 나뒹굴거나 멀찍이 떨어진 곳에서 라윗을 응원했다. 라윗이 이에룬을 향해 '후우후우' 비명을 지르면 그도 같이 비명을 질렀으며, 이에룬이 라윗의 진격을 신경질적으로 피하려고 할 때는 이에룬을 향해 물건을 집어던지는 등 이에룬의 난관을 즐기고 있는 듯 보였다.

떼쓰기와 싸움

1976년 여름은 침팬지들이 그저 싸움질만 하며 세월을 보내는 것처럼 보였을 것이다. 그러나 그것은 아주 단편적인 인상일 뿐 전부는 아니다. 앞서 언급했던 사건들은 나른한 계절의 하이라이트인 셈이다. 대개 침팬지들은 몇 시간씩 앉아 있거나 양지 바른 쪽에서 눈도 껌벅거리지 않고 우두커니 앉아 빈둥대기 일쑤다. 간혹 몇몇 침팬지들이 사육장 안을 천천히 거닐거나 그늘진 곳에서 가만히 서로의 털을 골라주는 정도이다. 그러나 외견상으로는 따분한 분위기지만 침팬지들은 무엇이 진행되고 있는지 결코 잊어버리지 않았다. 라윗이 상황을 파악하기 위해 졸린 표정으로 일어나, 그가 졸고 있던 사이에 이에룬이 암놈들과 작당을 하려고 했음을 알아차리면, 우리는 즉시 비디오 카메라의 초점을 맞췄다. 하루에도 서너 차례 대혼란이 일어났다. 내가 적은 기록은 바로 그런 순간만을 묘사한 것이기에 외견상 고요한 평화와 조화를 이루는 그 밖의 시간들에 대한 언급은 하지 않았다.

라윗과 이에룬이 서로 우위를 차지하려고 투쟁한 시기는 긴장되면서도 흥분되는 순간이었다. 그것은 우여곡절로 점철된 과정이었다. 처음 한 달 동안에는 어떻게 결말이 지어질지 좀처럼 가늠하기 힘들었다.

어떤 날은 이에룬이 주도권을 잡고 암놈들의 지원을 받아서 라윗을 위협해서 쫓아냈다. 다른 날에는 라윗이 우세했다. 라윗은 이에룬 앞에서 힘차게 과시 행위를 했지만 라이벌과 맞설 때는 절대 이빨을 드러내지 않았다. 반면 이에룬은 이빨을 드러냈는데, 이것은 침팬지들이 스스로 자신이 없음을 나타내는 신호이다. 초기에는 이에룬이 자신의 불안감을 라윗에게 감추려고 애쓰는 듯 보였지만, 어떠한 단호한 표정도 보여주지 못한 이에룬은 도전자로부터 멀찍이 떨어진 뒤에야 등을 돌리고 이빨을 드러낸 채 낮은 비명을 지르는 것이었다. '체면을 세우려는' 이런 흥미로운 광경은 이후 우위 다툼 과정에서 더욱더 분명하게 드러났다.

이후에 관찰되는 패자의 '떼쓰기' 행동은 종말의 시작을 고하는 또 하나의 특징적 현상이다. 충돌이 있은 후 대략 한 달 정도 지나자 이에룬이 떼를 쓰기 시작했다. 라윗이 위협 과시를 하는 동안, 그는 놀랄 만한 연기력을 발휘해서 마치 썩은 사과가 떨어지듯 나무에서 떨어지더니 금속성 비명을 지르면서 땅바닥을 뒹구는 것이었다. 이런 신경질적인 감정 폭발은 흡사 절망감과 굴욕감이 억제되지 못한 채 표출된 듯한 인상을 주었다. 이에룬은 어느 정도 기분을 회복하자 암놈들을 향해 깽깽 소리를 내며 다가갔다. 그리고 몇 미터 정도 떨어진 땅바닥에 드러누워 암놈들을 향해 양손을 뻗었다. 이것은 동정을 구하는 몸짓이라기보다는 거의 살려달라고 애원하는 수준이었다. 만약 암놈들이 도움을 거부하거나 피해서 돌아서버리면 이에룬은 또다시 겁에 질려 떼를 썼다. 그럴 때면 그는 불쌍하게 비명을 지르면서 자기 근육에 대한 통제력을 상실한 듯 뭍으로 올라온 물고기처럼 몸부림쳤다.

만약 암놈들이 도와줄 기색을 보이면 이에룬의 태도는 완전히 달라진다. 벌떡 일어나서 암놈들을 포옹한 다음에 자기 등 뒤로 암놈들을 바짝 뒤따르게 하고는 라이벌에게 향한다. 그러나 시간이 지나면서 암놈들은 이에룬을 점점 도와주려 하지 않았다. 니키의 가혹한 개입을 생각해보면 놀라운 일도 아니었다. 라윗의 도전에 직면해 무력감이 커지자 이에 비례해서 이에룬의 떼쓰기도 늘어났다. 마치 동정심을 불러일으켜 반反라윗 전선을 형성하려고 했다. 그러나 품위 없는 행동은 경멸을 불러온다. 이에룬의 떼쓰기는 점차 일상적이고 예측 가능한 것이 되었고 이제 침팬지들은 그런 행동에 눈길도 주지 않았다.

우리들도 마찬가지였다. 처음에는 이에룬의 '안타까운 절망감'에 동정심이 발동해서 발길을 돌릴 수 없을 정도였다. 그러나 시간이 지남에 따라 무덤덤해졌고 이에룬의 절망감을 아주 심각하게 받아들이기조차 어려웠다. 그저 작위적이고 과장된 행동으로 여겨졌던 것이다. 일단 실질적인 지지를 모두 상실해버리자 이에룬은 떼쓰기를 그만두었다. 라윗과의 대결을 벌인 뒤에도 가슴이 터질 듯한 비명을 지르지도 않았고 그저 멍하게 앉아 있을 뿐이었다. 넋이 나간 듯이 말이다.

떼쓰기에 관해 흥미로운 사실은 이미 30대의 성숙한 이에룬이 마치 어린애 같은, 아니 완전히 유치한 퇴행적인 행동으로 다른 침팬지들의 주목을 끌고 동정을 얻으려 한 점이다. 그것은 젖 먹는 아기 때나 볼 수 있는 모습이다. 어린 새끼들은 어미에게 거부당했다고 느끼면, 다시 안아줄 때까지 울거나 발길질을 해댄다. 어미가 받아주면 놀랍게도(그리고 수상쩍게도) 금세 떼쓰기를 그만둔다. 이에룬이 자신을 지도자 자리에서 끌어내리려고 하는 라윗의 책동에 겁을 먹어 불안과 위협을 느꼈기 때문에 아기와 똑같은 행동을 연출했던 것도 어쩌면 당연한 일인지 모른다. 말하자면 이에룬은 권력의 젖을 먹고 있었던 것이다.

이에룬이 우월한 지위에서 서서히 몰락하는 과정은 라윗과의 아주 심각한 싸움에 반영되어 있다. 이미 말한 것처럼, 숙소에서 두 번에 걸쳐 일어난 싸움은 모두 라윗의 승리로 끝났다. 최강자를 가리기 위한 싸움이 처음 발발한 날을 제0일로 잡는다면 야간에 벌어진 두 차례의 싸움은 제30일과 제59일에 일어났다. 물론 그밖의 심각한 사건은 다른 날에도 관찰됐다. 이제 그 사건을 적어보기로 하자. 그 과정을 분명히 하기 위해서, 나는 우위를 둘러싼 전쟁이 처음으로 라윗에게 이에룬이 '인사'를 한 제72일에 종료된 것으로 정했다.

제16일

두 수놈 사이의 첫 대결에서는 이에룬이 공격자였다. 이에룬은 라윗의

이에룬이 떼를 쓰고 있을 때 바우터가 위로하듯이 이에룬을 포옹하고 있다.

도발적인 과시에 대응해서 호릴라의 도움을 받아 라윗을 쫓아가 붙잡는다. 라윗은 애써 벗어나려고 하지만 적에게 포위되고 만다(적어도 여덟 마리가 싸움에 가담했다). 마침내 라윗이 나무 위로 도망쳤고 그때까지 이에룬은 한없이 그를 물고 늘어진다. 라윗은 전혀 반격하지 못했다.

제24일

이번에도 이에룬이 공격자다. 그러나 먼저 자기 과시를 하며 도발한 것은 라윗이다. 이에룬은 호릴라와 파위스트와 함께 외마디 비명을 지르며 라윗을 전속력으로 쫓아간다. 라윗도 비명을 지른다. 라윗을 따라잡은 순간 우연인지 이에룬이 고꾸라진다. 그 뒤에도 추적은 계속됐지만 두 수놈은 나무 위로 달려 올라가고 두 암놈은 이들을 뒤따르지 않으면서 갑자기 추격이 중단된다. 수놈들이 올라간 나무는 고압 전선으로 보호받는 아름드리 너도밤나무였기 때문에 암놈들이 따라 올라가지 못한 것도 무리가 아니다. 싸움이 워낙 격렬해서 수놈들은 전기 쇼크 정도는 전혀 아랑곳하지 않았다. 두 라이벌이 나무 위에 앉아 있는 사이, 집단 전원이 나무 밑으로 모여들어 놀라운 광경을 주시한다.

이에룬이 먼저 뛰어내려와 몇몇 침팬지들로부터 위로를 받는다. 그들은 이에룬에게 키스와 포옹을 하고, 몇몇은 그의 입에 손가락을 집어넣는다. 이에룬은 계속 밑으로 내려오라고 라윗을 유혹한다. 그는 온갖 초청 동작을 취한다. 여기에는 손을 뻗고 입술을 내미는 것부터 성적인 구애까지 포함되어 있다(라윗과 니키도 발기된 상태였다). 그러나 라윗은 아직 나무 위에 머물면서 가지를 잔뜩 꺾어 밑으로 던진다. 밑에 있던 침팬지들은 그 가지를 주워서 잎을 따먹기 시작한다. 라윗은 몇 차례 이에룬의 바로 위에 있는 가느다란 가지에서 균형을 유지하면서 이에룬을 향해 손을 내민다. 45분 정도 지나자 마침내 라윗이 양팔에 가득 꺾은 가지를 안고 내려온다. 다른 녀석들이 라윗이 가지고 온 먹을 것 주변으로 몰려드는 사이, 이에룬은 라윗의 뒤를 쫓아 사육장 한쪽으로 가서 조용히 화해한다. 일단 우정을 회복하자 그들은 오랜 시간 서로의 털을 골라준다. 그러고 나서 이에룬이 한아름 안고 온 먹을 것을 형제처럼 사이좋게 나눠 먹는다.

이 극적인 사건으로 인해 침팬지들은 그날부터 너도밤나무에 대해 큰 관심을 갖게 되었다. 다음날 라윗은 몇 번인가 같은 나무 밑에 앉아 위쪽을 올려다보았다. 그 나무에 두 번 다시 오르지는 않았지만 말이다. 나흘 뒤에 침팬지들은 긴 나뭇가지를 사다리 대신 나무에 세워서 전기쇼크 문제를 해결해버렸다. 그 뒤로 이 방법은 자주 사용되어 라윗과 니키의 특기로까지 발전했다. 이에룬은 이에 대해서는 언제나 뒷전이었다. 처음은 물론이고 그 이후로도 라윗은 동료들에게 먹을 것을 나누어 주는 산타클로스 역할을 자임했다. 우연일지는 몰라도 우리에게는 그가 주위로부터 주목을 끌기 위한 영리한 방법을 생각해낸 것처럼 보였다.

第36일

라윗의 거듭된 도발 뒤에 이에룬의 공격. 이에룬은 라윗을 죽은 나무 한편으로 몰고 가서 문다. 이번에는 라윗이 물면서 반격한다. 마마, 호릴라, 파위스트, 거기에다 니키도 이 대결에서 나름의 역할을 수행한다. 몸싸움에는 파위스트만 가담했지만 유감스럽게도 그녀가 어느 쪽 편을 들었는지 확실치 않다. 전원이 나무에서 내려온 직후에 이에룬이 라윗을 위협한다. 그리고 나서 두 수놈은 서로 입을 맞추고 서로의 상처를 핥아준다. 라윗의 상처가 훨씬 깊었다.

이 사건에서는 이에룬을 지지하는 암놈들의 지도자로서 마마가 적잖은 영향을 미쳤다. 나무 위에서의 다툼이 끝나고 모두가 땅 위로 내려왔을 때 마마는 곧장 이미에게로 달려갔다. 이미는 자기 새끼를 껴안고는 비명을 지르며 도망쳤다. 그와 동시에 마마의 친구이자 동맹자인 호릴라가 크롬을 공격했다. 어째서 이같은 공격이 갑자기 일어난 것일까? 아마 그 원인은 앞서 벌어진 두 수놈 사이의 충돌에 있음이 틀림없었다.

싸움이 끝난 뒤 이에룬은 나무에 올라가 있는 라윗에게 그만 내려오라고 손을 뻗고 있다. 왼쪽에서부터 단디, 니키, 그리고 스핀이 라윗을 보고 있다. 파위스트는 오른쪽에, 마마(왼쪽)는 벽에 앉아서 친구인 호릴라로부터 나뭇잎을 좀 얻어보려고 애쓰고 있다. 이윽고 라윗은 모두에게 나눠주고도 남을 만큼 나뭇잎을 던져주었다.

이미와 크롬은 이 충돌에 전혀 상관하지 않았다. 마마가 공격한 이유는 그녀들이 중립을 지킨 것에 있었던 것일까? 확실한 이유는 알 수 없었다. 그러나 이에룬과 라윗 사이의 격렬한 충돌이 방향을 바꿔서 암놈들 사이의 싸움으로 번진 것은 이 경우에만 국한된 것은 아니었다.

제64일

마지막 심각한 전투는 라윗이 이에룬의 뒤를 따라가 돌을 던진 뒤에 벌어졌다. 외마디 소리를 지르면서 도망가던 이에룬은 갑자기 멈춰 서더니 뒤돌아서 라윗을 공격하기 시작한다. 파위스트가 싸우고 있는 수놈들에게 다가가 두 놈 사이를 비집고 들어간다. 이때도 파위스트가 어느 편을 드는지 분명하지 않다. 어쩌면 그녀는 이에룬에게 적대적인 듯하다. 파위스트가 끼어들자마자 이에룬은 난투극에서 벗어나 비명을 지르며 마마 쪽으로 도망쳤기 때문이다. 라윗이 쫓아갔지만 이에룬은 마마의 도움을 받아 라윗을 격퇴한다.

상황이 끝나자 파위스트는 마마에게 와서 굴욕적으로 '인사'를 한다. 이에룬과 라윗은 30분이 지나도록 화해하지 않는다. 이번에는 이에룬이 부상을 입었고 라윗은 멀쩡하다.

숙소에서 벌어진 두 번의 싸움과 집단 내에서 벌어진 세 번의 싸움 말고는 이에룬과 라윗 어느 한쪽이 부상을 당하는 것을 보지 못했다. 따라서 두 라이벌 사이의 심각한 결전은 다섯 번밖에 일어나지 않은 셈이다. 앞서 말했던 집단 속에서 벌어진 세 번의 대결은 상황이 조금씩 변화하고 있음을 보여준다. 첫 번째 싸움에서 이에룬은 공격자이자 승리자였고, 라윗은 변변한 반격을 가하지 못했다. 두 번째 싸움에서 라윗은 물면서 반격했다. 세 번째, 즉 마지막 결전에서는 라윗이 공격자이자 승리자였다. 이 세 번의 대결이 몇 주에 걸쳐 일어난 사실만 봐도 단순히 두 수놈의 육체적 변화로 인해 승패의 향방이 결정됐다고 해석하기는 어려울 것이다. 사실 승패의 결과는 두 수놈 사이의 상대적인 사회적 지위 변화를 반영한다.

우리는 싸움의 결과가 사회적 관계를 규정한다고 생각하는 경향이 있다. 그러나 여기서는 사회 관계가 싸움의 결과를 결정했다. 뒤에 살펴볼 우열을 둘러싼 교섭의 과정에서도 마찬가지 현상이 나타났다. 즉, 사회적인 배경이 경쟁자들의 자신감에 영향을 미치는 것이다. 그것은 마치 다른 구성원들의 태도에 의해 그들의 실력이 결정되는 것과 같았다(이것은 축구팀이 원정 경기보다는 홈 경기에서 이길 확률이 높은 것과 비슷하다). 한 달쯤 뒤 숙소에서 벌어진 싸움에서 라윗은 이에룬보다 육체적으로 강력하다는 점을 보여줬음에도 불구하고 집단 전체에서 자신의 승리를 확인하기까지는 9주일이나 더 걸렸다. 그 무렵 이에룬은 더 이상 다른 동료들의 지원을 기대할 수 없게 되었고, 파위스트는 이미 그의 진영에서 완전히 자취를 감춰버렸다. 라윗은 이에룬에게 노골적으로 도발하기 전에 먼저 집단의 반응을 주의 깊게 살폈다. 최후의 결전에서 거둔 그의 승리는 단순히 야만적인 힘의 과시만으로 얻어진 것이 아니었다. 라윗이 이에룬에게 다른 구성원들의 태도가 이미 근본적으로 바뀌었다는 사실을 명확히 인식시켰기에 가능했던 것이다.

수놈 사이의 결투가 단순히 완력 대결이라고만 할 수는 없다. 수놈들은 자제력이 대단히 강하기 때문이다. 그들이 서로 물어뜯는 부위는 보통 손가락이나 발 같은 신체의 끝 부분이지 어깨나 머리를 물어뜯는 경우는 별로 없다. 이처럼 싸움이 적절히 조절된다는 사실은 어린 수놈인 바우터와 요나스 사이의 놀이나 어쩌다 일어나는 심한 싸움에서도 분명하게 나타났다. 수놈들은 사실상 이런 식으로만 싸우기 때문에 우리가 개개의 체력을 철저하게 테스트하는 불가능하다. 가장 중요한 것은 규칙에 입각해서 효과적으로 싸우는 능력이다. 수놈들은 자신의 손발이 다치지 않도록 재빨리 피할 수 있어야 하고 적의 손발을 민첩하게 붙잡지 않으면 안 된다. 스피드와 민첩함은 파워만큼이나 중요하다.

침팬지 사회처럼 수놈 간의 대립을 통제하는 금지나 규칙은 많은 수놈들로 구성된 사회의 특성이다. 이런 조건은 일반적인 경우와는 거리가 있다. 사회 생활을 영위하는 포유동물들은 일정한 수의 암놈, 간혹 많은 수의 암놈과 적은 수의 어른 수놈으로 이뤄진 집단을 이루며 사는 것이 보통이다. 코끼리 같은 몇몇 종에서는 수놈이 사회의 일부분으로 편입하지도 못한다. 그러나 이와 다른 대부분의 종에서는 한 마리의 수놈이 '자기' 암놈들에게 라이벌 수놈들이 접근하지 못하도록 한다. 수놈들이 서로의 존재에 대해 관용적인 경우는 드물다. 그들 사이의 접촉이 우호적인 경우는 더 드물며 수놈들끼리 동료가 되고 동맹을 형성하는 경우는 극히 희박하다.

침팬지를 제외한 다른 대형 유인원의 경우, 어른 수놈들 사이에서는 관용을 찾기 힘들며, 기껏해야 신경질적이며 비협조적인 관계를 유지할 뿐이다. 오랑우탄 수놈들은 다른 수놈들의 침입을 막기 위해 우림 속의 넓은 세력권을 어슬렁거리며 돌아다닌다. 같은 집단 내에서 생활은 하지만 암놈들을 독점하려 드는 것이 보통인 고릴라 수놈은 침입자를 죽음으로 몰고 갈 정도로 격한 싸움을 벌인다. 보노보 수놈은 함께 생활은 하지만 매우 경쟁적이다. 그들은 침팬지 수놈들처럼 함께 사냥을 하지도 않으며, 정치적 동맹을 형성하거나 함께 세력권을 방어하려고 하지도 않는다. 보노보 수놈들은 자신들의 어미를 따라 숲을 떠돌고 어미에게 의지해 그들의 지위를 누린다. 어른 보노보의 경우도 마찬가지이다. 그래서 높은 지위에 있는 어미를 둔 자식이 최고의 지위를 차지하는 경향을 보인다. 보노보 사회는 암놈끼리의 동맹에 의해, 또 암놈의 지배에 의해 유지되는 사회이다. 이는 그 자체로는 흥미롭지만 침팬지 사회처럼 수놈 간의 복잡한 관계를 살피는 데는 적당치 않은 모델이다.

침팬지 수놈은 다른 동물들의 수놈 사이에서 나타나는 경쟁적인 경향을 극복하고 높은 수준의 협력을 달성한다는 점에서 친척뻘인 다른 유인원들에 비해 독보적이다. 공동의 적에 대항해서 연합을 유지하면서도 동료들과 끊임없이 경쟁하는 인간들처럼, 수놈 침팬지 역시 그들의 이웃에 대항해 공동연대를 형성할 필요성 때문에 경쟁심을 삭이고 의식화한다. 비록 아른험에는 대항해야 할 이웃 집단이 존재하지는 않았지만, 몇백만 년 동안 자연 서식지에서 집단 간의 투쟁을 벌이면서 형성된 수놈 침팬지들의 심리에는 경쟁과 협동 모두 겸비되어 있다. 그들 사이의 경쟁이 어떤 수준에서 일어나든 간에 수놈들은 외부 침입자에 대항해 서로를 의지한다. 이처럼 동료의식과 경쟁의식이 함께 존재한다는 점은 다른 대형 유인원들의 사회보다 침팬지 사회를 더 친숙하게 만든다.[12]

평화의 대가

이미 살펴본 다섯 차례의 심각한 싸움은 깜짝 놀랄 만한 것이어서 이 사건들이 과대평가되곤 한다. 싸움 사이사이에는 과시 행위와 비폭력적인 다툼이 수백 번 일어났다. 서로 물어뜯는 싸움은 사태를 극적으로 드러내기는 했지만, 궁극적으로는 셀 수 없을 만큼 계속되는 사회적 책략에 반영된 복잡한 요소들에 의해 사태가 결정되었다.

이에룬과 라윗 사이에 벌어진 몇 차례의 심각한 대결과 그러한 대결을 억제하기 위한 노력에는 비슷한 정도의 막대한 시간과 에너지가 들었다. 두 라이벌이 자주 우호적인 접촉을 하고 오랫동안 서로의 털을 골라준다는 사실을 상기해보라. 수놈들은 긴장관계에 있을 때 서로의 털을 골라주는 경향이 있다. 이 사실은 여러 해에 걸쳐 침팬지들의 털고르기 행동을 관찰하고, 그것을 그래프로 그려보면 분명하게 나타난다. 두 수놈 사이의 털고르기가 정점을 이루는 기간은 둘 사이의 관계가 불안정한 시기와 일치한다. 주도권 투쟁이 벌어진 시간의 20퍼센트에 달할 만큼 털고르기 시간이 많을 때도 있었다. 바꾸어 말하면, 두 라이벌이 격하게 대립하면서도 그들의 시간 중 5분의 1을 서로 털을 골라주는 데 할애했다는 뜻이다. 이에룬과 라윗은 서로 그 정도로 털을 골라준 적은 없었으나 평소 때보다는 털고르기 행동이 더 활발히 일어났다. 털고르기가 겉으로는 긴장이 풀린 아주 편안한 활동으로 보이지만, 수놈들이 더 규칙적으로 털고르기를 하기 시작했다는 것은 갈등의 표시라고 간주해야 한다는 주장을 수긍할 만하다. 내가 '수놈들'이란 말을 강조하는 것은 이런 규칙이 암놈 침팬지들에게도 적용되는지는 확실하지 않기 때문이다.

털고르기 시간은 대개 화해가 이뤄진 직후에 시작된다. 처음에는 이에룬과 라윗의 화해가 우리를 어리둥절하게 만들었다. 두 수놈이 다시 과시 행위를 하려는 것처럼 털을 곤두세우고는 얼굴을 마주보고 앉아 있었기 때문이었다. 첫날 오후, 나는 이 광경을 공포와 경탄이 뒤엉킨 기분으로 지켜보았지만 우호적인 접촉을 유도하는 과시 행위가 대립을 격화시키는 보통 때의 과시 행위와는 다르다는 사실을 나중에야 알게 됐다. 화해할 때는 양쪽이 늘 비무장 상태(손에 막대기나 돌을 들지 않은)이고 서로 눈길을 마주친다. 수놈들은 긴장, 도전, 위협 등의 순간에는 서로 마주보는 행동을 피한다. 그러나 화해의 순간에는 서로의 눈을 똑바로 깊이 쳐다본다. 다툼이 일어난 뒤, 이전의 적수들은 간혹 30분이나 그 이상 마주보고 앉아서 서로의 시선을 잡으려고 애쓴다. 이들이 마침내 서로를 쳐다보게 되면 처음에는 주저하다가 점점 더 오래 쳐다본다. 그러면 화해가 멀지 않은 것이다.

우리는 이에룬과 라윗 사이에 이뤄진 여러 화해 장면 외에 휴전도 목격했다. 저녁 무렵 숙소로 돌아가기 직전에 그들은 오랫동안 집중적인 접촉을 하는데, 휴전이란 표현보다 더 적절한 표현을 못 찾겠다. 그들은 화해하지 않고는 우리로 들어가지 않으려고 했다. 밤에 숙소에서 싸운 것이 두 번밖에 안 된다는 사실도 이런 휴전 덕택이라 볼 수 있을 것이다. 이를 좀더 분명하게 보여주기 위해 한 가지 사례를 언급하겠다. 이 행동은 어느 날 저녁 무렵에 있었던 이른바 '문 앞에서의 악수'이다.

제1일 오후 5시

여전히 입구 근처에 있는 이에룬과 라윗을 제외하고는 모든 침팬지들이 숙소로 들어갔다. 라윗은 이에룬에게서 조금 떨어진 곳에서 약간의 과시 행동을 하고 있다. 이에룬은 라윗에게 다가가서는 헐떡거리는 소리를 낸다. 그리고 두 손을 앞으로 뻗고 이빨을 드러낸다. 라윗도 이빨을 드러내지만 어느 정도 거리는 유지한다. 라윗은 털을 세우고 커다란 발소리를 내면서 이에룬의 주위를 몇 차례 맴돈다. 이에룬은 여전히 접촉을 원하고 있다. 라윗이 이에룬 쪽으로 몇 걸음 다가서더니 다시 천천히 후퇴한다. 라윗은 계속 후퇴하면서도 이에룬을 향해 이빨을 드러내고 있고 페니스는 발기된 상태이다. 이에룬으로부터 20미터 정도밖에 떨어지지 않은 라윗은 납작 엎드려 헐떡거리면서 지면을 향해 교미하는 것처럼 골반을 흔든다. 이에룬이 쭈뼛거리면서 접근한다. 뜻밖에도 두 침팬지가 동시에 비명을 지른다. 라윗이 이에룬을 향해 엉덩이를 들이밀자 이에룬은 라윗 허리께의 털을 골라주기 시작한다. 둘 다 헐떡이고 있다. 몇 분 뒤, 둘은 자세를 고쳐 앉아 오랜 시간 서로의 털을 골라준다. 한 시간이 지나자 이들은 건물 안으로 들어갔다. 다른 침팬지들은 이미 식사를 다 끝낸 후이다. 사육사와 나는 두 수놈이 평정을 되찾아 함께 잠자리로 들어갈 때까지 끈질기게 기다렸다. 그들은 모두 걸신들린 듯 먹어댔다.

이에룬과 라윗 사이의 화해와 휴전 협정은 자동적으로 일어나지는 않았다. 오히려 관건은 그들의 '체면'인 듯했다. 어느 쪽이든 먼저 화해의 동작을 취하지 않을 듯하면, 즉 누구든 먼저 상대를 쳐다보고 한 손을 내밀거나 우호적인 동작인 헐떡이는 소리를 낸다거나 혹은 상대에게 접근하는 등의 움직임을 표시하지 않을 경우에 그 둘은 긴장 속에서 계속 대치하기 일쑤였다. 그런 경우에는 종종 제3자가 그들이 막다른 골목에서 벗어나도록 도와준다. 이런 중재자로서의 역할을 수행하는 것은 언제나 어른 암놈 중 한 놈이었다. 암놈의 중재는 다양한 형태를 보였다. 이를테면, 조금 전에 말한 첫째 날의 경우에 사실은 크롬이 라윗과 이에룬의 화해에 개입하고 있었다(그녀는 둘을 번갈아가며 털고르기를 해주었다). 그러나 그녀의 경우, 이후에 수차례 관찰된 화해를 위한 진정한 시도라고 말할 수 있을지는 분명하지 않았다. 두 라이벌 사이의 충돌이 끝나면 암놈 중재자는 그들 가운데 어느 한쪽에 접근해서 키스도 하고 짧은 시간 털을 골라주기도 했다. 그리고 그 한쪽 수놈에게 엉덩이를 내밀면 그 놈은 암놈의 성기를 검사하고, 그 뒤에 암놈은 천천히 다른 수놈에게 접근한다. 먼젓번 수놈은 라이벌 쪽으로는 눈을 돌리지 않은 채 암놈의 꽁무니를 따라가면서 가끔 성기의 냄새를 맡는다. 수놈은 암놈 중재자의 성기에 대해 이상할 만큼 지대한 관심을 보인다. 다른 상황에서는 다 큰 수놈은 암놈이 엉덩이를 들이민다고 해서 그녀를 따라가지는 않을 것이다. 특히 암놈이 발정하지 않은 경우가 그렇다(사실 발정 중인 암놈이 중재자 역할을 하는 것은 결코 볼 수 없었다. 발정한 암놈은 라이벌 사이에 더욱 심한 긴장을 불러일으키기 때문이리라).

수놈은 아마도 적대자에게 눈길을 주지 않은 채 상대에게 접근하는 구실을 찾기 위해 암놈 중재자를 졸졸 따라가는 것 같았다. 암놈이 다른 적대자 쪽으로 우연하게 다가간 것이 아니라는 점은 분명했다. 즉, 암놈의 중재는 분명히 의도적인 행동이었던 것이다. 암놈은 먼젓번 수놈이 아직 자신의 뒤를 따라오고 있는지를 확인하려고 규칙적으로 뒤를 돌아보았다. 만일 수놈이 따라오지 않으면 뒤돌아가서 따라오라고 강요하듯 팔을 잡아끄는 행동을 보였다. 암놈과 수놈이 적대자인 다른 수놈에게 다가서면 암놈은 주저앉고 양편에서 두 수놈이 암놈의 털을 골라준다. 몇 분 뒤 암놈이 조심스럽게 물러나면 두 수놈은 아무 일도 없었다는 듯 계속해서 서로의 털을 골라주었다. 정말 아무 일도 없었던 것처럼 말이다.

암놈들의 이런 놀라운 매개 역할은 평화의 회복이 암놈들의 이익에도 합치된다는 의미로 해석될 수밖에 없다. 모든 어른 암놈이 그때그

때마다 중재자로서의 역할을 수행하지만 중재 방법이 모두 앞서 설명한 것처럼 교묘하지는 않았다. 내가 관찰한 가장 인상적인 예는 마찰을 빚은 라윗과 니키가 접촉을 강요당했던 일이다. 내용인즉, 싸움이 끝난 다음 파위스트가 라윗에게 다가와 라윗이 니키의 근처에 앉을 때까지 한 손으로 옆구리를 계속 찔러대는 것이었다. 그러자 라윗은 도망칠 것인지, 아니면 적대자에게 접근할 것인지를 선택해야만 했다. 라윗은 후자를 택했다.

털고르기, 눈길 맞추기, 평화 협정, 중재 등을 생각하면 화해라는 주요 테마가 우리의 큰 관심사가 될 수밖에 없다. 나는 이런 행동이 갖는 사회적 중요성은 아무리 강조해도 지나침이 없다고 믿는다. 그것은 분명 집단생활을 파괴할 우려가 있는 여러 세력에 대한 건설적인 균형추로서 결정적인 역할을 하고 있다. 따라서 이제까지 화해 행동에 관한 연구가 거의 이루어지지 않았다는 사실이 그저 놀라울 따름이다. 1960~1970년대에 걸쳐 인간이나 동물의 공격적인 행위에 대한 연구에는 막대한 연구비가 투여되었지만 그 행위가 어떤 식으로 종결되는지에 대한 연구에는 무심했다.

나는 침팬지 간의 화해에 있어 한 가지 측면에 대해서는 아직 언급하지 않았다. 왜냐하면 그것은 이에룬과 라윗이 벌인 주도권 다툼의 종결과 밀접하게 관계되기 때문이다. 바로 화해의 전주로서 양자에 의해 행해지는 공동 과시(joint displaying)라는 현상이다. 우열관계의 상태를 테스트하는 방법인 공동 과시 현상은 특별한 의의를 가진다. 라윗은 몇 주 동안이나 이에룬에게 '인사'를 하지 않았으며 상황이 어느 쪽으로 전개될지는 의문의 여지가 없었다. 즉, 그와 같이 복종적인 행동을 않는다는 사실은 역으로 우위를 나타내는 셈이었다. 불화 초기, 둘 사이의 충돌 끝에는 이에룬만이 우위를 점한 듯한 태도를 취했다. 이에룬은 화해의 접촉을 바라기 전에 그런 태도를 나타냈다. 두 수놈이 털을 세우고 가능한 한 체구를 크게 보이려고 하면서 상대의 눈을 똑바로 쳐다보며 접근할 때, 더 허세를 부리는 쪽은 이에룬이었다. 즉, 이에룬은 양팔을 들고는 라윗 쪽으로 다가갔다. 그렇게 하고 나서 마침내 두 수놈은 키스를 하고 서로 털을 골라주는 등 다른 형태의 접촉을 가졌다.

이에룬의 허세 부리기가 몇 주일 동안 계속된 이후에 중간기가 이어졌다. 이 기간에는 화해가 과시를 거의 동반하지 않았다. 그때는 라윗이 점점 허세 부리기를 시도했다. 이는 이에룬을 극도로 긴장시켰다. 라윗이 역전을 꾀한 첫날, 두 수놈은 서로 과시 행동을 보이면서 체구를

라윗이 우월의식을 뒤바꾸려고 시도하자 이에룬이 극도로 화가 나 있다. 큰 소리를 지르며 자기의 라이벌인 라윗에게서 떨어진 이에룬은 위안을 얻으려고 즈바르트에게 다가간다.

좀더 크게 보이려고 몸을 꼿꼿이 세운 채 근처까지 다가와 얼굴을 마주 보았다. 라윗이 양팔을 들고 이에룬에 대해 허세 부리기를 시작하자마자 이에룬은 외마디 비명을 지르며 도망치더니 떼를 쓰기 시작하는 것이 아닌가!

라윗이 처음으로 허세 부리기에 성공한 것은 49일째였다. 그 뒤로는 이런 일이 다반사로 벌어졌지만 그런 역전극은 아주 서서히 진행된 과정이었다. 이에룬과 라윗은 몇 주에 걸쳐 서로가 서로에 대해 허세를 부렸다. 그들은 모두 굴욕적인 낮은 지위에서 벗어나고 싶어했고, 그 결과 종종 화해 과정이 아슬아슬하게 굴러갔다. 한번은 라윗이 이에룬의 정면으로 다가가자 이에룬은 박치기로 라윗의 가슴을 강하게 들이받으면서 대결의 불문율을 짓밟아버린 적이 있었다. 라윗은 이에 항의하는 괴성을 지르면서 도망쳤다. 반면 어떤 때에는 라윗이 규칙을 어기기도 했다. 이에룬이 접근해오자 라윗은 뒷걸음질치며 멀리 떨어졌고, 그러자 이에룬은 깽깽 소리를 지르며 가장 가까이에 있는 다른 놈에게 달려가 짧은 포옹으로 안도감을 회복한 뒤 라윗 쪽으로 돌아왔다.

라윗이 점차 우위적인 행동을 하게 된 전체 과정의 마지막 주에 드디어 이에룬이 굴욕적인 행동을 보였고, 결국 갈등의 종지부를 찍었다. 이것 또한 화해의 맥락 속에서 일어났다. 우리는 새로운 진척 상황을 많이 관찰했다. 즉, 싸움의 말단부에서 접촉을 시도하는 쪽은 늘 이에룬이었다. 라윗은 이에룬과 관계를 맺고 싶어하지 않았다. 이는 곧 라윗이 화해의 제안을 수용할 준비를 하기 전에 이에룬이 몇 가지 노력들을 해야 한다는 것을 의미한다. 그런 때면 이에룬은 라윗 쪽을 향해 보통의 '인사'하는 소리와 아주 비슷하지만 그보다는 더욱 부드러운 소리로 혼자 웅얼거렸다. 그 당시에 나는 이 세 가지 현상, 즉 접촉이 필요한 쪽과 접촉을 거부하는 쪽, 그리고 혼자 웅얼거리는 '인사' 사이에 어떤 관련이 있으리라고는 전혀 생각하지 못했다. 그것들 사이에 모종의 관계가 있다는 느낌이 든 것은 그들의 갈등 후반부를 면밀히 검토한 다음이었다. 그런 상황에서 화해 교섭의 개시는 이런 부드러운 '인사'를 수반하지 않으면 도저히 성공할 수 없는 것처럼 여겨졌다. 이런 마지막 국면에서 패한 쪽은 접촉에 대한 필요성이 너무 커서, 이긴 쪽은 패한 쪽을 상대로 거드름을 필 수 있었다. 승자는 존경을 표하는 헐떡거림(웅얼거리는 부드러운 '인사')을 듣지 않으면 패자 쪽과 어떤 접촉도 일체 거부한다.

열위자 침팬지가 '인사'를 통해 썩 내켜하지 않는 우위자와 화해의 길을 트는 사례들은 여러 번 관찰되었다. 그래서 지금은 이 '인사'가 접촉을 원하는 쪽에서 보면 '굴복할 것인가, 아니면 화해를 깰 것인가'의 문제라고 확신하게 됐다(이런 해석이 지나친 비약이라고 여겨진다면, 그것은 우리 인간들이 냉정하게 계산된 사고를 통해서만 그런 행동을 할 수 있다고 너무 쉽게 믿어버리기 때문일 것이다. 그러나 나는 꼭 그런지에 대해서는 확신할 수 없다. 상대방에 대해 감정적인 압력을 행사하기 위해 필요한 지적 능력과 사회적 인식 능력을 의식하지 않고도 일어날 수 있기 때문이다. 인간의 아이들이 자기가 무엇을 하고 있는지 이성적으로 인식하지 못하면서도 아주 어릴 적에 집안의 독재자가 될 수 있는 것도 바로 이 때문이다).

공갈의 결과 최초의 모호한 '인사'는 새로운 수놈 강자의 등을 향하게 마련이다. 멀리 가버리는 강자는 부드러운 헐떡거림이 들릴 때만 멈춰서 앉기 때문이다. 이처럼 적대자의 등을 향해 '인사'를 하는 현상은 72일째까지 계속되었고, 그때서야 마침내 이에룬이 처음으로 라윗의 얼굴을 향해 아주 분명하게 헐떡거리는 소리를 냈다. 나는 이것이야말로 최초의 진정한 '인사'라고 여겼고, 우위를 다투는 지루한 과정의 마침표였다.

그 후로 라윗과 이에룬 사이의 충돌과 과시 행위는 극적으로 줄어들었다. 또한 일주일도 지나지 않아서 이 집단은 보기 드문 평화를 만끽했다. 2주일이 지나자 어제의 라이벌이었던 이들은 석 달 만에 다시 어울려 놀기 시작했다. 함께 노는 것은 그들만이 아니었다. 니키, 단디, 마마, 거기에 파위스트나 이미도 주변에서 즐거운 표정으로 노닥거렸다. 어른 암놈들이 좀처럼 즐거워하지 않는다는 사실에 비춰보면 이는 아주 낯선 풍경이었다.

안정된 계층 서열은 집단 내의 평화와 안녕을 보장한다. 이 점에 대해서는 관련 수치가 뒷받침해준다. 1976년부터 1978년에 걸쳐 어른 수놈 사이에서는 모두 37회의 심각한 싸움이 있었다. 그 대다수(22회)는 관련된 놈들이 서로 '인사'를 하지 않는 시기에 일어났다. 이 '인사'가 없던 시기는 전 기간을 통틀어 대략 4분의 1 이하였다. 이것은 폭력의 위험이 일반적으로는 크지 않다손 치더라도 공식적인 우열관계가 파괴되는 경우에는 거의 5배로 높아질 수 있다는 것을 뜻한다.

이들 수치는 '인사'가 안도감을 주는 효과를 가지고 있다는 가정을 뒷받침해 주는데 이는 우월한 지위에 있는 수놈에게는 자신의 지위가 안전하다는 확신을 주는 일종의 보험과도 같다. 우위를 다투는 과정에서 패자 쪽이 '인사'라는 형태로 존경을 표시하는 것은 승자와의 원만한 관계를 얻기 위해 패자가 지불해야 하는 대가이기도 하다. 그것은 1976년 말에 이에룬이 라윗으로부터 평화를 사들인 방법이자 어른 암놈들이 니키로부터 평화를 사들인 방법이기도 하다. 이에룬의 패배가 서열 구조에서 단순한 자리바꿈으로 그치는 일이었다면 침팬지 집단은 새로운 질서의 확립과 함께 안정기로 접어들 수 있었을 것이다. 그러나 이에룬의 몰락은 갑자기 새로운 동맹의 가능성을 열어 놓았으며, 그런 기회를 결코 놓치지 않았다. 마치 정치인들처럼 말이다.

삼각관계의 형성

식물은 아주 완만하게 성장하기 때문에 맨눈으로 그 과정을 확인하는 것은 거의 불가능하다. 그러나 반쯤 벌어진 꽃망울이나 어린 잎 같은 것을 보면서 식물이 자라는지 아닌지를 구별할 수 있다. 이것은 내가 침팬지 연구를 시작했을 때도 마찬가지였다. 처음에는 침팬지들 간에 어떤 사회적 과정이 진행되는지를 가리키는 지표를 발견할 수 없었다. 새로운 상황은 아주 완만하게 전개되기 때문에 그 과정이 거의 끝날 무렵에야 비로소 변화가 분명해진다. 물론 내가 이행 기간을 전혀 추적할 수 없었다는 것은 아니다. 노트와 일기장을 다시 찬찬히 살펴보면서 지난 일들을 뒤돌아보면 가능하기는 하다. 사실 이 책의 기초를 이루는 것이 바로 이런 매일매일의 관찰이다. 여기에다 학생들과 나는 털고르기, 장난, 연합, '인사' 등을 체계적으로 조사했으며, 컴퓨터로 처리하기에 적합한 다른 자료들도 기록했다. 이런 노력으로 우리는 어떤 결론을 위한 확고한 근거로서 제공되는 정량적 지식을 갖게 되었고, 그것을 바탕으로 전체 그림을 그릴 수 있었다. 우리가 시간을 되돌려서 사회적 관계 변화를 재구성할 수 있었던 것은 바로 이런 모든 자료들에 대한 연구 덕분이었다.

　이곳 아른험 집단에서 일어난 주요한 변화는 '수놈 클럽'의 형성이었다. 이것은 맨눈으로는 볼 수 없는 아주 느리고 점진적으로 이루어진 과정의 전형적인 예였다. 1976년 여름에 수집된 자료는 암놈이 끼지 않은 채 두 마리 이상의 수놈이 모이는 일이 극이 드물었다는 점을 보여준다. 그 기간에 수놈들로만 이뤄진 소집단을 볼 수 있는 기회는 열 번 중 한 번뿐이었다. 다음해 여름에는 그 가능성이 좀더 높아져서 1977년과 1978년 여름에는 네 번 중 한 번, 1979년에는 세 번 중 한 번이 됐다. 해가 지나면서 수놈들은 분명하게 그들만의 소집단을 형성하기 시작했고, 이로 인해 암수 성별의 분리가 야기됐다. 이런 점에서 아른헴 집단 침팬지들은 수놈들이 삼삼오오 무리를 이뤄 서로의 집단에서 오랜 시간을 보내는 야생의 침팬지 집단과 닮아가고 있었다.

이에룬, 라윗, 니키로 이뤄진 수놈 3인방은 사육장 중심부에 자주 모습을 보인 반면, 암놈들은 새끼를 데리고 작은 집단으로 나뉘어서 사육장 주변에 흩어져 있었다. 물론 이 수놈들과 나머지 다른 구성원들이 아무런 접촉도 없었던 것은 아니다. 수놈들은 여전히 새끼들과 장난을 치거나 놀아주었고 암놈의 털을 골라줬다. 그러나 집단의 사회적 활동에서는 분명한 변화가 있었다. 수놈 3인방이 함께 어슬렁대고, 털을 골라주고, 장난치고, 게으름을 피웠으며, 이로 인해 그들 사이의 경쟁관계 역시 더욱 분명하게 그 세 마리 내부의 문제로 한정됐다. 라윗과 니키가 협력해서 이에룬과 암놈들 사이에 쐐기를 박음으로써 이에룬을 퇴위시킨 이래로 권력투쟁은 점차 사적인 사건이 되었다. 이 3인방은 소위 말하는 권력의 핵심을 이루게 됐다. 이 수놈들과 성공적으로 접촉을 유지한 암놈은 파위스트밖에 없었다. 그녀는 이들 수놈들과 자주 어울렸고 그들 사이에 갈등이 있을 때 중요한 역할을 했으며, 이들과 다른 암놈들 사이에 어느 정도 완충지대 역할을 했다. 다만, 암놈 중에서 이들 수놈들과 지나치게 오랫동안 어울리려 했다가는 파위스트에게 공격

수놈 그룹(왼쪽부터 단디, 이에룬, 니키, 그리고 라윗)이 따뜻한 모래 위에서 곤히 잠들어 있다.

당할 위험을 감수해야 했다.

파위스트는 서열 4위인 수놈 단디에 대해서도 같은 역할을 담당했다. 단디는 처음 몇 년 동안은 다른 수놈들과 스스럼없이 어울렸으나 나중에 퇴출당했다. 파위스트는 세 마리의 '왕초' 곁에 얼른 달라붙거나 혼자는 힘에 부칠 경우 세 마리 수놈 중 한 놈에게 수작을 걸어서 단디를 고립시키는 술수를 부렸다. 몇 가지 이유로 단디는 이들 수놈들 틈바구니에서 자기 지위를 확보하는 데 실패했으며, 그로 인해 집단생활에 있어 그의 공헌도는 다른 지위 낮은 암놈들과 별 차이가 없었다. 그 원인을 육체적으로 힘이 약하다는 측면에서 찾을 수도 있을 것이다. 단디는 다른 세 수놈보다 몸집이 작은 것은 분명했지만 싸움에서는 암놈들과 충분히 맞설 수 있었으며, 한때는 마마를 포함해서 암놈들이 단디에게 굴욕적인 '인사'를 한 적도 있었다. 단디는 모든 면에서 육체적으로 성숙한 어른 수놈임에 틀림없었다. 따라서 집단에서 그의 영향력

삼각관계(왼쪽부터 이에룬, 라윗, 그리고 니키)

이 부족한 이유는 사회적인 전개 과정 속에서 찾아야만 한다. 기존의 강자였던 이에룬, 새로운 강자인 라윗, 그리고 점점 지위가 높아지는 니키 등 세 마리가 긴밀하게 결부되어 배타적인 삼각관계가 발전하는 상황이었던 것이다.

이런 삼각관계는 1976년 가을에 그 기초가 다져졌다. 라윗이 정권을 잡는 데 숨은 공로자였던 니키가 예전의 리더인 이에룬을 대하는 태도에 변화가 일기 시작했다. 하루에도 몇 차례씩 니키는 털을 세우고 '후우후우' 소리를 지르며 혼자 앉아 있었다. 그의 '후우후우' 하는 소리는 점차 커졌고 외마디 고성으로 끝났다. 그런 다음 사육장을 힘차게 질주하거나 땅바닥이나 철제문에 쿵하는 소리가 나도록 부딪쳤다. 어떤 때는 거의 2미터 이상을 뛰어올라 두 발로 문을 걷어차 큰 소리를 내기도 했다. 처음에는 니키의 이런 위협 과시가 특정한 대상을 겨냥한 것으로 보이지 않았으나 점점 더 자주 이에룬의 근처에서 일어났다. 결국에는 직접 이에룬을 향해 '후우후우' 소리를 지르기 시작했다. 그는 이에룬과 마주보고 앉아 공중에다 커다란 나무조각을 던져올렸다. 때로는 이에룬의 면전에서 막대기를 앞뒤로 흔들어대기도 했는데 이에룬은 그를 피하기 위해 머리를 들었다 내리거나 한발 물러서지 않으면 안 됐다.

이상한 일은 이에룬이 전혀 대들지 않았다는 사실이다. 그는 라윗과 대결할 때와는 달리 비명을 지르거나 반격을 가하지도 않았다. 이에룬은 가능한 한 니키의 행동을 무시하려고 노력했다. 니키가 코앞에서 도발적으로 '후우후우' 비명을 질러대도 이에룬은 마치 도전자의 모습이 보이지 않고 소리마저 들리지 않는 듯이 행동했다. 간혹 라윗에게 달려가 짧게 헐떡거리는 소리를 내면서 니키 쪽을 향해 여러 번 고개를 끄덕이면서 원조를 구하기도 했다. 라윗은 니키를 위협해 쫓아냄으로써 이에룬의 요청에 화답했다. 또 어떤 때에는 이에룬이 위협을 중지해달라고 애원하는 듯이 니키 쪽으로 손을 뻗고는 낑낑대는 소리를 내기도 했다. 이에룬과 니키는 결코 싸우지 않았으며, 니키의 장황한 과시행동은 늘 서로의 털을 골라주는 것으로 끝이 났다. 이들의 털고르기는 일종의 화해였지만 이에룬과 라윗이 화해할 때처럼 강한 포옹은 없었다. 아마 이에룬과 니키 사이의 긴장이 그다지 크지 않아 화해도 그런 식인 것 같다.

10월 하순에 우리는 이에룬이 니키에게 '인사'하는 광경을 처음으로 목격했다. 이것은 서열을 다투는 과정이 피흘림 없이 진행되어 마침내 종지부를 찍었음을 의미한다. 하지만 이 서열 변화는 집단 전체에는 아주 미미한 영향을 주었을 뿐이다. 이제 서열 1위는 라윗, 2위 니키, 3위 이에룬 순이 됐다. 당초 순위는 1위가 이에룬, 2위가 라윗, 그리고 니키 순이지만 니키는 밑바닥에서 일약 2인자로 급상승함으로써 당당히 두 선배 사이를 비집고 들어갔다.

그런데 어째서 이에룬은 니키의 도전에 저항하지 않았던 것일까? 여러 가지 이유를 떠올려볼 수 있겠지만 어느 것도 결정적인 증거가 될 수는 없다. 라윗과의 다툼이 끝나고 이에룬은 완전히 지쳐버렸는지도 모른다. 이에룬에게 그 대결의 영향은 너무 심각한 것이어서 니키가 자신의 지위를 넘보려고 하는 것이 더 이상 특별한 관심거리가 되지 않았는지도 모른다. 게다가 이때 위협받는 것은 단지 2인자의 자리이지 않는가!

1976년의 시점에서 이에룬은 전략상의 이유로 니키와 별다른 문제를 일으키고 싶지 않았을지도 모른다. 라윗과 니키의 대결구도가 점차 증가했기 때문에 니키를 향해 저항한다면 라윗에게 어느 정도는 어부지리를 안겨줄 수 있었을 것이다. 이에룬은 이미 다른 두 수놈 사이의 알력이 커지면 커질수록 어떤 형태로든 반사 이익을 볼 수 있을 것임을 감지했을 수도 있다. 또한 이에룬에게는 바람직한 그런 상황이 니키가 2인자의 자리에 오르면 더욱 빨리 조성될 것으로 예상했는지도 모른다. 침팬지가 그 정도까지 예견할 수 있을지 가늠할 방법은 없지만, 이에룬이 라윗과 니키 사이의 대결 이후에 상당한 이익을 챙긴 것은 분명하다. 니키에게 굴복함으로써 이에룬의 지위는 실추되었으나 그는 나름의 책략을 통해 삼각관계의 요직에 앉게 된 것이다.

라윗의 새 정책

1977년에는 중학교 학생들이 아른험 동물원에 여러 날 방문해서 침팬지 집단을 관찰했다. 내가 학생들에게 누가 우두머리라고 생각하는지 물어보았더니 21명이 라윗, 3명이 니키, 2명이 이에룬을 꼽았다. 학생들은 우열의 판단기준이 무엇인지에 대한 아무런 사전 지식이 없었다. 게다가 나는 나와 내 학생들이 관찰 내용을 토론하면서 아이들의 판단에 행여 영향을 줄까봐 일부러 수놈들에게 새로운 이름을 붙여둔 상태였다. 아이들은 라윗이 다른 두 수놈보다 자신감에 차 있고 위협 방법이 인상적이라거나, 다른 구성원들이 그를 가장 두려워하고 있는 것 같다거나, 그가 대단히 커 보인다는 등의 이유를 댔다. 그들의 설명에 따르면 라윗이 1인자의 위치를 차지하고 있음은 명백했다. 일찍이 이에룬처럼 라윗 역시 늘 어느 정도 털을 세우고 있었고, 그래서 더욱 크고 강한 모습을 보여주었다. 그는 당당했다.

그러나 변한 것은 라윗의 외양이나 위협 방법뿐만이 아니었다. 그는 새로운 '정책'을 도입했다(여기서 정책이라는 말은, 선천적인 성향으로 행동을 결정하는 이른바 '직관적' 정책이거나, 혹은 경험이나 통찰에 의해 결정되는 '이성적' 정책이거나, 아니면 그 양쪽에 의해 결정되건 상관이 없다. 다만, 어떤 목적을 달성하기 위한 일관된 사회행동을 가리킨다. 예를 들어, 자기 새끼가 위협을 당하거나 실제 공격을 당할 때마다 새끼를 지키는 어미 침팬지는 일종의 정책을 수행하고 있는 것이다. 즉, 자기 새끼를 지키는 정책을). 우선 라윗은 니키의 도움으로 이에룬을 강제로 퇴위시키는 정책을 실행했다. 이런 특별한 정권 교체를 이루자마자 라윗의 사회적 태도는 완전히 바뀌었다. 그의 새 정책은 전혀 다른 목적, 즉 새로 쟁취한 지위의 안정화에 초점을 두는 것처럼 여겨졌다. 그에 따라 라윗은 어른 암놈들이나 이에룬, 그리고 니키를 대하는 태도를 바꾸었다.

암놈들을 대하는 라윗의 태도 변화 중 하나는 집단 내에 심각한 싸움이 벌어졌을 때 취하는 행동이 분명해졌다는 것이다. 예를 들어, 마마와 스핀이 싸울 때 정도를 벗어나 서로 물어뜯거나 붙들고 뒤엉키는 경우가 있었다. 많은 침팬지들이 싸우고 있는 두 암놈에게 몰려가 난투극에 가담했다. 침팬지 무리가 모래밭에서 서로 싸우며 비명을 지르고 모래밭에 나뒹굴었는데, 결국 라윗이 개입해서 말 그대로 두들겨 패면서 말려야 끝이 났다. 그는 다른 침팬지들과는 달리 충돌 과정에서 어느 한쪽 편을 드는 경우는 거의 없었다. 오히려 싸움을 계속하는 놈들은 누구라도 라윗에게 얻어터지고 말았다. 나는 라윗이 이렇게 인상적으로 행동하는 것을 예전에는 보지 못했다. 이런 특별한 사건은 1976년 9월, 즉 그가 리더가 된 후 몇 주 뒤에 일어났다. 다른 때에도 라윗은 심

이에룬(오른쪽)이 시끄럽게 '후우후우' 하는 소리를 내는 니키를 애써 무시하고 있다.

각한 다툼을 별 탈 없이 제지했다. 마마와 파위스트가 서로 엉겨 붙어 싸웠을 때 그는 둘 사이에 양손을 집어넣어 힘들이지 않고 덩치 큰 두 놈을 떼어놓았다. 그리고는 그들이 서로 비명을 그칠 때까지 두 암놈들 사이에 버티고 서 있었다.

하지만 언제나 이런 공평한 개입만 있었던 것은 아니다. 어느 한 놈, 혹은 어느 집단의 편을 드는 경우도 있었다. 그러나 여기서도 다시 한번 라윗의 정책은 달라졌다. 그는 '승자의 지지자'가 아니라 '패자의 지원자'가 되었던 것이다. '패자의 지원자'란 가만 두면 질 게 뻔한 놈의 편을 드는 제3자를 뜻하는 말이다. 예를 들어, 니키가 암버르를 공격하면 라윗이 끼어들어서 암버르가 니키를 쫓아버리도록 도왔다. 라윗의 지원이 없었다면 암버르는 결코 니키를 물리칠 수 없었을 것이다. 만약 라윗의 개입이 별 뜻 없이 아무렇게나 이뤄졌다면, 당연히 절반은 패자를 돕고 절반은 승자를 도왔을 것이다. 그러나 라윗은 1인자 자리에 오른 뒤에는 약자 쪽과의 결속을 보여주기 시작했다. 집단의 두목이 되기 전에는 35퍼센트만 패자를 지원했지만 왕좌를 차지한 뒤로는 이 수치가 69퍼센트로 증가했던 것이다. 이런 대조는 라윗의 태도에 극적인 변화가 일어났음을 반영하는 것이다. 게다가 1년 뒤에는 패자에 대한 라윗의 지원이 86퍼센트에 달할 정도로 늘어났다.

제1인자인 라윗이 평화와 안녕의 투사로 자신을 확립하고 패자를 지원함으로써 충돌이 늘어나는 것을 막으려고 한 사실은 크게 놀랄 일은 아니다. 제1인자의 '통제 역할'로 불리는 이런 형태의 행동은 많은 영장류 종들에게서 찾아볼 수 있다. 하지만 이러한 역할이 그것을 수행하는 수놈 자신에게 얼마만큼 중요성을 갖는지에 대해서는 별로 알려진 것이 없다. 마카크 원숭이 집단에서는 제1인자의 방어 역할과 암놈들과의 강한 연대가 다른 수놈이 집단에서 중심 역할을 못하게끔 배제시킨다는 징후가 있다. 이것은 자연히 제1인자의 리더십을 더욱 공고하게 만든다. 위협을 당해도 도망치지 않으려는 도전자들은 커다란 저항에 직면하게 된다. 그러한 사례에 대해서는 마카크 원숭이 집단에서 발생한 지도력의 변화를 관찰한 어윈 번슈타인(Irwin Bernstein)이 보고한 바 있다. 그는 "싸움 능력이 아무리 탁월한 젊은 수놈이라 해도 상당히 많은 구성원의 지지를 얻어내지 못하면 결코 권력을 탈취할 수 없다"고 결론지었다.

강자의 보안관 역할과 그 강자가 위협에 직면했을 때 약자로부터 받는 지원 사이에 어떤 관련이 있을지는 뻔하다. 암놈과 그 새끼들을 지켜주지 못하는 1인자 수놈은 장차 라이벌과의 권력투쟁에서 어떠한 지원도 기대할 수 없다. 이런 의미에서 1인자 수놈의 보안관 역할은 호의라기보다 의무에 가깝다. 1인자로서의 지위는 이같은 의무에 달려 있다. 이런 관점에서 본다면 이에룬의 몰락은 그가 라윗이나 니키의 공격으로부터 다른 구성원들을 효과적으로 지켜내지 못했다는 사실로도 설명될 수 있다. 라윗의 행동도 그와 같은 견지에서 해석될 수 있다. 라윗은 암놈들을 공격하거나 이에룬의 면전에서 암놈들에게 거만을 떨면서, 암놈들로 하여금 이에룬에게 지원을 요청해봤자 별 볼일이 없다는 점을 시위했던 것이다. 하지만 쿠데타에 성공하고 나자 그는 완전히 태도를 바꾸어서 스스로 보호자의 역할을 자청하고 나섰던 것이다.

이에룬과 라윗의 우위 경쟁이 끝나고 네 달쯤 지나자 암놈들은 라윗을 지지하기 시작했다. 1976년 겨울 동안, 암놈들은 라윗과 이에룬 사이의 충돌이 벌어지면 십중팔구 라윗을 편들었다. 라윗과 니키가 다툴 때도 동일한 현상이 나타났다. 라윗이 가진 1인자의 지위가 넓은 기반을 얻은 것이다. 다만 호릴라만은 이에룬을 버리지 않았다. 다른 녀석들이 진영을 바꾸던 시기에 호릴라와 파위스트 사이에는 긴장이 고조됐다. 이 두 암놈이 거의 매일 싸운 까닭은 아마 파위스트가 라윗의 가장 중요한 지지자로 등장했기 때문일 것이다. 가을에는 싸움이 벌어지면 파위스트가 라윗을 도우려고 달려갔지만 파위스트가 뭘 하려는지 재빨리 눈치챈 마마는 파위스트를 쫓아버림으로써 초장부터 기를 꺾어버렸다. 그러나 겨울이 되자 마마는 점점 싸움에 간섭하지 않으려 했고(그녀는 임신 중이었다), 이로 인해 파위스트나 다른 녀석들은 자기들의 '진심'을 토로하게 됐다. 그러나 사건의 전개는 거기서 멈추지 않았다. 시간이 지나면서 마마 또한 충성의 대상을 라윗 쪽으로 바꿨던 것이다. 이제 새로운 지도자가 된 라윗은 다른 수놈이 자신을 곤경에 빠뜨릴 때 이런 강력하고 영향력이 큰 암놈들을 부를 수 있게 됐다.

만약 라윗이 마카크 원숭이 집단의 리더였더라면 암놈들의 지지 자체만으로도 충분했을 것이다. 그러나 침팬지들 사이에는 수놈끼리 연합하는 경향이 대단히 강하기 때문에 집단 내에 자기 외에 두 마리 이상의 수놈이 더 있는 경우, 리더는 다른 수놈들이 결탁해서 자신을 공격해 올지도 모른다는 사실을 늘 명심해야 한다. 이에룬이 권력의 정상에 있을 때는 이런 문제가 벌어지지 않았다. 이에룬은 암놈들의 지지를 바탕으로 자신의 지위를 확실하게 구축했기 때문이다. 반면 또 다른 수놈인 라윗은 이들과 조금 거리를 두고 지낼 수밖에 없었다. 당시에는 집단의 구조가 압도적 권위를 누리는 한 마리의 절대적인 리더와 주변부로 쫓겨난 잠재적 라이벌로 이루어진 마카크 원숭이 소집단과 대단히 유사했다.

이에룬의 리더십은 니키가 성장해서 라윗과 연대할 대상이 될 수 있었을 때 비로소 종료된 것이다. 그래서 그 뒤에 벌어진 우위 다툼은 몇몇 주도적 집단에 속한 구성원들의 서열뿐만 아니라 안정된 지도력을 위한 전제 조건에도 영향을 미쳤다. 새로 1인자가 된 라윗은 한 놈이 아닌 두 놈의 라이벌을 상대해야 했다. 라윗이 이에룬과 니키 양쪽 모두를 집단 사회의 변방으로 쫓아버리는 일은 무모한 짓이다. 오히려 그것은 정치적인 자살 행위라고 봐도 무방하다. 추방당한 두 수놈이 라윗에게 대항하려고 힘을 합칠 것이기 때문이다. 라윗에게 남겨진 유일한 방법은 두 수놈 가운데 어느 하나를 자기편으로 끌어들이는 것이었다. 그가 선택한 것은 이에룬이었다.

라윗의 선택은 침팬지 사이의 우정이라는 것이 얼마나 상황에 따라 달라지는 것인가를 웅변하고 있다. 일찍이 라윗은 이에룬과 암놈들에 대항하기 위해 니키와 결탁했다. 지금은 모든 것을 뒤집어서 니키에 대항하기 위해 이에룬과 암놈들을 자기편으로 만든 것이다. 얼마 전까지만 해도 암놈들을 향한 니키의 공격은 라윗 자신의 권력투쟁을 강화하는 데 도움을 주었으며, 그래서 라윗은 가끔 암놈들을 공격하는 니키를 응원하기도 했다. 그러나 이제 라윗은 니키와 암놈들 사이에 끼어들고, 때로는 서로 충돌이 벌어지기 전부터 개입했다. 니키가 털을 세우고 암놈들에게 접근해서 조금씩 몸을 흔들면서 정말로 공격하려 들 때 라윗은 니키의 옆이나 앞에 서서 감히 더 이상의 행동을 하지 못하게 만든다. 또 어떤 때는 니키가 비명을 지르면서 도망갈 때까지 라윗의 주먹질과 발길질은 계속되었다. 니키에 대한 라윗의 태도가 경직되면서 둘 사이의 충돌도 잦아졌다.

그렇지만 둘 사이에 충돌이 일어나는 근본적인 원인은 암놈 때문이 아니라 이에룬과의 관계 때문이었다. 둘 다 왕년의 지도자인 이에룬

니키가 라윗을 쫓아가며 큰 돌멩이로 위협하고 있다.

과 접촉하기를 바라던 터여서 서로가 어느 한쪽이 이에룬 곁에 앉는 행위를 용서하지 않았던 것이다. 라윗과 이에룬이 가까이에서 함께 시간을 보내고 있을 때마다 니키는 조금 떨어진 곳에서 후우후우 소리를 지르며 과시 행동을 했다. 이런 행동은 이에룬이 일어나 불쾌한 걸음으로 라윗 곁을 떠날 때까지 몇 분 동안 계속됐다. 이에룬은 거의 맞서지 않았지만 어느 편을 들고 있는지 분명하지 않은 때가 많았다. 무엇보다 이에룬은 라윗 곁에서 멀찍이 떨어졌다가 니키가 과시 행위를 멈추면 라윗 곁에 되돌아와 앉았고, 이로 인해 니키는 다시 과시 행위를 시작했다. 이런 일이 벌어지면 라윗은 이에룬과 니키 사이에 자리를 잡거나 혹은 이에룬과의 접촉을 방해받지 않기 위해서 니키를 멀리 쫓기도 했다.

나중에는 라윗이 이에룬과 니키의 접촉에 더욱 민감한 관심을 보이기 시작했다. 정상의 지위 덕분에 라윗은 니키를 공격하는 데 결연하면서도 효과적으로 행동할 수 있었다. 이는 라윗이 경쟁에서 승리해 이에룬과 더욱 굳건한 연대를 형성해간다는 것을 의미했다. 겨울이 끝날 때까지, 라윗은 니키보다 훨씬 더 자주 이에룬과 접촉할 수 있는 상황을 만들었다. 이 때까지만 해도 라윗의 전략은 완벽하게 성공적이었다. 그러나 그 과정에서 라윗이 제대로 통제할 수 없는 요소가 하나 있었다. 그 요소야말로 실제로 라윗이 제1인자의 지위를 확고하게 누릴 수 있는가를 결정짓는 열쇠였다. 그것은 다름 아닌 이에룬의 태도였다.

이에룬과 니키의 직접 연합

1977년 4월 중순 어느 화창한 봄날, 아른험의 침팬지 집단은 다시 야외로 나갔다. 그 뒤 여러 달을 지내면서 나는 라윗의 지배권이 점점 더 확고해지고 있음을 확신하게 되었다. 하루에도 여러 차례 니키는 라윗 앞에서 극도로 굴욕적인 행동을 보였다. 털이 몸에 착 달라붙도록 해서 가능한 한 자신의 체구를 작게 보이려고 했으며, 커다란 소리로 라윗에게 '인사'를 했다. 라윗이 곧장 접근해오면 니키는 굽실거리면서 마치 개구리가 팔짝팔짝 뛰듯 뒷걸음질쳤다. 그런 상황에서 주변을 신경 쓰지 못한 채 물러나다가 그만 구덩이에 빠진 적도 있었다(다행히도 아주 얕은 가장자리였다). 라윗이 니키에게 강력한 인상을 심어준 것은 분명했다.

이에룬 역시 라윗에게 '인사'를 했지만 니키처럼 과장된 방식은 아니었다. 그것은 그의 체면에 관련된 것이며 그의 나이에도 어울리지 않는 것이다. 나는 이에룬이 굴욕적인 행동을 하는 것을 본 적이 없다. 그는 라윗에게 차분하게 '인사'를 했고, 더욱 예의를 갖추어야 할 필요가 있는 경우에도 머리를 숙이는 것 이상은 하지 않았다. 라윗은 대단히 자신만만하게 이에룬과 니키 사이의 어떠한 접촉도 지속적으로 방해했다. 드물기는 했지만, 이에룬이 라윗의 공격에서 니키를 지켜줬을 때에는 자신의 행동을 사죄라도 하듯 라윗에게 '인사'를 하고 그의 털을 골라주었다. 그 다음에는 라윗이 자신의 지위를 굳히기 위해 다시 니키를 쫓았지만, 이에룬은 그 순간에는 사태를 방관했다. 또 어떤 때에는 이에룬이 지원을 바라는 니키의 청원을 무심하게 거부하기도 했다. 그때는 니키에게 등을 돌렸고 니키가 비명을 지르며 다가와 한 손을 내밀어도 그냥 지나가버렸다. 결국 이에룬은 라윗을 지지하기로 결심한 듯 보였다. 이에룬이 라윗 근처에 앉아 있는 것이 자주 목격되었으며, 가끔은 라윗과 함께 니키를 향해 과시 행위를 할 때도 있었다. 그 이후에 두 수놈 간의 협력에 대해서는 더 이상 긴 말이 필요 없을 것이다. 아른험 집단이 만들어지기 전부터 그들은 서로를 알고 있었고, 이러한 오랜 관계가 결국 둘 사이의 연합을 가져온 듯이 보였다.

그러나 이런 설명이 상당히 논리적으로 보인다고 해도 그것만으로는 뭔가 부족하다. 개인적인 친밀함에 바탕을 둔 연합은 비교적 안정적인 것이 사실이다. 상호간의 신뢰와 공감은 하룻밤에 나타나거나 사라지는 것이 아니기 때문이다. 그러나 적어도 이들 연합의 경우에는 그것이 안정적이라는 분명한 증거는 그때까지 없었다. 라윗은 돌연 니키가 싫어졌기 때문에 그와의 협력을 그만둔 것일까? 그리고 라윗과 암놈들의 연합 형성은 갑자기 생긴 상호 공감 때문이었을까? 만일 우정이 마음먹은 대로 상황에 잘 들어맞을 만큼 유연한 것이라면 우리는 우정을 기회주의라 불러야 할 것이다. 우선 이에룬과 라윗의 관계는 어떤 유용한 목적에 별 도움이 안 되는 때라도 여전히 존속할 가능성이 있었다. 즉 둘의 관계가 진정한 우정에서 우러나왔을 수 있다. 그러나 일련의 사건들은 이런 생각을 반박하는 것이었다. 그런 오랜 결속도 끝없는 권력투쟁을 견뎌낼 만큼 충분하지 못했다.

8월이 되자 삼각관계의 형태가 점차 달라지기 시작했다. 니키와 이에룬 모두 예전에 비해 라윗에게 덜 굴욕적이고, 자주 저항하는 모습을 보였던 것이다. 리더인 라윗이 그들 중 한쪽에게 과시 행동을 해도 더 이상 무서워하지 않았다. 이에룬이 외마디 비명을 지르면서 맹렬하게 라윗을 공격하면 니키는 라윗을 위협하듯 털을 곤두세우며 이에룬 편을 들었다. 니키는 다른 두 수놈을 분리시키는 데 점차 성공을 거두기 시작했다. 라윗은 니키의 그런 시도를 중단시키려고 애썼지만 니키가 위협을 계속할 경우 이에룬은 라윗 곁에서 멀어지려고 했고, 라윗은 이런 행동에 속수무책이었다. 간단히 말해, 이제 세력 균형은 2인자와 3인자의 연합 쪽으로 기우는 것처럼 보였다. 이는 1인자에게는 대단히 심각한 위협을 의미했다. 전례 없던 불안감이 점점 커지더니 마침내 6주가 지나서 대규모 싸움이 벌어졌다. 이 싸움에 이르기까지 몇 주 동안 먼저 니키가, 다음에는 이에룬이 라윗에게 '인사'하는 것을 중단했다. 그리고 이 두 수놈들은 점점 가까워지더니 진짜 연합을 이뤘다. 이 연합은 그로부터 꼬박 3년이 지난 1980년까지 유지되었다.

대규모 투쟁에 이르기까지 일련의 사건 발단은 두 늙은 수놈을 둘러싼 것이었다. 라윗은 이에룬을 압박하고자 하루에 두 번 정도 과시 행위를 했지만, 이에룬은 예전처럼 '인사'를 하지 않았고 오히려 격렬하게 저항했다. 이에룬은 외마디 비명을 지르며 라윗을 뒤쫓아갔고, 라윗은 조용히 한쪽으로 피한 다음 과시 행위를 계속했다. 그 같은 추격과 과시는 마른 떡갈나무 꼭대기에서 끝났으며, 거기서 라윗은 털을 세운 채 타잔처럼 이 나무에서 저 나무로 건너다녔다. 이에룬은 라윗을 따라잡으려고 애를 썼지만 정작 그에게 다가갔을 때에는 감히 건드리지도 못했다. 그러나 만약 니키가 나타나서 나무 아래서 과시 행위를 하거나 그들 쪽으로 조금 올라오기라도 하면 이에룬의 행동은 즉각 달라졌다. 그때 이에룬은 용기백배해서 더욱 공격적인 목소리로 비명을 지르고 라윗의 발목을 붙잡으려고 했다. 라윗이 이런 상황에 완전히 겁을 먹고 있음이 얼굴에 빤히 드러나 보였다. 라윗은 니키가 다가오는 것을 보면 이빨을 드러냈고 간혹 비명을 지르며 마마에게 도망치기도 했다. 하지만 니키는 초기 몇 주 동안은 자신만의 어떤 액션도 취하지 않았다. 이에룬 편에서 과시 행위를 했고 이에룬이 포옹하는 것을 허용은 했지만 그 이상은 아니었다.

그런 일련의 사건들이 끝나고 모두 땅으로 내려오면, 니키는 이에룬이 자기에게 '인사'를 할 때까지 이에룬을 향해 과시 행위를 하곤 했다. 모두 30분 정도 지속되는 이런 충돌의 전 과정은 이에룬이 라윗의 과시에 저항하는 데서 시작해서 이에룬이 니키의 과시에 대해 굴욕적인 행동을 보이는 것으로 끝이 났다. 연합 내부의 우열관계는 이런 방식으로 공동전선에 의한 전투가 끝날 때마다 확인되었던 것이다.

시간이 지나면서 니키와 라윗의 직접적인 대결로 중심점이 옮겨지고 있었다. 이에룬은 점점 자신감을 회복해서 너무 자주 라윗에게 위협을 가하는 통에 예전의 리더 지위를 되찾은 것처럼 보일 정도였다. 하지만 점점 라윗과의 대결을 니키에게 떠넘기는 것으로 만족하게 됐다. 니키가 과시를 시작하면 이에룬은 대개 그에게 다가가 뒤에 붙어 서서 허리 주위로 팔을 감싸고는 아랫배를 니키의 엉덩이에 밀착시켜 함께 '후우후우' 하는 소리를 냈다. '올라타기'라고 불리는 이런 자세는 분명 성행위에서 비롯된 것이다. 그러나 이런 상황에서는 성적인 의미는 전혀 없고, '결속 과시'를 뜻하는 것이다. 니키와 이에룬이 말 그대로 직접적인 공동전선을 형성한 것이다. 니키와 이에룬이 처음으로 눈앞에서 공동전선을 펼쳤을 때, 라윗은 겁에 질린 채 비명을 지르면서 풀밭 위를 뒹굴었다. 그리고는 주먹으로 땅바닥과 자기 머리를 두들겨댔다. 두 적수는 라윗을 향해 짧은 시간 동안 입을 모아 비명을 질러댔고 그의 떼쓰기를 지켜보며 서 있었다. 그러나 그 다음에는 함께 그곳을 떠나 다른 침팬지들이 슬픔에 잠긴 리더를 위로하도록 놔두었다. 그날 이후부터 라윗과 니키의 다툼은 급속하게 늘어갔다. 긴장이 증대되자 둘 사이의 털고르기도 늘어났으며 화해를 위한 행동도 잦아졌다. 화해할 때조차도 이에룬은 니키와 라윗이 있는 곳으로 달려가서 니키와 함께 짧게 올라타기를 하면서 상황이 어떻게 굴러가고 있는지를 알아봤다.

한 해 전에는 라윗과 어울리면서 이에룬을 향해 번갈아 '후우후우' 소리를 내거나 모래를 집어던지던 니키가 아닌가! 게다가 그의 행동은 훨씬 위협적이어서 영향력이 더욱 커졌다. 그는 이미 다른 두 수놈 사이에서 균형을 잡는 무게중심 이상의 존재가 됐다. 이제 관건은 니키와 라윗 사이의 균형이었고, 암놈들과 이에룬은 저울추의 역할을 했다.

리더십의 두 번째 변화는 첫 번째 변화와는 달리 리더보다 육체적으로 강한 도전자에 의해 야기된 것이 아니다. 육체적인 힘에 관한 한 라윗과 니키는 대등하다고 말할 수 있다. 그래서 니키는 라윗이 이에룬 주변에 있을 때 외에는 감히 그에게 도전하거나 도발하려 들지 않았다. 니키는 대단히 신중하게 행동하지 않으면 안 됐다. 폭우로 인해 침팬지들이 실내에서 지내야 했던 어느 날, 라윗은 니키를 잔인하게 두들겨패

반(反) 라윗 연합 형성

맞은편 라윗이 이에룬을 지나치면서 과시 행동을 하고, 이에룬은 나무에서 일어나며 맞선다.

옆 이에룬은 전술을 바꿔 비명을 지르면서 라윗을 나무 위로 쫓아버린다. 라윗은 이빨을 드러내지 않는다.

아래 이에룬(오른쪽 끝)이 니키의 주의를 끌기 위해 비명을 지르자 라윗(왼쪽에서 두 번째)이 이빨을 드러낸다(이 사진 밖에 있는 니키는 그들의 오른쪽 앞 어딘가에서 과시 행동을 보여주고 있고, 파위스트는 라윗 뒤에, 바우터는 이에룬의 뒤에 앉아 있다).

면서 여러 곳을 물어뜯었다. 그런데 니키는 보복하지 않고 짧은 비명을 지르며 이에룬에게 도망쳤다. 바로 대드는 것이 니키로서는 현명한 짓이 아니었을 것이다. 암놈들 전원이 실내의 홀에 있었기 때문에 그들이 라윗을 구하러 몰려들 것은 불을 보듯 뻔했기 때문이었다.

실외에서는 암놈들이 사육장 전체에 흩어져 있기 때문에 그 영향력이 덜하다. 그렇다 해도 니키에게는 라윗 한 놈조차 위협적인 적수였다. 두 수놈 사이의 긴장은 서로 마주보고 과시 행위를 할 때 더욱 분명해진다. 라윗과 니키 둘 다 잠시라도 상대의 존재를 간과하고 있지 않다는 사실을 보여주려고 전력을 기울였다. 라윗은 제멋대로 땅바닥을 주먹으로 꽝꽝 두들겼고, 니키는 '후우후우' 소리를 내면서 라윗을 겨냥해 돌을 던졌다. 그러나 서로의 모습이 보이지 않을 경우에는 실제로 그들이 몹시 두려워하고 있다는 징후들이 분명하게 드러났다. 그래서 서로 마주보며 과시하는 행동은 그들 자신이 실제보다 더 용감하고 덜 두려워하는 것처럼 보이려는 속임수 행동이라 할 수 있다. 일종의 '진짜 허세(genuine bluffing)'인 셈이다. 예를 들어, 둘이 대결을 벌일 때면 일련의 속임수 신호를 관찰할 수 있다. 라윗과 니키가 10분 이상 근접 과시를 하고 난 뒤 충돌이 벌어지면 라윗은 즉각 마마와 파위스트의 지원을 받았다. 니키는 나무 위로 쫓겨 올라갔지만 잠시 뒤 나무 위에서 또다시 리더인 라윗을 향해 '후우후우' 소리를 지르기 시작했다. 라윗은 도전자로부터 등을 돌린 채 나무 밑에 앉아 있었다. 다시 도전하는 소리를 듣자 라윗은 이빨을 드러냈지만 곧 한 손을 입에다 갖다 대고는 입술을 가렸다.

나는 내 눈을 믿을 수 없어서 라윗에게 쌍안경의 초점을 맞췄다. 라윗이 신경질적으로 이빨을 드러내는 모습이 다시 보였다. 그는 또다

니키(두 사진 모두에서 왼쪽)와 라윗 사이의 강력한 화해

위 항문에서부터 털고르기를 시작하려는 욕망이 강해서 '69 자세'를 취하게 된다.

아래 그런 뒤에 그 둘은 더 편안한 자세로 바꾼다.

시 손가락으로 입술을 꾹 눌렀다. 라윗은 세 번째에야 비로소 얼굴에서 찡그린 인상을 지울 수 있었으며, 그런 후에야 니키 쪽으로 고개를 겨우 돌렸다. 잠시 후 그는 아무 일도 없었던 것처럼 니키를 향해 과시 행위를 했고 마마의 도움을 얻어 니키를 나무 위로 더 멀리 쫓아버렸다. 니키는 적대자들이 사라지는 모습을 지켜보고 있었다. 그리고는 상대방이 자신을 볼 수 없게 되자 갑자기 등을 돌려서 이빨을 드러내는 표정을 지으면서 비명인 듯한 부드러운 소리를 내기 시작했다. 나는 근처에 있었기 때문에 그 소리를 들을 수 있었다. 니키가 낸 소리는 대단히 억제되어 있었다. 이 때문에 라윗은 자기의 적 역시 감정을 통제하는 데 애를 먹고 있었다는 사실을 눈치채지 못했을 것이다.

10월 14일이 되자 긴장은 전면전으로 발전했다. 그것은 이에룬과 니키가 얼마나 똘똘 뭉쳤는지를, 그리고 라윗의 지위가 얼마나 불안정한가를 보여준 최초의 사건이었다. 충돌은 라윗이 이에룬의 주변에서 잠시 동안 과시 행위를 한 다음인 정오 무렵에 시작됐다.

제1막

이에룬이 먼저 라윗에게 으름장을 놓지만 감히 공격할 엄두는 내지 못하고 깽깽거리기 시작한다. 이에룬이 니키 쪽으로 가서 한 손을 내민다. 잠시 뒤 니키는 털을 세우고 사육장을 돌아다니기 시작하더니 여기저기에서 위협적인 시위를 하고 때로는 암놈들을 공격하기도 한다. 이에룬은 니키를 도와 라윗을 나무 위로 쫓아버리는 데 성공한다. 라윗은 다시 이에룬을 위협해 보지만 니키가 와서 이에룬 편에 가세하자마자 비명을 지르며 도망친다. 라윗은 옆에 있는 나무 위로 뛰어 올라간 뒤에 땅 위로 미끄러져 내려왔다. 두 마리의 적수가 곧 그의 뒤를 쫓는다.

라윗은 또다시 작은 나무 위로 기어 올라가 보지만 그곳은 다른 나무로 뛰어 넘을 수 없는 막다른 골목이다. 두 수놈과 싸우지 않고서는 그 나무에서 내려올 재간이 없다. 라윗은 한번도 들어보지 못한 비명을 지르기 시작했다. 완전히 공포에 질린 듯이 보였다. 나는 카메라를 가지고는 있었으나 긴장한 나머지 사진도 찍지 못했다. 라윗은 나무 꼭대기에서 고립당했고, 라이벌들이 그를 붙잡으려고 했다. 치명적인 사건이 벌어질 것이 분명했다.

파위스트가 기어 올라가 니키를 뒤쫓아가지만 오래 가지는 않는다. 니키는 곧 라윗에게 대항한다. 파위스트가 니키와 이에룬을 향해 위협적으로 으르렁거리고 있을 때 마마가 다른 침팬지 대부분을 이끌고 천천히 충돌 현장에 나타난다. 마마는 털을 세운 채 라윗이 꼼짝 못하고 있는 나무에서 약 10미터 정도 떨어진 풀섶에 앉는다. 니키는 서둘러 나무에서 내려온 다음 마마에게 다가가 양팔로 그녀의 몸을 감싼 채 비명을 지른다. 마마는 그의 팔을 밀쳐내고는 일어나서 조금 떨어진 곳에 앉아 이에룬을 노려본다. 나무 위에 계속 앉아 있던 이에룬은 깽깽거리는 소리를 내면서 한 손을 마마 쪽으로 뻗는다. 그녀는 반응을 보이지 않는다. 니키와 이에룬이 이런 식으로 마마를 자기들 편에 끌어들이길 원한 것이라면, 그들은 잘못 생각한 것이다.

제2막

니키와 이에룬이 귀청이 터지도록 비명을 지르더니 모두 라윗이 앉아 있는 곳으로 올라간다. 도망칠 수 없는 라윗은 저항하는 것 말고는 선택의 여지가 없다. 니키와 이에룬은 라윗을 붙잡아 물어뜯는다. 그러나 이런 불공평한 싸움은 오래 가지 못한다. 서열이 높은 암놈들이 떼거지로 몰려와 니키와 이에룬을 따라 서둘러 나무 위로 올라갔기 때문이다. 마마와 파위스트는 이에룬을 물어뜯는다. 마마는 이에룬을 나무에서 끌어내려 커다란 비명을 지르면서 사육장 구석으로 그를 몰고 간다. 파위스트는 호릴라와 함께 나무 위에서 니키에게 공격을 시도한다. 이미 이에룬이 쫓겨났기 때문에 라윗은 나무 꼭대기에서 내려와 니키를 공격하는 일에 가담한다. 니키는 마침내 라윗, 호릴라, 파위스트, 오르, 단디 등의 동맹에 패퇴하고 만다. 마마의 구출작전은 채 1분도 지나지 않아서 성공했고 상황은 종료되었다.

제3막

모두가 숨을 고르고 있다. 많은 침팬지들이 동시에 부상을 입은 것은 처음 보는 일이었다. 라윗은 손가락과 다리 한쪽에, 니키는 한쪽 다리와 등에, 파위스트는 한쪽 다리에, 이에룬은 코에 상처를 입었다. 그러나 모두 깊은 상처는 아니었다. 다만 라윗은 그날 이후 며칠 동안을 걸을 때 한쪽 손을 쓰지 못했다(땅에 손가락을 대고 걷는 대신에 그는 손목으로 몸을 지탱했다. 놀랄 만한 일은, 어린 침팬지들이 모두 라윗을 흉내 내어 갑자기 손목으로 바닥을 짚으면서 뒤뚱거리며 걷기 시작한 것이다).

지원자에 의해 도움을 받기는 했지만 라윗은 분명 패배자다. 니키는 승리를 거둔 양 행동한다. 충돌이 끝나고 5분이 지날 즈음에 니키는 털을 세우고 라윗 쪽으로 살며시 다가가 허세부리기를 시도한다. 라윗은 굽실거리기를 거부하지만, 대신에 연신 헐떡거리며 키스를 하고는 멀찍이 떨어진다. 30분 뒤에 니키는 또다시 라윗에게 접근해 털을 골라준다. 이에룬도 이들과 합류하여 라윗의 털을 골라준다. 다시 평화가 회복됐지만 라윗의 지도력은 분명 종말을 고하고 있었다. 니키와 이에

실제보다 더 커 보이는 니키(왼쪽)가 털을 곤두세우고 다가가자 라윗은 '인사'할 때 내는 소리를 지르며 그를 피해 도망간다.

룬은 자신들의 연합이 강력하다는 것, 그리고 암놈들도 이 사실을 결코 무시할 수 없다는 점을 라윗에게 인식시켰다. 그날부터 라윗의 지위는 점차 약화되기 시작했으며, 마침내 7주 뒤에는 니키가 제1인자라는 사실을 인정하게 된다.

니키의 부재

사육장 속에서 수놈들이 우열을 다투는 과정은 암놈들 사이에서뿐만 아니라 우리 관찰자들 사이에도 긴장을 조성했다. 니키의 갑작스런 등

극으로 인해 침팬지 사육사와 나 사이에 큰 견해차가 발생했다. 사육사는 니키가 리더가 되기에는 너무 젊고 자제력이 부족하다고 염려했다. 야생 상태에 있는 침팬지에 대한 지식에 비추어 보면 그의 의견은 아주 지당한 것이었다. 니키 정도 나이의 수놈은 아직 최고 지위에 오를 만큼 사회적으로 성숙되어 있지 못한 것이 사실이었다. 그러나 나의 반론은 이러했다. 리더로서 니키는 가장 연장자인 이에룬에게 완전히 의존하고 있기 때문에 벼락출세한 개구쟁이가 절대적인 독재 권력을 휘두를까 걱정할 필요는 없다는 것이었다.

권력을 얻은 니키에게는 처음 몇 주가 아주 혹독한 시기였다. 그때는 다시 겨울이 시작돼서 침팬지 집단이 옥내에서 생활했다. 좁은 실내라는 조건 때문에 이에룬과 라윗이 종종 나란히 함께 있을 수밖에 없었다. 니키는 어떤 희생을 감수하더라도 그것을 방해하려고 애썼다. 니키와 라윗이 이에룬 곁에 있으려고 상대를 팔꿈치로 떠미는 광경이 가끔씩 목격되었다. 한번은 이 팔꿈치 밀치기가 진짜 싸움으로 번진 적도 있었다(수놈들이 과시 행위를 생략한 채 곧바로 싸움에 들어간 것을 본 것은 그때가 유일하다).

이처럼 극도의 험악한 분위기가 감돌던 어느 날, 니키는 과시 행위 도중 바우터를 한 손으로 잡아 올려서 무서운 힘으로 머리 위에서 빙빙 돌리다가 벽에 힘껏 내동댕이쳤다. 암놈들은 모두 화가 나 외마디 비명을 지르며 달려들어 불쌍하고 왜소한 바우터를 구출해냈다. 다행히 뼈는 부러지지 않았지만 어린 침팬지는 3주 동안 절뚝거리며 걸어야 했다. 이 사건으로 니키의 무분별한 행동에 대해 어떤 조치를 취하지 않으면 안 된다는 사실이 명백해졌다.

사육사와 나는 남은 겨울 내내 니키를 집단에서 분리시키기로 했다. 그리고 이듬해 여름 그를 집단으로 돌려보내 사태가 어떻게 되는지 지켜보기로 했다. 야외 사육장에서는 상대적으로 위험이 크지 않기 때문이다. 우리는 두 가지 시나리오 중 하나가 벌어지리라 예상했다. 하나는 이에룬과 라윗이 기회를 포착해 오랜 유대를 회복함으로써 니키가 두 번 다시 그들 사이에 끼어들지 못하도록 하는 경우다. 나머지 하나는 이에룬과 라윗 사이에 우위 다툼이 재연된 후에 결국 라윗이 다시 승리를 얻고 니키가 권력을 차지하기 전과 완전히 똑같은 상황으로 되돌아갈 것이라는 전망이었다. 물론, 니키가 되돌아왔을 때 그가 이에룬과 다시 손을 잡지 못하도록 하기 위해 어떤 일이 벌어질 것인지도 의문이었다.

니키를 집단에서 떼어놓자마자 이에룬과 라윗 사이의 관계는 급속하게 달라졌다. 예전 같으면 라윗은 이에룬의 곁에 앉으려고 부단히 애썼고 이로 인해 니키와 충돌까지 했겠지만, 이제는 이에룬과 거리를 두고 피하기 시작했다. 둘 사이의 대립은 날이 갈수록 심해져서 우위를 둘러싼 다툼이 다시금 뜨거워졌다. 이번에는 이에룬 쪽이 싸움을 거는 편이었다. 그러나 이에룬은 이번에도 패자가 됐다. 호릴라를 빼고는 암놈들이 모두 라윗을 지지했기 때문이다. 둘 사이의 과시와 충돌이 두 달 넘게 계속된 후에 결국 이에룬이 굴복했다. 이에룬의 결심은 침팬지 전원에게 커다란 안도감을 가져다준 듯했다. 이에룬이 다시 부드러운 '인사' 소리를 내자마자 집단 전원이 두 수놈에게 몰려와서 '후우후우' 소리를 지르며 그들을 껴안고 키스를 했던 것이다. 여기저기서 연출되는 포옹 장면은 마치 라윗의 지도자 복귀를 축하하는 기쁨의 춤처럼 보였다.

왜 이런 열렬한 반응이 일어난 것일까? 우열 다툼이 집단 전체의

소리치는 마마

긴장으로 이어질 수밖에 없는 실내생활을 떠올리면 해답이 나온다. 집단 구성원들은 이에룬의 첫 '인사'가 전체 권력투쟁 과정의 종결을 뜻한다는 사실을 아는 것 같았고, 그들의 예상은 옳았다. 문제의 그날인 3월 16일부터 이에룬과 라윗의 관계는 순조롭게 개선되었다. 같은 날, 그들은 전례 없이 오랜 시간 서로의 털을 골라주었다. 이후 며칠 동안 털고르기 접촉이 자주 일어났으며 함께 어울려 놀기도 했다. 진정으로 평온한 시기가 도래했다. 우리는 이런 새로운 우호관계가 니키의 복귀 이후에도 지속될 것인지 궁금했다.

1978년 4월 10일

니키가 돌아왔을 때 침팬지 집단은 건물 밖에 나와 있는 상태였다. 쪽문은 열려 있었지만 니키는 좀처럼 밖으로 나오려 하지 않는다. 라윗이 안으로 달려들어가서 니키를 공격한다. 니키는 비명을 지르면서 사육장으로 도망쳐 나와 높은 나무 위로 힘껏 내뺀다. '이에룬을 제외하고' 집단 전체가 그를 뒤쫓아 간다. 니키가 공포에 질려 이빨을 드러낸 채 나무 꼭대기에 앉아 있고, 다른 놈들은 나무 밑으로 모여든다. 나무에 올라가 처음으로 우호적인 몸짓을 보여준 침팬지는 호릴라, 오르, 단디다. 그때부터 호릴라가 니키의 보호자 역할을 자임한다. 호릴라는 니키 근처에서 위협적으로 으르렁거리고 있던 크롬과 이미를 쫓아버린다. 잠시 후에 파위스트가 니키를 공격하지만 호릴라가 니키의 편을 들며 끼어든다.

결국 니키는 나무에서 내려온다. 하지만 여전히 라윗을 극도로 두려워해 그가 접근하면 몇 번이고 등을 돌려 도망친다. 마침내 니키는 라윗을 향해 한 손을 내민다. 라윗은 니키의 손을 잡아 자신의 불알을 만지고 놀게 했다(이것은 수놈 침팬지 사이에서 안전보장을 의미하는 통상적인 행위이다). 그 다음에 이에룬이 둘 사이에 가담해서 니키에게 키스를 한다. 그날 아침 이후에 라윗과 니키는 오랫동안 서로의 털을 골라주었다. 이에룬이 니키의 털을 골라주려 하자 라윗은 능란하게 개입해서 그들 사이의 접촉을 막았다. 같은 상황이 오후에도 다시 벌어진다. 이번에는 라윗이 그들을 떼어놓는 데 실패한다. 라윗이 접근하자 이에룬과 니키는 비명을 지르며 포옹하고는 서로 하나가 되어 라윗을 나무 위로 쫓아버린 것이다. 이렇게 해서 라윗은 첫날부터 니키-이에룬 연합의 재연이란 문제에 직면하고 말았다.

그로부터 며칠은 라윗에 대한 음모의 분위기가 팽배했다. 라윗이 암놈이나 새끼들에 둘러싸여 있는 동안 두 마리의 모반자는 하나가 되어 조금 떨어진 사육장 구석에 앉아 있었다. 호릴라만이 그들과 빈번하게 접촉을 가졌다. 우리는 호릴라가 니키에게 빈번히 키스하는 데에 주목했다. 라윗은 가끔 호릴라가 두 라이벌에게 가지 못하게 하려고 그녀의 앞을 가로막거나 과시 행위를 했지만 공격하지는 않았다. 지난 겨울 호릴라는 이에룬에 대해 한결같은 지지를 보냈기 때문에 그녀가 이에룬의 동맹 파트너인 니키에게 충성심을 보인다 해도 새삼 놀랄 일은 아니다. 오히려 그것이 호릴라와 호릴라의 친구인 마마 사이에 아무런 문제도 일으키지 않았다는 점이 놀라울 뿐이었다.

수놈들 사이에서 충돌이 일어나면 마마와 다른 암놈들은 니키를 공격해서 쫓아버렸지만, 다른 한편에서는 이에룬과 호릴라가 니키를 지켜주었다. 그런 경우에 호릴라는 여러 암놈들을 공격했지만 마마만은 예외였다. 그녀는 마치 마마의 형체가 보이지 않는 것처럼 행동했다. 그런 일은 반대의 경우에도 마찬가지였다. 호릴라의 행동이 마마의 노력을 무위로 만들어버렸지만 마마는 호릴라에 대해 어떤 보복도 하지 않았다. 마마와 호릴라 사이의 우정이 대단히 깊었기 때문에 서로의 입장이 전혀 다르다고 해서 우정에 금이 가는 일은 없었던 것이다. 이들 두 암놈 사이의 충돌은 단 한 번도 목격된 적이 없다.

니키는 항상 마마 곁에 붙어 있는 라윗에게 하루에도 몇 차례씩 접근했다. 그는 목덜미의 털을 세운 채 그들과 마주 앉은 뒤에는 도발적으로 '후우후우' 하는 소리를 냈다. 그렇게 해서 용기를 북돋운 니키가 자리에서 일어나 모래나 막대기를 집어던지기 시작하면 암놈들도 공세를 취한다. 그러나 라윗은 만사가 귀찮다는 듯 자신의 지원자들의 등 뒤를 지나가는 것 외에는 아무 짓도 하지 않았다. 그는 적대적인 2인조 세력에 대항해 승리할 여지가 거의 없음을 이미 분명하게 계산하고 있는 듯했다.

일주일 만에 니키는 다시 왕좌에 복귀했다.

대략 8,000평방미터에 달하는 아른험 동물원 야외 사육장은 도랑으로 둘러싸여 있다. 여기서는 사육장 섬의 3분의 2 정도가 보인다.

우리가 시도한 독특한 우유 먹이기 실험을 동물원 방문객과 텔레비전 제작진에게 보여주기 위해서 인간과 영장류의 역할을 바꾸는 수유 수업을 만들었다. 침팬지들이 철제 우리 안에 있고 사람이 밖에 있는 것 대신, 이 수업에서는 모닉을 우리 안에 넣고 호릴라(로셔를 안고 있다)로 하여금 우유 먹이기에 주목하도록 노력했다.

침팬지 집단의 여족장, 마마

생후 8개월 때까지 로셔는 사람의 보살핌을 받았다.

옆 사진 | 18세 때의 니키

가장 나이 많은 수컷인 이에룬은 초기 몇 년간 집단의 지도자였다. 그로부터 오랜 기간 그는 권력을 보존했다.

이에룬(오른쪽)이 프란예 앞에서 다리를 벌리고 자기 성기를 보여주고 있다. 프란예는 이에룬의 구애를 무시한다.

요나스(왼쪽)가 도랑에서 물고기를 잡는 모습을 즈바르트가 보고 있다.

다섯 살배기인 바우터(왼쪽)와 요나스가 즐거운 표정으로 서로를 간지럽히고 있다.

젊은 침팬지들은 대체로 낯빛이 밝지만 나이가 들면서 종종 어두워지기도 한다. 즈바르트와 한 살 된 딸 졸라

라윗이 지도자였던 짧은 기간, 니키(왼쪽)는 그에게 인사를 했다. 라윗이 털을 곤두세우는 바람에 실제보다 더 커보이지만 두 수놈은 얼추 비슷한 몸집을 가지고 있다.

앞 페이지 | 수컷들은 암컷과 싸울 때면 오직 손과 발만을 이용한다. 라윗(왼쪽)에게 따귀를 맞은 스핀이 화를 내며 대들고 있다.

허세를 부리며 옆으로 걷는 단디에게 달려드는 침팬지 네 마리의 연합. 왼쪽부터 이예룬, 호릴라, 마마, 바우터, 그리고 단디

'후우후우' 하는 소리를 내며 허세를 부리는 니키. 흔히 사회적 신분이 상승된 놈들이 스스로 고무되어 이런 행동을 보인다.

니키(가운데 왼쪽)가 헤니를 공격한 후 다시 헤니와 니키는 서로 입을 대고 키스를 함으로써 화해를 확인하고 있다. 마마(왼쪽)와 단디(오른쪽)가 이를 보고 있다.

어른 수놈들 사이의 화해 여부는 누가 먼저 나서는가에 달려 있다. 10분 동안의 싸움 끝에 니키가 나무 위에서 라윗에게 손을 내밀고 있다. 이 사진이 찍힌 바로 다음, 두 수놈은 서로 포옹하고 함께 나무에서 내려왔다.

이에룬과 니키가 그들의 결속을 과시하고 있다. 니키(뒷쪽)가 이에룬의 뒤에 올라타 이에룬을 끌어안은 자세로 공공의 라이벌인 라윗(사진에 나오지 않았다)에게 비명을 지르고 있다.

1997년 여름, 나는 이 책의 주요 등장인물들의 최신 사진을 구하러 아른험 동물원을 다시 찾았다. 히암보(Giambo)의 모습은 정말 놀라웠다. 갈색과 회색이 섞여 있는 털빛은 집단의 다른 침팬지들 사이에서 그를 월등히 돋보이게 만들었다. 그의 어미인 호릴라는 보통의 침팬지처럼 검은 털을 갖고 있었고, 그의 아버지가 될 만한 수놈 침팬지 중에도 그런 색깔을 가진 놈은 없었다.

옆 사진 | 장수하며 다사다난한 삶을 보낸 마마가 그만큼 늙은 모습이 되었다. 급속하게 건강이 나빠지기는 했지만, 그녀는 여전히 가장 영향력 있는 암놈으로 건재하고 있다.

18세 때의 졸라 사진을 한 살 때 찍었던 사진(화보 7쪽)과 비교해보라. 지금 졸라는 '검정'이란 뜻의 이름을 가진 그녀의 어머니 즈바르트만큼 검은 털을 갖고 있다.

11세 된 딸 테쉬아(Tesua)와 함께한 테펄(오른쪽)

《침팬지 폴리틱스》 네덜란드 판이 출간된 날, 우리는 침팬지들에게 이 책을 건내줬다. 침팬지들은 그들 자신에 대한 이야기를 무척이나 좋아하는 것 같아 보인다. 아른험 동물원으로부터 이 사진을 제공 받았다.

섬에 있는 침팬지를 보고 있는 필자의 사진(캐서린 마린 사진). 지금보다 젊을 때의 모습이다.

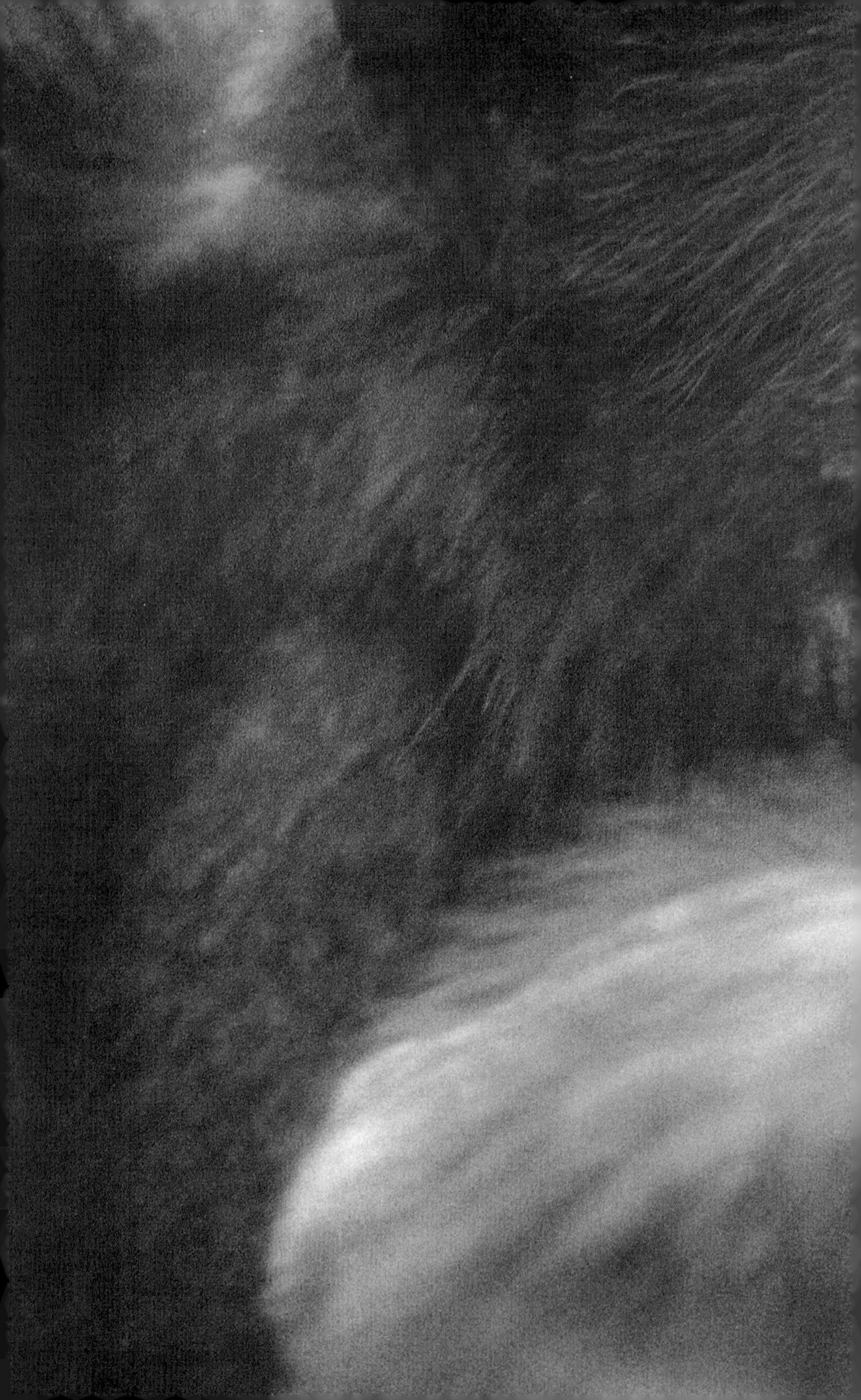

《침팬지 폴리틱스》 프랑스판 표지. 침팬지가 정치인들을 희화하기 위해 이용되었다. 이는 유인원을 어떻게 기술해야 하는지에 대한 나의 관점과 상반된다.

앞 페이지 | 수놈 침팬지 소크라테스(Socrates). 현재 필자가 속해 있는 애틀랜타 여키스 영장류 센터에서 집단 생활을 하고 있다.

불안한 안정

이에룬은 니키와 손잡기 이전부터 이미 연합의 결과를 예상하고 있었던 것일까

§

침팬지 사회에서는 권력투쟁 말고도 여러 가지 일들이 벌어진다. 나는 지금까지 이 책에서 집단생활의 비정하고 기회주의적인 측면을 주로 부각시켰으나 그것은 단편적인 사실일 뿐이다. 침팬지들을 관찰하다 보면 가장 먼저, 그리고 자주 눈에 띄는 것이 수놈 사이에 벌어지는 인상적인 돌격 과시나 떠들썩한 충돌이다. 그러나 사회적 위계질서가 잘 확립될 때에는 그에 못지않은 매력적인 모습들이 그들의 삶 속에 펼쳐져 있음을 알 수 있다. 사회적 유대감 형성이라든가 암놈들의 자녀 양육법 차이, 혹은 안전보장이나 화해 행동, 사랑과 섹스, 사춘기 행동 등이 그런 것들이다. 이들 각각의 요소는 집단생활을 전체적으로 연구할 수 있는 또 다른 시각을 제공해준다. 이런 시각에서 보면 지금까지 언급했던 세 마리 수놈들은 단역배우에 지나지 않을 수도 있다. 그리고 어떤 시각이 더 올바른 것이며 더 전형적인 것인지, 혹은 더 중요한지를 단언하기도 어렵다.

서양 과학자들은 동물의 사회행동을 연구할 때 전통적으로 경쟁, 세력권, 우열관계 등에 주로 초점을 맞춰왔다. 1922년 노르웨이의 셸드

평화롭고 편안한 분위기를 보여주는 최고의 지표는 놀이다. 여기서는 세 마리의 어른 수놈이 함께 놀고 있다. 왼쪽부터 니키, 라윗, 그리고 이에룬

럽-에브(Schjelderup-Ebbe)가 암탉 사회에서 먹이를 쪼아 먹는 순서를 발견한 이래로 서열 지위는 사회구조의 주요 형태로 여겨졌다. 그래서 원숭이와 유인원에 대한 연구에서도 개체들을 위에서 아래로 수직적인 순위를 매기려는 시도가 오랫동안 주를 이뤘던 것이다. 그러나 예외도 있었다. 바로 일본의 영장류 학계에 소속된 연구자들은 혈연과 우정에 더 많은 관심을 보인 것이다. 일본의 연구자들은 개체들을 수평적으로 분류해 그것을 거미줄과 같은 사회적 관계 속에서 표현했다. 이 거미줄망은 중심부와 동심원을 이루며 점점 커지는 주변부로 구분됐다. 그들은 집단의 구성원들이 어떤 개체를 받아들이는 정도라든가, 그 개체가 어느 혈연집단에 속해 있는가 하는 따위에 흥미를 가졌다.

개략적으로 말하자면, 서구적 시각은 영장류 사회를 '사다리(ladder)' 개념으로 파악하려고 한 데 비해, 일본의 연구자들은 '그물망(network)' 개념으로 파악한 셈이다. 우리가 이들 두 가지 접근방식을 상호보완적인 것으로 여긴다면 왜 안정된 우열관계가 사회 시스템의 평화를 보장하는 부분에만 영향을 미치는지 분명해질 것이다. 새끼들의 성장으로 인해 사회적 유대가 확립, 방치, 혹은 파괴되는 '수평적' 발전은 일시적으로 고정되어 있는 '수직적' 요소, 즉 위계서열에 영향을 미칠 수밖에 없다.

이것이 바로 서열의 안정이 정체나 단조로움과 동일시 될 수 없는 첫 번째 이유이다. 두 번째 이유는, 우열관계는 계속해서 증명되고 확인받아야만 한다는 점이다. 한 번 확립된 서열이 자동적으로 지속되는 것은 아니다. 이에룬-라윗-니키로 이어지는 삼각 구도는 새로워진 불안정성으로 인해 늘 흔들렸다. 삼두三頭 정치에 관여하는 구성원들 사이의 우열의 차이란 아주 미미하기 때문에 권력의 균형은 언제라도 달라질 수 있는 변화의 가능성이 상존했다. 한편으로는 대결이냐 화해냐를 놓고, 다른 한편으로는 연합 형성이냐 고립이냐를 놓고 선택의 기로에 있었다.

이제부터는 니키가 권력을 장악한 뒤인 1978~1980년 당시의 상황을 간단히 적어보겠다. 여러 관계에서 꽤 긴장이 발생하긴 했지만 공격적인 싸움으로 폭발하는 경우는 비교적 드물었다는 점을 염두에 두기 바란다. 수놈들 사이에서 벌어지는 떼어놓기 간섭, 과시, '인사'와 같은 행동이 정상적이고 일상적인 일이기는 하지만, 진짜 싸움은 말할 것도 없고 이렇다할 충돌도 없이 하루하루가 지나가고 있었다.

분할 지배

우선 이에룬의 행동은 상당히 혼란스러웠다. 처음에는 니키가 집단에 복귀한 것에 대해 대단히 긍정적인 반응을 보였는데 1주일도 지나지 않아 그의 태도는 근본적으로 변해버렸다. 이에룬은 니키의 과시 행위에 격렬히 항의하는 비명을 질러댔다. 이에룬은 종종 니키에 대항하도록 집단 전체를 동원하는 데도 성공을 거두었으며 니키의 공격이나 위협으로부터 모두를 지켜주었다. 사실 니키가 지금의 지위를 얻을 수 있도록 지원했던 이에룬이 이제는 니키의 지위에 손상을 가한 셈이다.

처음 몇 주 동안 라윗은 이에룬의 활동을 열심히 지원했지만 그 후로는 급속히 흥미를 잃었다. 그 상황에서 라윗이 얻을 것이 거의 없다는 점에서 그리 놀라운 일은 아니다. 그런데 이에룬이 절대로 참지 못하는 것이 한 가지가 있었다. 바로 자신이 선동하지 않았을 경우에도 라윗이 니키를 공격하는 경우였다. 간혹 라윗이 먼저 니키에게 과시 행위를 하거나 공격을 가할 때면 이에룬은 다시금 니키의 편을 들었다. 이에룬의 변덕스런 행동은 라윗이 다시 정상의 지위를 회복할 가능성을 배제시켰다. 그렇다고 해서 라윗이 이에룬에게 오랫동안 '이용'당하도록 좌시坐視한 것은 아니다. 그래서 이에룬에 대한 라윗의 태도는 적극적인 지지자에서 중립적인 동조자로 조금씩 바뀌어갔다.

이에룬에 대한 암놈들의 지지 역시 점점 줄어들었다. 그것은 다툼이 벌어졌을 때 자기에게 대든 집단을 다른 집단과 구분한 후 철저히 응징한다는 니키의 체계적인 분할 지배(divide & rule) 전략 때문임이 분명했다. 니키는 이에룬과 충돌한 뒤 일단 화해가 이뤄지면—가령 화해한 지 30분밖에 안 되더라도—곧장 이에룬의 편을 들었던 암놈들을 응

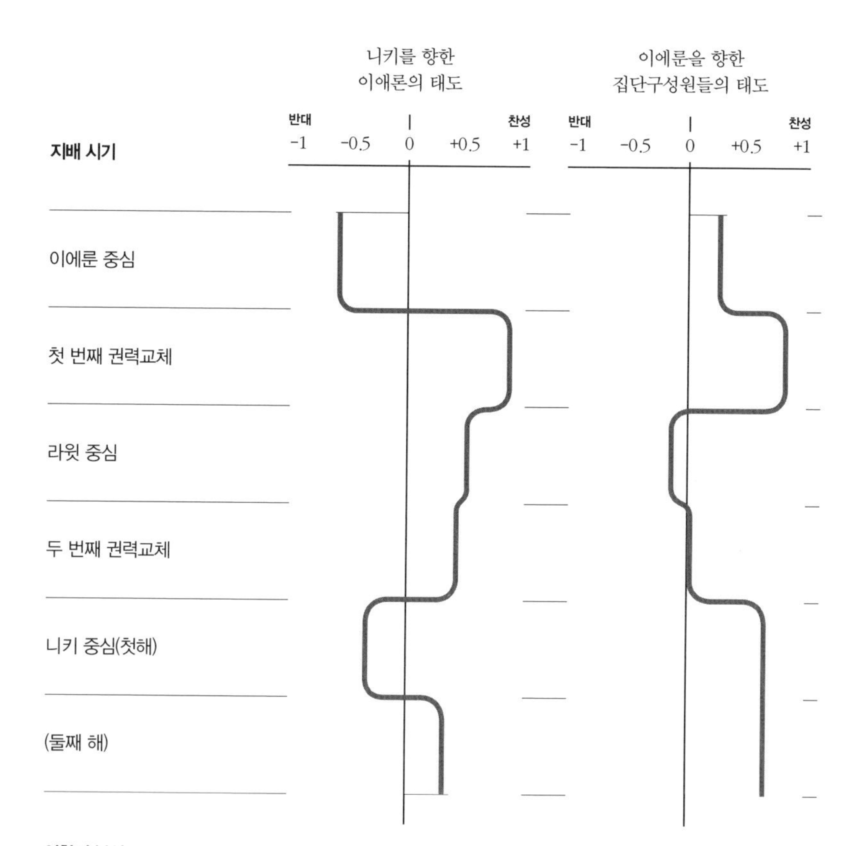

연합의 분석

침팬지들이 다른 침팬지들의 충돌에 개입하는 방식을 살펴보면 연합의 존재를 알 수 있다. 여기 나온 사례는 니키가 관련된 충돌에 대한 이에룬의 태도와 이에룬이 연관된 충돌에 대한 암컷과 새끼들의 태도를 보여주고 있다.

첫 번째 사례에서, 이에룬의 태도는 크게 유동적임을 알 수 있다. 리더의 지위를 위협받을 때부터, 이에룬은 니키를 지지하기 시작했다. 이에룬은 새로운 리더인 라윗과 대결할 때조차 니키의 편을 들었고, 이로 인해 니키가 라윗을 권좌에서 퇴위시키는 일이 가능하게 되었다. 일단 라윗의 몰락이 기정사실이 되자 이에룬은 니키의 적인 라윗을 지원하기 시작했다. 그러나 얼마 지나지 않아서 이에룬은 원래 위치로 돌아갔다.

이에룬이 누려운 리더의 지위가 처음으로 도전을 받게 되자, 침팬지 그룹 전체가 이에룬을 지원했다. 그러나 이 같은 지원은 차츰 약해지더니, 마침내 그에 대한 지지와 적대가 거의 상쇄되기에 이르렀다. 그리고 이에룬은 라윗과 니키 사이에 벌어진 제2차 권력투쟁이 끝난 뒤 다시 암컷이나 새끼들로부터 전반적인 지지를 획득했다. 이에룬에 대한 침팬지들의 태도는 라윗과 니키에 대해서보다 훨씬 긍정적이었다.

징하러 나서기 일쑤였다. 멀리서 니키를 향해 소리를 지르기만 했던 놈도 용서받지 못했다. 조직적인 보복 정책은 때로는 새로운 반反 니키 동맹을 야기했지만 전체적으로는 반 니키 행위에 대한 억제책으로 작용했음이 분명했다. 암놈들이 점차 중립적 태도를 보이자 이에룬은 혼자서 니키와 맞서야 했다. 게다가 라윗도 압력을 가하기 시작했다. 즉, 이에룬과 니키 사이에 충돌이 일어나면 라윗은 과시 행동을 하기 시작했다. 라윗의 도발을 막는 유일한 방법은 진영을 굳건히 하는 것이다. 이에룬 혼자서는 원기 왕성한 니키의 적수가 되지 못했기 때문에 이에룬은 니키에게 굴복할 것이냐, 아니면 니키와의 연합을 파기할 것이냐의 선택에 직면했다. 니키와의 연합 파기는 한편으로 라윗의 복권을 의미하는 것임은 말할 나위가 없다.

1978년 7월 말, 이에룬은 마침내 니키에게 굴복했고 그 뒤로는 둘 사이에 강한 유대관계가 형성됐다. 그들의 연합은 몇 해 동안 갈등이 불거지기도 했지만 오랫동안 지속되었다. 갈등의 와중에도 라윗이 위협적인 행동을 보이면 둘은 충돌을 멈추고 신속하게 화해했다. 라윗의 과시와 공격은 집단 내에 혼란을 불러일으켰는데, 니키와 이에룬이 힘을 합칠 때만 평온함을 회복할 수 있었다.

이에룬과 니키는 연합 기간에는 무슨 일이건 거의 함께했다. 앉거나 걷는 것도 같이 했고 위협을 가할 때도 동참했으며, 서열 높은 암놈이나 단디가 라윗과 접촉하는 것을 서둘러 가로막으면서 라윗을 고립시킬 때도 힘을 합쳤다. 이 모든 일에서 이에룬은 니키를 독려하며 그의 고문처럼 행동했다. 세 마리의 수놈이 나무 위에 앉아 있는데 단디가 나타나서 라윗의 곁에 앉는 경우를 예로 들어보자. 이에룬은 이에 즉각 반응해 니키에게 몇 차례의 헐떡거리는 소리를 잠시 동안 내서 주의를 끌고, 니키가 올려다보면 단디와 라윗 쪽을 바라보며 고개를 끄덕인다. 그러면 니키는 나무로 뛰어올라와 이에룬의 뒤에 잠시 붙어 있다가 곧장 단디를 내쫓는다. 이러한 사건이 반복적으로 일어났기 때문에 우리는 이에룬이 잠재적으로 위험한 상황에 대해 니키보다 예리한 안목을 갖고 있으며, 그러한 문제는 애초에 싹부터 잘라버려야 한다는 것도 니키보다 잘 인식하고 있다는 인상을 받았다. 이에룬이 더 주의 깊다는 사실은 그의 나이와 경험을 생각하면 쉽게 이해되는 대목이다.

둘의 연합 관계에 있어서 이에룬은 머리 역할을, 니키는 몸통 역할을 하고 있다고 여겨졌다. 이에룬은 교활한 여우라는 인상을 주었던 반면, 니키는 힘과 스피드가 가장 두드러진 특징이었기 때문이다. 그럼에도 성공적인 권력 탈취 과정과 그 후에 채택한 세심한 정책을 보면 니키는 골빈당 폭력 단원 같은 이미지와는 거리가 멀었다. 니키가 이에룬과 라윗을 상대로 구사한 일종의 분할 지배 정책은 두 수놈을 마비시키고 예속시켰다. 이에룬과 라윗 사이에서 긴장이나 충돌이 일어나더라도 니키는 어느 한쪽의 승리가 결정적으로 판가름나지 않는 한 좀처럼 간섭하지 않았다. 그의 강력한 라이벌인 라윗의 무력 과시는 오히려 니키에게는 이익이 된 셈이라 이에룬이 니키에게 보호를 요청할 수밖에 없는 구조가 형성되었다.

니키는 간혹 이에룬이 피난처를 요구해오면 일부러 자리를 피하곤 하면서 이에룬이 자신에게 의존하고 있다는 점을 더욱 부각시키려고 했다. 이런 행위는 이에룬이 파트너인 니키에게 복종하는 것 외에는 다른 선택의 여지가 없음을 의미한다. 니키가 이에룬을 보호하는 수준은 라윗의 공격 행동이 지속적으로 일어나거나 이에룬의 아주 가까이에서 과시 행동을 할 때만 개입하는 정도였다. 니키의 개입은 보통 라윗에게 엄포를 놓는 형태를 취했는데, 그러면 라윗은 위협 행각을 그만두었다. 니키가 개입해서 라윗을 향해 과시 행동을 하면 이에룬은 다시 용기백배한 태도를 보였다. 그것은 마치 상황 변화를 악용하려는 행위처럼 보였으나 니키는 단호하게 그런 행동을 못하게 했다. 결국, 니키는 공동의 적에 대항해 상대와 연합을 이룰 때는 파트너를 확실하게 보호했지만 파트너가 자기 이익을 위해 그러한 상황을 악용하는 일은 허용하지 않았던 것이다. 니키는 두 수놈 사이에서 균형을 잡고 있었다.

이에룬과 라윗의 관계에는 항상 대단한 긴장이 감돌았다. 니키가 리더가 된 뒤로는 절대로 서로 '인사'하는 법이 없었고, 한쪽이 다른 한쪽에 대해 우위를 점하지 못한다는 사실은 '상호' 위협 과시가 빈번한 데서도 알 수 있었다. 그런 대결은 니키가 근처에 있을 때만 벌어졌다(만일 니키가 없다면 라윗은 이에룬이 맞서기엔 너무 강한 상대였기 때문이다). 이에룬과 라윗은 털을 곤두세운 채 접근했고, 어느 쪽도 한쪽으로 비키거나 상대방의 허세부리기에 고개를 숙이는 일이 없었다. 간혹 서로 붙잡기도 했지만, 결국은 이에룬이 손을 떼고 니키 쪽으로 비명을 지르며 달아났다. 라윗이 니키 앞쪽으로 다가가 '인사'를 하는 동안 이에룬은 니키의 등 뒤에 착 달라붙어 있다. 이 모든 일이 눈 깜짝할 새에 벌어진다. 니키가 한가운데 있고 이에룬이 그에게 '달라붙은' 특징적인 모습은, 나이 많은 두 수놈들이 적어도 그들 사이의 관계에 니키를 끌어들이지 않고서는 감히 어떤 결정을 내리지 못한다는 사실을 시사하고 있다. 이에룬은 라윗과의 대결을 꺼렸고, 라윗은 니키의 개입을 두려워했다. 이러한 상황에서 니키는 중재자처럼 행동했다. 어떤 시기에는 이런 상황이 하루에도 몇 차례나 일어났다.

니키의 정책이 가진 궁극적인 측면은 당연히 두 수놈들이 함께 있

라윗(왼쪽)의 핍박하에서 니키는 이빨을 드러내고 웃으며 그의 동맹 파트너인 이에룬에게 손을 내밀고 있다. 그전까지 니키는 이에룬과 계속 갈등관계에 있었다. 다른 두 수놈 사이의 갈등이 벌어질 때, 라윗은 인상적인 과시 행동을 했다. 결국 니키는 이에룬과 협력관계를 복원해야만 라윗의 위협을 중단시킬 수 있었다.

는 것을 허용하지 않는 것이었다. 둘이 가까이 앉아 있는 것을 목격하거나 어떤 형태로든 접촉하려는 낌새가 느껴지면 니키는 서로 떨어질 때까지 그들 앞에서 시위를 벌였다. 니키는 극도로 일관되게 그런 개입을 보여줬고 대개는 성공적이었다. 사실상 그는 두 수놈의 접촉을 '금지시켰다'. 이에룬과 라윗도 이런 규칙을 잘 알고 있는 것이 분명했다. 그 규칙을 깰 때 그들은 극도로 신중을 기했기 때문이다. 한번은 니키가 졸고 있을 때 서로 털을 골라주는 장면이 목격되기도 했다. 5분 넘게 방해받지 않고 그럴 수 있었던 것은 행운이었지만 둘은 번갈아가면서 니키에게서 시선을 거두지 않았다. 마치 주인의 눈을 피해 과수원에 몰

리더는 자기의 연합 상대가 라이벌 가까이에 앉는 것을 참지 못한다.

위 니키(왼쪽)는 털을 세워서 라윗과 이에룬의 맞은편에 위협적인 모습으로 앉는다.

가운데 니키가 허세를 부리자 이에룬은 자리를 뜬다.

아래 니키가 라윗을 상대로 허세를 부리고, 그의 떼어놓기 간섭이 성공을 거둔다.

래 숨어든 개구쟁이들 같았다. 니키가 눈을 뜨자마자 라윗은 니키의 주의를 끌지 않도록 가능한 천연덕스럽게 뒤돌아보지 않고 슬그머니 자리를 피했다.

떼어놓기 간섭은 바람직하지 못한 연합이 형성되는 것을 방지할 뿐만 아니라 기존의 연합을 시험해보는 효과도 있었다. 어떻든 니키는 완력으로 두 수놈을 떼어놓을 수는 없었을 것이다. 니키는 그들 근처에서 과시 행위를 한 뒤에 서로 접촉을 그만두는지 관찰하며 기다렸다. 한번은 그가 한 시간 가까이나 과시 행위를 했는데도 다른 두 수놈이 이를 그냥 무시한 적도 있었다. 니키에 의한 접촉 금지 조치는 이에룬이 라윗과의 접촉보다 니키와의 좋은 관계를 선호할 때만 효과적일 수 있었다. 그래서 니키에 의한 개입이 성공을 거둘 때마다 기존 연합의 긴밀함이 확인됐던 것이다.

이에룬과 라윗의 접촉은 하루에도 몇 차례씩 일어났는데, 주로 이에룬이 선동하는 경우가 많았다. 어째서 이에룬은 그런 행동을 하는 것일까? 라윗과의 완전한 절연이 그에게는 더 쉬운 일이 아니었을까? 다른 시기에 라윗과의 관계가 특별히 좋은 것도 아니었고, 둘이 접촉을 가질 때마다 예외 없이 니키에 의해 방해를 받지 않는가! 이것이야말로 니키로 하여금 자신에게 의존하는 마음을 갖게 하려는 이에룬의 전술이라는 것이 나의 해석이다. 이에룬은 니키의 라이벌인 라윗과 접촉할 수 있는 문호를 열어 두었다가 그의 파트너인 니키가 불안해하면 곧장 닫아버릴 작정을 한 셈이다. 어쩌면 이에룬은 자신의 행동이 니키의 지위에 커다란 영향을 미치고 있다는 점을 니키에게 주지시키고 있었는지도 모른다.

집단 지도 체제

니키는 자기 스스로 강력한 지위를 지켜나갔다. 이에룬, 라윗, 그리고 집단의 다른 멤버들로부터 '인사'를 받음으로써 집단의 정식 리더가 됐다. 그러나 그의 리더십에는 뭔가 부족한 점이 있었다. 암놈들이 크게 저항을 했으며, 그에게 경의를 표하려고 하지 않았다. 인기가 없는 니키의 권위는 암놈들에게 쉽게 먹혀들지 않았다. 그는 비록 '인사'와 털고르기, 그리고 복종을 받기는 했으나 앞서 두 리더처럼 대접받지는 못했다. 존경의 대상이라기보다는 두려움의 대상이었다고 할 수 있다.

라윗이 지도자가 되었을 때 그도 역시 패자를 지원했다. 그는 암놈들의 지원을 받았고 평판도 상당히 높아져 암놈들은 이에룬보다 그에게 자주 '인사'를 했다. 앞서 언급했지만 이런 과정은 다음과 같은 방

삼각관계의 전형적인 상황. 니키(가운데)가 자기 파트너의 털을 골라주고 있는 반면, 라윗은 멀지 않은 곳에 홀로 앉아 있다.

식이다. 즉, 리더는 질서를 유지해주는 대가로 집단 구성원들로부터 지원과 존경을 받는데, 이와 동일한 현상이 두 번째 정권 교체에서도 일어났다. 하지만 이번의 경우 크게 달라진 점은 이런 자질이 지도자에게 보이지 않는다는 점이었다. 평화를 수호한 대가로 광범위한 존경을 얻은 것은 니키가 아니라 그의 연대 파트너인 이에룬이었다. 이런 상황 전개가 무엇보다 나를 놀라게 했다. 그때까지만 해도 나는 한 마리의 개체가 공식적인 지배와 이런 역할을 동시에 수행해야 한다고 생각했기 때문이다. 이에룬과 라윗은 단독 지도자였던 데 반해, 니키는 다른 수놈과 지도력을 '공유'했던 것이다.

치안 유지는 이에룬의 몫이었다. 이에룬과 니키가 서로 간의 다툼에 개입한 많은 경우들을 제외하면 이에룬이 집단 내에서 벌어진 싸움에 개입해 약자를 도운 비율은 82퍼센트였던 반면, 니키는 22퍼센트에

라윗은 이에룬과 니키의 공동 대응에 대처하지 못했다. 여기서는 마마의 털을 골라줬다는 이유로 이에룬과 니키에게 쫓긴 라윗이 무력하게 모래만 집어던지고 있다.

불과했다(1978년~1979년). 니키는 1인자의 지위에 있었음에도 여전히 승자를 지원했다. 니키가 권력의 정상에 오른 직후에는 이에룬이 아주 효과적으로 니키에게 저항했기 때문에 니키가 실질적으로 집단을 지배하고 있다고 말할 수 없을 정도였다. 예를 들면, 젊은 지도자인 니키가 털을 세운 채 두 암놈 간의 충돌에 개입하려 들거나 실제로 개입했을 때, 이에룬은 즉각 니키를 공격해 쫓아버렸고, 간혹 이 과정에서 두 암놈들의 응원을 받기도 했다. 1979년이 되어서도 니키가 완전한 지배권을 획득할 수 없었던 이유는 치안을 유지하려는 니키의 노력을 이에룬이 방

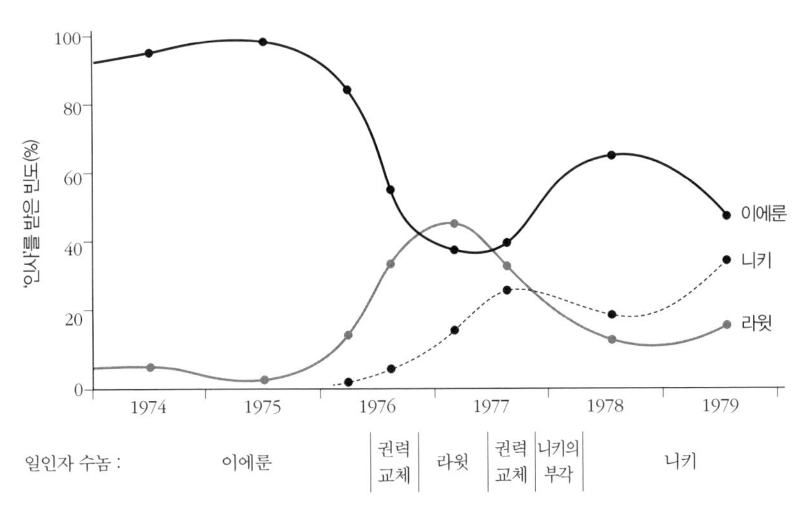

존경 그래프

서열 높은 수놈들에 대한 존경을 주로 그들이 받는 '인사'의 빈도로 측정했다. 수천 번의 관찰을 토대로 작성된 이 그래프는 1974년부터 1979년 사이에 암놈이나 새끼들이 세 마리의 수놈에게 어떻게 대했는지를 잘 나타내준다. 여기에 수놈끼리의 '인사'는 포함되어 있지 않다(수놈끼리의 '인사'는 1인자 수놈을 결정하는 기준이 된다. 즉 1인자란 다른 두 마리의 수놈 모두에게 '인사'를 받는 수놈이다).

1974년과 1975년에 이에룬은 전체 '인사'의 거의 100%를 받았다. 라윗이 그에게 도전하던 1976년, 이에룬의 점유율이 뚝 떨어졌다. 라윗이 지도자가 됐던 기간에 이에룬은 더 이상 가장 자주 '인사'를 받는 수놈이 아니었다. 그러나 라윗이 권력에서 밀려나자 이에룬에 대한 존경이 다시 커졌다. 라윗이 권좌에서 밀려난 덕을 가장 많이 본 것은 새로운 지도자인 니키가 아니라 그의 오랜 동지였던 이에룬인 것이다. 그 뒤로 수년에 걸쳐 니키에 대한 '인사'가 꾸준히 늘었고, 1980~81년에 들어서는 1인자 수놈에게 합당한 정도의 존경을 획득했다.

해한 탓이었다.

니키는 리더이기는 했지만 암놈들의 연합에 주기적으로 공격을 당했다. 더 놀라운 일은 이에룬이 암놈들에게 자신의 파트너인 니키에게 저항하도록 독려했던 것이다. 비록 그의 독려가 예전보다는 효과가 적어져서 그 결과로 나타나는 사건의 지속 정도와 맹렬함이 줄어들긴 했지만 말이다. 뒤집어서 생각하면, 이에룬은 암놈들에게서만큼은 최상의 정치적 신임을 누린 수놈이었다. 암놈들은 라윗이 지도력을 발휘하는 동안에는 이에룬에게 반항했지만 라윗이 퇴위한 뒤에는 이에룬의 진영으로 되돌아왔다. 즉, 암놈들은 라윗 이상으로 이에룬을 지지했지만 니키를 떠받들 생각은 전혀 없었던 것이다.

집단의 존경은 이에룬에게 모아졌다. 암놈들이나 새끼들은 니키보다 3배, 라윗보다는 5배나 많이 이에룬에게 '인사'를 했다. 이에룬과 니키가 공동 과시 행위를 끝내고 한 무리의 침팬지들에게 다가가자 서열이 낮은 침팬지들은 서둘러 일어나 이에룬에게 '인사'나 키스를 했다. 하지만 니키의 존재는 무시하는 듯했다. 그러나 결국 위의 그래프에서 볼 수 있듯이 니키가 인사 받는 횟수가 점차 상승하기 시작했다. 1980년이 되자 니키는 이에룬과 같은 횟수의 '인사'를 받게 되었다. 그가 1인자가 된 지 꼬박 2년이 지난 후였다.

니키는 때로 이름만 두목이 아닌지 의심스럽기도 했는데, 경험 많고 교활한 이에룬이 그를 조종하고 있는 것 같았기 때문이다. 그래서 지도력의 근간이 니키가 아니라 이에룬에게 있는 듯 여겨졌던 것이다. 이 노쇠한 수놈은 니키에게 압력을 넣기 위해 암놈들과 작당하기도 했고 라윗을 견제하기 위해 니키와 동맹을 맺기도 했다. 이런 상황에서 보자면 정세가 이에룬의 복귀를 예고하는 것처럼 보였다. 자신에게 쏟

이에룬은 가장 자주 '인사'를 받았을 뿐 아니라 그 '인사'를 얻는 데도 가장 최소한의 노력만이 필요했다. 이에룬이 자고 있는 동안에도 암놈들은 그가 자고 있는 근처로 와서 자발적으로 존경심을 표하곤 했다. 이 사진에서 '인사'를 하는 것은 오르(오른쪽)다.

아졌던 지지와 존경을 라윗에게 빼앗겼던 이에룬은 니키라는 젊은 녀석을 전면에 내세움으로써 두 가지 모두를 되찾는 데 성공한 듯했다.

이런 구도가 전적으로 옳다는 것은 아니다. 이에룬은 '복귀'를 위해 많은 것을 희생하지 않으면 안 됐다. 니키가 이에룬을 항상 지배하지는 못했다 하더라도, 그는 이에룬이 '인사'를 하지 않으면 안 될 만큼 강했던 것도 사실이었다. 만일 이에룬이 니키의 지위를 인정하지 않았다면—니키가 지도력을 얻고 나서 처음 몇 달 동안은 그랬던 것이 사실이지만—그들 사이에는 격렬한 충돌이 일어났을 것이고, 연합은 심각한 붕괴 위기에 빠졌을 것이다. 니키는 이에룬에게 의존하고 있었지만, 그 역 또한 사실이었다. 게다가 니키는 그 지위에 걸맞은 성적 특권을 누렸다(다음 장 참조). 니키는 최상의 지위를 차지했고, 이에룬은 통제자의 역할을 맡아 그에 따르는 권위를 누렸다.

니키의 지위는 쉬운 자리가 아니었다. 니키와 비교하면 이에룬과 라윗은 암놈들의 협력 덕분에 전능에 가까운 권력을 누렸던 셈이다. 니키의 지도력과 구질서와의 중요한 차이는, 니키가 야심 많은 타인의 어깨 위에 서 있다는 점이다. 그로 인해 생기는 문제는 인간 세계에서도 흔하게 볼 수 있는 것이다. 마키아벨리는 이런 유의 리더가 갖는 상대적 무력감에 대해 설명한 적이 있다. 아래 《군주론》 인용문에서 '귀족'을 '서열 높은 수놈'으로, '평민'을 '암놈과 새끼들'로 고쳐서 읽어보라. 그러면, 우리는 니키의 '군주권'이 두 전임자의 '군주권'과 전혀 다르다는 사실을 알게 될 것이다.

"귀족의 원조를 받아 군주권을 얻는 것은 평민들의 지원을 받아 군주가 되는 것보다 더 어렵다. 왜냐하면 귀족들은 스스로를 군주와 동등하다고 여기기 때문이다. 이로 인해 군주는 원하는 대로 그들을 지배하거나 통제할 수 없다."

성적 특권

암놈을 유혹하고 있는 니키

§

동물원 관람객들 중에는 침팬지의 성행위를 보고 충격을 받아서 함께 온 아이들의 손을 잡아당기며 발걸음을 돌리는 이들이 있다. 그런가 하면 깔깔거리고 웃으면서 인간과 비교하는 사람도 있고, 숨을 죽인 채 그 장면을 지켜보는 사람들도 있다. 섹스는 누구라도 냉정함을 잃게 만든다. 부풀어오른 암놈들의 음순은 즉각적으로 주목을 끈다. 외부인들은 믿기 어렵겠지만, 우리는 부풀어오른 암놈들의 아랫도리에 너무 익숙해서 이상하다고 느끼지 못한다. 심지어 암버르나 호릴라 같은 암놈의 성기는 아름답고 우아하다는 생각도 든다. 하지만 일반 사람들에게는 침팬지의 성기가 역겹게 느껴지거나 만성적인 종기로 오해받기도 한다. 언젠가 한 여성이 동물원의 안내창구로 찾아와서는 괴물처럼 빨간 '머리'를 한 침팬지가 있다고 제보를 한 적이 있었다. 그날 암놈 한 마리가 팽창된 성기를 자랑스럽게 공중에 드러내고 잠시 물구나무를 섰던 모양이다. 그것은 발정한 암놈에게서 흔히 볼 수 있는 자세였다.

오랜 기간 유인원에 대한 전통적인 이미지는 사악함과 죄악으로 가득 찬 세계에 사는 호색한이었다. 이는 히에로니무스 보슈(Hieronymus

Bosch)의 그림 '환희의 정원(The Garden of Delights)'에 있는 인간의 모습과 비견된다. 예전에 침팬지 학명이 판 사티루스(*Pan Satyrus*)였다는 사실은 의미심장하다. 정글에 나타난 이 인간-유인원은 여자를 강간한다고 잘못 알려지기까지 했다. 그런 고전적인 이미지를 그대로 고릴라에게 투영해 만든 영화가 바로 〈킹콩〉이다. 유괴와 강간에 대한 이런 이야기는 단지 공포소설에서나 등장하는 지어낸 얘기일 뿐이다. 인간들 사이에서 자란 유인원만이 인간에 대해 성적인 관심을 보이기 때문이다. 자기 무리들 속에서 자란 유인원은 성적 무절제와는 거리가 멀다. 그들의 성적 접촉은 확실하게 정해진 규칙에 따라 이뤄진다. 침팬지가 짝 결속과 같은 배타적 성관계를 알 리 없지만, 그렇다고 난잡한 성생활에 빠져 있지는 않다.

우리 침팬지들은 통제되지 않은 성적 활동을 영위하고 있지 않다. 다음의 수치를 보자. 침팬지 암놈은 평균 35일의 월경 주기를 가지고 있으며 약 14일 동안 성기가 완전히 부풀어오른다.[13] 이 매력적인 시기에 접어든 암놈들은 어른 수놈 한 마리와 줄잡아 5시간마다 한 차례씩 짝짓기를 한다. 아른험에는 수놈이 네 마리가 있으므로 발정한 암놈은 하루 8시간 동안 6차례 교미를 하게 된다. 교미를 거부하는 파위스트를 뺀 어른 암놈들의 평균 교미 빈도가 이 정도이다. 젊은 암놈의 교미 빈도는 이것보다 1.5배 정도 높다. 이것은 처녀들 쪽이 더 매력적이어서가 아니다. 수놈들은 성숙한 암놈에게 더 강한 흥미를 보이는데, 단 그녀들과의 접촉을 바라는 수놈들 간의 치열한 경쟁으로 인해 어른 암놈의 교미 빈도가 오히려 제한받는 것이다.

교미는 암놈이 발정하고 있을 때에만 앞서 언급한 빈도로 일어날 뿐 암놈의 성기가 가라앉으면 수놈들은 흥미를 곧 잃어버린다. 또한 암

수놈은 부풀어오른 암놈의 성기에 흥미를 갖는다. 여기서는 라윗이 마마의 성기를 검사하고 있다.

놈의 월경이 멈추거나 아주 불규칙적일 때도 있다(7.5개월 정도인 임신 기간과 3년 정도의 수유 기간). 아른험 동물원처럼 많은 새끼가 한꺼번에 태어난 집단에서는 어른 침팬지 사이에 교미 행위가 일체 없는 채로 몇 달이 지나갈 수도 있다.

침팬지 집단의 생활이 섹스에 의해 지배받는다는 말은 사실이 아니다. 그렇다고 섹스가 중요하지 않다는 뜻도 아니다. 예를 들면, 어른 수놈들은 암놈 중 한 마리가 발정을 하면 며칠 동안이나 식음을 전폐하는 경우도 있다. 이른 아침 숙소에서 그들을 보면 눈에서 환희를 읽을 수 있다. 그들의 얼굴은 탐닉의 표정으로 가득하다. 이런 표정은 무엇인가 특별히 맛있는 음식물을 얻었을 때도 나타나는데, 그들은 나중에 맛볼 쾌락을 기대하고 있음이 분명하다.

구애와 교미

어른 침팬지의 경우에 구애 행위는 언제나 수놈에게서 시작된다. 우선 수놈은 발정한 암놈으로부터 1~20미터 정도의 다양한 거리를 유지한다. 그리고 등을 곧게 펴고 앉아서는 양 다리를 넓게 벌려 발기된 성기가 분명히 보이도록 한다. 길고 가는 페니스는 핑크색을 띠고 있어 검은 털을 배경으로 대단히 눈에 잘 띈다. 때로 페니스를 빠르게 위아래로 씰룩씰룩 움직이면 더욱 주목을 끌게 된다. 수놈은 이렇게 남자다움을 과시하면서 두 팔을 등 뒤쪽 지면에 기댄 채 몸을 지탱한 뒤 골반을 앞뒤로 흔든다. 행여 암놈이 등을 돌리고 있으면 부드러운 신음소리를 계속 내서 암놈의 주의를 끈다. 귀가 들리지 않는 암놈 크롬은 안타깝게도 이 신호에 반응을 보이지 못한다. 그래서 수놈은 크롬에 대해서만은 돌을 던지거나 그녀가 앉아 있는 나뭇가지를 한쪽 발로 툭툭 건드리기도 한다.

암놈이 첫눈에 수놈에게 호의를 보인다고 장담할 수는 없다. 그러나 암놈이 수놈 쪽을 보면 그 수놈은 즉시 손을 들어 초대하는 시늉을 한다. 만약 암놈이 그 초대를 받아들이면 수놈에게 다가가 팽창한 음부를 수놈의 두 다리 사이에 넣고 웅크린다. 그러면 수놈은 암놈의 어깨를 잡고 조심스레 페니스를 그녀의 몸속에 삽입한다. 교미 자체는 15초를 넘지 않으며, 그 동안 깊고 강한 피스톤 운동이 몇 차례 진행된다. 그럴 때 암놈은 꿈쩍하지 않고 엎드려 있다. 서로 사랑하는 놈들의 얼굴에는 대개 표정 변화가 없지만 젊은 암놈은 절정의 순간에 높고 찢어지는 소리를 내기도 한다. 매우 드물긴 하지만, 암놈이 머리를 돌려 서로 마주보면서 성행위를 하는 경우도 있다.

세 마리 수놈이 발정기의 암놈을 따라가며 잠시 서로 시야에서 벗어나지 않도록 주의하고 있다. 일인자인 니키는 곧추 선 털로, 암놈은 부풀어오른 성기로 알아볼 수 있다.

정상적인 교미 패턴에서 현저하게 벗어난 행동이 관찰된 것은 암버르와 오르가 사춘기에 도달했을 때였다. 이들은 마음에 드는 수놈과 어울릴 때는 탐닉 그 자체였다. 섹스를 너무 탐해서 파트너를 기진맥진하게 만들 정도였다. 암버르는 니키에게 아주 끌렸다. 그들은 털고르기를 할 때는 껴안을 정도로 꼭 달라붙어 있었고, 성적 유희에 몰두할 때는 다른 침팬지들로부터 멀리 떨어져 있었다. 그런 방법으로 어린 새끼들과 오르의 방해를 피했다. 오르는 암버르에게 달려들어 두 팔로 암버르를 심하게 때리면서 니키와의 교미를 방해하려 들었다. 어떤 때는 암버르가 니키에게 엉덩이를 갖다대려고 할 때 갑자기 오르가 옆에서 엉덩이를 들이밀며 새치기를 한 적도 있다. 오르는 단디와 친밀해지고 나서야 별로 훼방을 놓지 않게 됐다. 암버르와 니키, 오르와 단디 두 젊은 커플은 애무, 포옹, 탐닉 등을 통해 침팬지들이 성적 유희를 즐길 수 있다는 사실을 입증했다. 성적 유희는 소위 '섹스 댄스(sex dances)'에서 가장 분명하게 나타났다.

섹스 댄스의 전형적인 순서는 이렇다. 우선 암버르가 니키를 쿡쿡 찔러서 함께 조용한 장소를 찾아낸다. 니키가 암버르와 교미하려고 들지만, 암버르는 아주 잠깐 동안만 웅크려준다. 그런 후에 그녀는 깡충깡충 뛰어다니다가 몇 미터 떨어진 곳에서 입술을 삐죽 내밀고는 굽신거리는 듯한 동작을 연신 해댄다. 때로는 니키에게 달려들어 엉덩이를 내밀었다가 곧바로 물러난다. 그러고 나서 다시 연인의 앞에 몸을 곧추

라윗(왼쪽)이 오르의 등에 손을 올려놓자 오르는 교미를 위해 엎드린다.

세운 채 큰 몸짓을 하면서 몇 발자국 앞으로 나아간다. 접근하기, 엉덩이 밀착하기, 물러나기, 그리고 깡충거리기와 같은 일련의 동작은 필경 춤을 연상케 한다. 게다가 니키도 합세하여 조금 달리다가는 한껏 뛰어오르는 동작을 반복하면 더욱 그렇게 보인다. 어떤 때에는 이런 섹스 댄스가 열다섯 번이나 반복되기도 하지만 결국은 교미로 막을 내린다.

젊은 침팬지들의 경우에는 성적 주도권을 암놈이 가진 경우가 더 많다. 젊은 암놈은 원하는 것이 많다. 수놈에게 너무 많은 것을 요구하는 바람에 간혹 수놈이 암놈을 만족시키지 못할 때가 있다. 이런 상황에 직면한 수놈은 엉덩이를 내밀고 있는 암놈의 질 속에 잠깐 손가락을 넣기도 한다. 수놈은 이런 암놈을 대개 피할 것이다. 암버르와 오르는

니키와 교미하던 오르가 절정에 올라 소리를 지르고 있다.

자기 파트너들이 성적 능력에 한계가 있다는 사실을 인정하지 못하는 것 같았다. 만약 유혹을 하는데도 수놈이 이를 거절하면 젊은 암놈은 잠시 후에 수놈에게 다가가 다리를 벌리게 하고는 조심스럽게 그의 성기를 만진다. 때로는 성기가 축 늘어져 있지만 대개는 콘돔을 끼운 듯 피부조직으로 씌워져 있어서 아무것도 보이지 않는다. 성기 애무가 너무 집요하게 반복되면 수놈은 아예 질려서 색골 애인으로부터 멀리 도망가 버린다. 그러면 암놈은 절망감에 휩싸여 금속성의 찢어지는 소리를 내면서 땅바닥에 몸을 내던진다. 그렇지 않으면 수놈이 올라타(발기는 안 된 상태로) 달래줄 때까지 낑낑거리며 수놈의 뒤를 따라다닌다.

암버르와 오르가 각각 니키와 단디를 좋아할 때는 발정기에 한정되어 있다. 따라서 그들의 관계는 성적인 것이지만 그녀들이 다른 수놈과 전혀 접촉하지 않는 것은 아니기 때문에 참된 결속이라고는 할 수 없다. 파트너인 두 수놈 역시 다른 암놈들과 규칙적으로 교미를 가졌다. 두 젊은 암놈들의 성적 수용 능력은 대단해서 다른 어른 수놈들뿐만 아니라 새끼 수놈들에게까지 미쳤다. 그러나 두 암놈은 자신들이 선호하는 상대 수놈에 대해서만 성적 주도권을 행사했고, '섹스 댄스' 역시 그들만을 위해 남겨두었다. 최근 몇 년간 이런 현상은 조금씩 줄어들었다. 성적 탐닉은 어쩌면 젊은 한때의 특징이기에 나이가 들면서 한결 부드러워지는 건지도 모른다. 아른험에서나 야생에서나 나이 든 침팬지들 사이에는 성생활의 파트너가 대개 한정되어 있다. 이것이 침팬지들의 성생활이 완전히 난잡하지는 않다고 하는 한 가지 이유다. 다른 한 가지 이유로는 수놈간의 서열에 따라 성생활이 제한을 받는다는 점이다.

나를 도와 일했던 학생들 중 마리에터 판데르베일(Maritte van der weel)이라는 학생은 1977년 당시에 암버르가 어떤 파트너를 좋아하며

니키 앞에서 섹스 댄스를 추는 암버르. 마지막은 교미로 장식된다.

어떤 식으로 성욕을 표출하는지를 조사했다. 또한 영장류학 문헌에서 '성적 훼방(sexual harassment)'으로 묘사되는 어린놈들의 기묘한 행동도 연구했다. 어른들이 교미를 시작하면 새끼들이 달려들어 암놈의 등에 뛰어올라 수놈을 떼어놓거나, 수놈을 만지려 들거나, 커플 사이에 끼어들어 몸부림치며 훼방을 놓는다. 새끼들은 커플에게 모래를 뿌리거나 덩치도 작은 주제에 위협 과시 행동을 흉내내기도 한다. 하지만 커플에게 노골적으로 공격하는 일은 극히 드물다. 내가 본 가장 심한 예로는 니키가 폰스의 어미인 프란예 위에 올라탔을 때 폰스가 니키의 엉덩이를 깨문 사건이었다. 이로 인해 갑자기 교미가 중단됐다. 대개 이런 간섭은 적대적이기보다는 오히려 종종 긍정적인 친밀함으로 보이지만, 교미에 방해가 되는 행동임에는 틀림없다. 새끼들이 교미 중인 커플의 절반 정도에게 훼방을 놓고, 이 중 적지 않게 교미를 중단시키기에 이른다. 수놈들이 발정한 암놈에게 접근하기 전에 종종 반쯤 장난으로 새끼들을 멀리 쫓아보내는 것은 그리 이상한 일이 아니다. 그렇지만 새끼들은 쫓아내도 몇 번씩이나 되돌아오며 귀찮게 따라붙는 파리와 비슷하다. 마치 자석처럼 어른들의 성적 접촉에 끌리는 것 같다.

왜 이런 일이 벌어지는 것일까? 심리학적으로 설명하기는 어렵지 않다. 새끼들이 그저 질투하고 있을 뿐이라고 말이다. 듣기에는 그럴 듯하지만 무엇인가 부족하다. 사실 침팬지들은 질투심이 많은 동물이라 새끼들이 어른들을 질투하고 있다는 점은 나도 부정하지 않는다. 그러나 이런 성적 훼방의 배후에는 어떤 목적이 있음이 틀림없다. 그렇지 않다면 침팬지들의 사회생활은 불필요한 긴장과 충돌로 가득 찰 것이기 때문이다.

다윈 이래로 생물학자들은 기능주의에 심취해왔다. 동물의 형태, 생

프란예가 니키와 교미하고 있을 때, 아들 폰스가 다가와 둘을 포옹하고 니키에게 키스를 한다. 바우터(왼쪽)는 흥분해서 그들 주위를 뛰어다니면서 '후우후우' 하고 소리를 지르고 있다.

리적 특성, 겉모습, 행동 등이 아무런 이유 없이 진화하지는 않았다고 생각한다. 부정적인 측면이 긍정적인 측면을 상회하는 특성은 한 세대에서 다음 세대로 계승되지 않을 것이다. 그렇다면 어린 침팬지들의 성적 훼방은 어떤 이점을 가져다주는 것일까? 한 가지 가설은 어린 침팬지가 자신의 어미가 너무 일찍 임신을 해 동생이 빨리 태어나는 것을 방해하려고 애쓴다는 것이다. 그 노력이 성공하면 새끼는 더 오랫동안 어미의 젖, 무등타기, 보살핌을 독점할 수 있다. 새끼들은 자신이 이런 식으로 행동하는 이유를 의식하지는 않는다. 성행위 방해는 젖 먹는 기간을 연장시켜 생존의 기회를 높이려는 생득적인 반응이라고 추정할 수 있다.

폰스가 니키의 엉덩이를 깨물었을 때 나는 니키가 분노해서 폰스를 공격하리라고 예상했었다. 하지만 그렇지 않았다. 그는 물린 부위를 문지르면서 폰스를 노려봤지만 벌을 주지는 않았다. 침팬지는 어린놈들에 대해서는 믿을 수 없을 만큼 관대하다. 이는 아마 새끼에 대한 공격이 자신에게 부메랑처럼 되돌아올 수도 있다고 여기기 때문일 것이다. 교미를 방해하는 새끼를 위협하면 암놈은 섹스가 한창일지라도 새끼를 보호하기 위해서 즉시 수놈을 향해 비명을 지른다. 그런 일이 벌어지면 당분간은 암놈이 교미에 잘 응하려 하지 않으리란 것은 의심의 여지가 없다.

새끼가 성장함에 따라 어미의 보호가 감소하는 것처럼 새끼에 대한 수놈들의 관용도 줄어든다. 이런 과정은 새끼가 네 살쯤 될 때부터 시작된다. 수놈은 애송이 새끼에게는 간지럼을 태우거나 반쯤 장난으로 쫓아내는 정도지만 이보다 나이가 들면 더욱 엄해진다. 수놈은 새끼가 더 이상은 소동을 일으키지 않고 자신의 매력적인 애인 곁에 접근하지 못하도록 위협적으로 짖어댄다. 새끼들이 즉각 복종하지 않으면 혹독한 벌을 받게 된다. 어른 수놈이 간혹 피가 날 정도로 새끼의 손이나 발을 무는데, 혹독한 징벌과 공격 방법(이는 어른 수놈이 싸울 때 전형적으로 보여주는 모습이다)을 보면 새끼들은 더 이상 단지 '귀찮은 존재'가 아니라 잠재적 경쟁자로 간주되는 듯한 인상을 받는다. 아른험에 있는 어린놈들 가운데 제법 나이가 든 놈들은 모두 수놈이고 성적으로 왕성하다. 아직 성적으로 성숙한 것은 아니지만 말이다. 새끼들이 어른들에게 혹독한 대접을 받는 것은 성행위와 관련된 상황일 때뿐이다. 이런 식으로 새끼들은 인생 초창기에 어른 수놈들 사이의 엄한 규칙을 배우게 된다. 나이가 든 새끼들은 이미 그런 과정을 다 겪었기 때문에 상당히 조심하지 않고는 발정한 암놈에게 접근할 엄두도 내지 못한다.

수놈은 어린 나이에 성적 능력이 활성화된다. 암버르가 바우터와 교미하자 폰스(왼쪽)가 허세를 부리며 반응한다. 다 자란 수놈들 사이라면 이로 인해 심각한 다툼이 벌어질 수 있지만, 여기서는 그저 장난에 불과하다.

이런 어린 수놈들이 몇 년 지나서 사춘기에 이르면 근친상간의 문제에 직면하게 될 것이다. 아들이 어미와 교미할 수도 있고, 더 세월이 지나 새끼 암놈들이 성숙하면 형제자매간, 부녀간에도 짝짓기가 일어날 수 있다. 그때 어떤 조치를 취해야 할지 아직은 잘 모르겠다. 사실 이 문제는 그리 심각하지 않을 수도 있다. 침팬지 스스로가 근친상간을 피한다고 하는 강한 암시가 있기 때문이다. 어떤 인류학자들은 인간이 가진 근친상간의 금기를 순수한 문화적 산물로 여기면서 심지어 동물 행동에 있어서 '가장 중요한 진보'라고 추어세우기까지 한다.

반면 생물학자들은 그것을 모든 동물의 문화에 스며든 일종의 자연법칙으로 생각하기도 한다. 1980년에 앤 퍼시(Anne Pusey)는 곰비 강의 야생 침팬지에 대한 중요한 자료를 발표했다. 그 자료에 따르면, 침팬지 오누이 사이의 성행위 빈도는 대단히 낮으며, 모자 사이의 교미는 전혀 목격되지 않았다. 젊은 암놈들은 낯선 수놈에게 강하게 끌리며 그런 수놈을 자신의 공동체 바깥에서 찾는다. 교미 뒤에는 임신을 해서 자기가 머물던 집단으로 돌아오기도 하고 새로운 집단에 머물기도 한

타르잔은 누가 성적 특권을 갖고 있고, 누구는 그렇지 못한지 구분하는 엄격한 방식을 배워야 할 나이가 되었다. 니키가 타르잔의 발을 입에 물고 빙빙 돌리고 있다.

다. 암놈들은 자기 집단 안에서 수놈 파트너를 받아들이는 것에 아주 조심스럽다. 앤은 다음과 같이 쓰고 있다. "네 마리의 암놈들은 자신이 태어난 집단 안에서 자기 아비 또래의 수놈이 성적 구애를 해오면 종종 비명을 지르면서 물러났다. 반면, 같은 기간에 젊은 수놈이 구애하는 경우에는 즉각 엉덩이를 들이밀고 교미로 화답했다." 이들 젊은 암놈들은 누가 자기의 아비인지 모르지만 나이가 많고 익히 아는 수놈과의 교미를 거부함으로써 아비일 가능성이 있는 수놈에 의한 수태를 피한다.

암버르와 오르가 아른험 사육장에서 어른 수놈으로서는 가장 젊은 두 마리에게 끌렸다는 사실은 확실히 위의 패턴에 잘 부합하는 현상이다. 하지만 근친상간을 회피하는 메커니즘에 대한 진정한 테스트는 수년 내로 이뤄질 것이다. 현재 어린 수놈들은 자기를 받아들이는 암놈이면 자기 어미조차 가리지 않고 '교미'를 한다. 그러나 어미들 중 테펄만은 자식과의 교미를 용납하지 않는다. 테펄은 발정기 중에도 두 아들인 바우터와 타르잔과의 '교미'를 거부한다. 그녀는 그들이 발기되면 즉시 멀리 쫓아버리지만 다른 새끼들에게는 그렇게 하지 않았다. 여기서 나는 어미들 간의 양육 방식 차이가 훗날 모자관계에 영향을 주는지가 궁금했다.

야심과 부성

동물의 세계는 수놈들 간의 성적 경쟁으로 가득 차 있다. 심지어 수놈 나이팅게일(nightingale, 가수딱새)의 달콤한 노랫소리조차 그런 비정한 투쟁의 한 가지 사례이다. 그 노래는 다른 수놈들이 자신의 세력권으로 들어오지 못하도록 경고하면서 암놈을 유혹한다. 세력권 형성은 번식권의 한계를 정하는 한 가지 방법이다. 또 다른 방법은 위계 서열을 형성하는 것이다. 권력과 섹스 사이에는 명확한 연관관계가 존재하기에 섹스의 규칙들과 자손 양육 방식을 알지 못하고는 어떤 사회 조직도 제대로 이해할 수 없다. 우리 인간 사회의 기초를 이루는 가족도 본질적으로는 섹스와 번식의 단위다. 이런 가족단위의 기원에 대해 천착했던 지그문트 프로이트(Sigmund Freud)는 다음과 같은 '원시적 무리(primal horde)'를 상상했다. 거기서 우리 선조들은 모든 성적 권리와 특권을 배타적으로 독점하는 단 한 명의 강력한 족장에게 복종했다. 그러다가 질투의 화신이며 카리스마로 뭉친 그 남자, 즉 '절대 아비'는 결국 자기 자식들에게 살해되어 토막이 났다. 그 후로 새로운 형태의 집단생활이 생겨났다. 하지만 그 사회도 이전 사회의 그림자에 지나지 않았다. 거기에는 '단 한 명의 아버지 대신 여러 명의 아버지가 있었으며, 각자의 권리가 다른 이들의 권리에 의해 제약을 받았기' 때문이다. 프로이트에 의하면 우리는 이 전지전능한 아버지 상을 결코 완전히 지워버릴 수는 없었다. 그 아버지는 우리들의 터부와 종교 속에 아직도 살아 있다.

아른험의 침팬지를 관찰하다보면 나는 프로이트가 말한 '원시적 무리'를 연구하고 있다는 생각이 들 때가 있다. 마치 타임머신을 타고 선사시대로 돌아가서 우리 선조들의 집단생활을 관찰하는 듯한 기분이 들기도 했다. 침팬지들은 서양 문명에서는 이미 잊혀진 '초야권初夜權'을 여전히 받아들이고 있다.[14] 이에룬이 1인자의 자리에 있을 때는 그 놈 혼자서 집단 내에서 벌어지는 모든 교미의 4분의 3 정도를 독점했다. (경쟁을 덜 일으키는)젊은 암놈들과의 성교를 빼면 그의 몫이 거의 100퍼센트에 육박했다. 집단에서 일어나는 섹스는 그의 독점물이었던 것이다. 이런 상황은 라윗과 니키가 그에게 반란을 일으켰을 때 끝났다. 적어도 이에룬은 토막 시체가 되지는 않았지만, 성적 활동에서 이전의 몫을 다시 챙길 수는 없었다. 하지만 어쨌든 다른 수놈 어느 누구도 전성기의 이에룬이 그랬던 만큼 완전하게 발정기 암놈을 모두 독점할 만큼 강력하지 못했다.

한편, 니키의 정권 하에서도 교미는 여전히 집단 내에 있는 네 마리 수놈에게 고루 분배되지는 않았다. 이에룬이 몰락한 직후, 교미 횟수는 라윗이 1위였고, 그 다음이 니키였다. 이에룬의 몫은(이에룬과 니키에 의해) 라윗이 퇴위 당했을 때 다시 늘어나서 니키가 권력을 잡은 첫 해에 다시 절정을 맞았다. 당시 이에룬의 교미 빈도는 동맹 상대인 니키보다도 많았다. 이듬해에는 이에룬이 다시 물러나지 않으면 안 됐다. 바야흐로 니키의 몫이 50퍼센트를 넘는 시대가 도래한 것이다. 단디의 몫은 제2차 권력투쟁의 혼란기 몇 달을 제외하면 어느 해에도 늘 25퍼센트를 밑돌았다.

수놈의 서열과 교미 빈도의 사이에는 일반적으로 명확한 연관성이 있다. 비록 그것이 엄밀한 법칙이라기보다는 예외가 적지 않은 규칙이지만 말이다. 서열 높은 수놈의 생식능력이 반드시 더 높은 것은 아니지만 서열이 낮은 라이벌을 발정한 암놈에게서 멀리 쫓아버리는 일에는 한 푼의 관용도 베풀지 않는다. 서열이 높은 수놈이 낮은 수놈의 밀회장면을 발견하면 둘 중 하나를 공격해서 교미를 방해한다. 암놈 쪽도 이런 위험 부담을 분명히 알고 있다. 때때로 암놈들은 마치 아무런 관심이 없다는 듯 수놈의 교미 유혹을 계속해서 거부한다. 그런데 집단이 옥내 사육장에 들어가 저녁에 방해받지 않고 교미할 수 있는 기회가 오면 그 암놈은 낮에는 냉대했던 상대 수놈과 허겁지겁 교미하고자 하는 모습을 보인다. 암놈이 수놈들의 우리를 향해 달려와서는 창살 사이를 통해 재빨리 한탕을 치르는 장면도 관찰됐다. 물론 이런 비밀 정사는 왕초 수놈이 아직 야외나 다른 쪽 통로에 있어 그들과 떨어져 있을 때만 가능하다. 만약 두목이 마침 진행 중인 광경을 목격하고는 즉시 '후우후우' 하고 위협을 하더라도 그들을 떼어놓기에는 이미 늦어버린 것이다.

왜 이토록 너그럽지 못한 것일까? 어째서 수놈들은 다른 놈들을 가만 놔두지 못하는 것일까? 질투로는 설명이 부족하다. 관건은 그런 질투의 기능이 무엇인가이다. 질투에 수반되는 긴장과 위험이 아무런 긍정적인 기능을 갖지 못했다면 질투는 이미 오래 전에 지구상에서 사라졌을 것이다. 성행위를 둘러싼 수놈 간의 경쟁을 생물학적으로 설명하면 다음과 같다. 암놈은 한 마리의 수놈에게서만 수정된다. 수놈은 다른 수놈들을 암놈에게서 멀리하도록 해야 그 암놈이 낳은 새끼의 아비가 될 확률이 높아진다. 결과적으로 너그러운 수놈보다는 질투심 많은 수놈이 자신의 자식을 임신시킬 확률이 높아진다. 만약 질투심이 유전되는 것이라면(이것이 이 이론이 전제하는 바이다) 이런 성질을 가진 새끼들이 점점 많이 태어날 것이며 훗날 어른이 되어 다른 수놈들을 번식 행위에서 배제하려 들 것이다.

수놈은 될 수 있는 한 많은 암놈들을 수정시킬 권리를 얻으려고 싸우는 반면 암놈의 경우에는 사정이 전혀 다르다. 교미 파트너가 하나든 100마리든 암놈이 한 번에 낳을 수 있는 자식의 수는 달라지지 않는다. 따라서 암놈들 사이의 질투는 수놈들보다 덜 두드러진다. 암놈들 간의 경쟁은 많은 조류들과 몇몇 포유류들에서처럼 대부분이 짝 결속을 이루는 종들에게만 발생한다. 그런 경우 암놈은 그 수놈들과 장기적인 유대관계를 확보하고 유지하려고 애쓴다. 우리 인간 종이 바로 좋은 본보

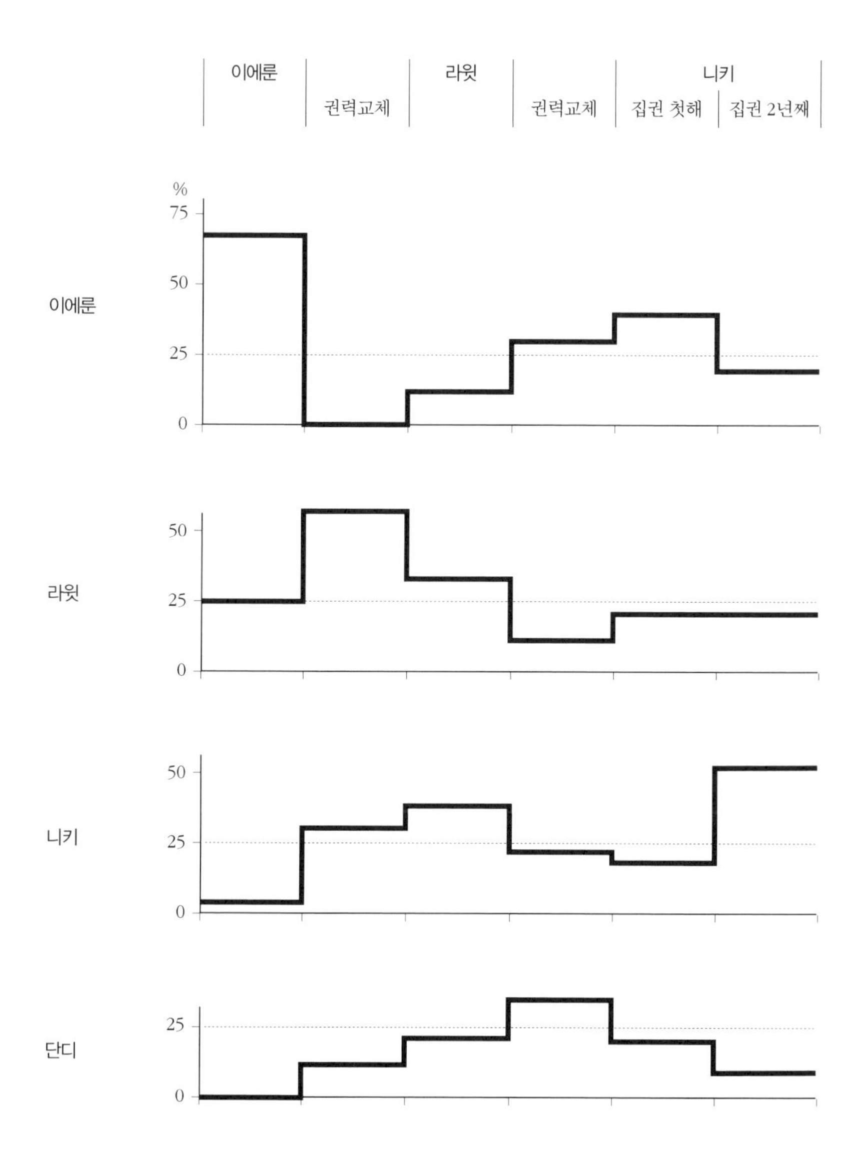

교미행동

만약 모든 성교가 네 마리의 어른 수놈에게 균등하게 분배된다면 각자 25퍼센트씩 누릴 수 있을 것이다. 그러나 실제로는 수놈 한 마리가 전체 성교의 절반 이상을 독식한 시기가 1974년부터 1979년 사이에만 세 번 있었다. 첫 번째는 이에룬, 그 다음에 서열 상승기에 있던 라윗, 그 뒤에 집권 2년째를 맞은 니키다.

기다. 데이비드 버스(David Buss)의 연구에 따르면, 남성은 주로 아내나 애인이 다른 남성과 섹스를 하는 것을 떠올릴 때 안절부절못하는 반면, 여성은 대개 남편이나 애인이 다른 여성과 섹스를 했건 안 했건 상관없이 섹스 자체보다는 그 여성을 진짜로 '사랑'하는지 여부에 더 관심을 가지고 참지 못한다. 여성은 이런 일들을 관계의 측면에서 바라보기 때문에 자신의 파트너와 다른 여성 사이의 감정적 유대가 생기는 것을 더욱 걱정하는 것이다.

수놈은 섹스와 권력에 집중한다. 수놈의 권력 지향성은 성적 우선권이 수놈간의 서열로 결정된다는 사실에서 비롯된다. 더 높은 지위를 얻기 위한 투쟁이 더 많은 자손으로 달리 해석될 수 있다면 더 많은 자손이 그런 권력욕으로 인해 태어날 것이다. 수놈이 가진 야망의 기원을 설명하는 이런 이론은 단순하고 논리적이며 매우 그럴 듯하다. 그러나 그것을 입증하려면 대단히 많은 연구가 필요하다. 예를 들어, 어느 교미 기간이 수정으로까지 이어지는지, 한 마리의 수놈이 청소년기부터 죽을 때까지 서열에서 어떤 지위들을 누리는지를 아는 것이 중요하다.

비비, 마카크 원숭이, 야생 침팬지들에게서 지위와 섹스의 연관성은 최근 몇 년간 집중적인 연구 주제였다. 그 결과 압도적인 것은 아니지만 이 이론을 뒷받침해 주는 상당히 강력한 증거들이 나왔다. 예를 들어, 교미와 임신 과정은 중요하긴 하지만 반쪽에 불과하다는 것이다. 다른 반쪽은 그 다음의 과정이다. 즉, 새끼들은 태어난 뒤 보호받지 않으면 안 된다는 점이다. 서열이 높은 수놈들은 모자母子 보호 측면에서도 좀더 좋은 위치에 있다. 이런 견해가 옛 이론을 대체하는 것인지, 아니면 확장하는 것인지는 단언하기 어렵다. 어쨌든 아른험 집단의 수놈들이 새끼들을 대하는 태도에 관해 몇 가지 사례를 살펴보자.

사례 1

어느 날 '이모' 크롬은 태어난 지 한 달도 되지 않은 야키를 어미에게서 억지로 빼앗는다. 어미인 이미는 깽깽거리고 흐느끼며 뒤를 쫓지만, 크롬은 야키를 돌려주지 않는다. 이 일을 알게 된 이에룬과 라윗이 크롬에게 다가가 위협 시위를 한다. 크롬은 그제야 서둘러 새끼를 어미에게 돌려준다.

사례 2

비슷한 사건으로 타르잔이 '이모' 파위스트에게 유괴된다. 한 돌쯤 된 타르잔은 파위스트의 등에 올라타 있다. 갑자기 파위스트가 나무에 오르자 타르잔은 떨어지지 않으려고 등에 찰싹 붙어 있다. 파위스트가 나무 높이 올라가자 공포에 질린 타르잔은 비명을 질러댄다. 자식의 비명을 들은 어미 테펄이 달려온다. 테펄은 파위스트처럼 무모한 짓을 결코 하지 않기 때문에 더욱 노발대발한다. 파위스트가 나무에서 내려와 타르잔을 어미 테펄에게 되돌려준다. 테펄은 자기보다 훨씬 덩치도 크고 서열도 높은 파위스트에게 달려들어 싸운다. 이에룬이 이들에게 달려가서 양팔로 파위스트의 허리를 둘러서 몇 미터 떨어진 곳으로 냅다 던진다.

이런 특이한 개입은 주목할 만하다. 왜냐하면 다른 경우라면 이에룬은 늘 파위스트의 편을 들었기 때문이다. 그러나 이번에는 어미의 항의에 동조하여 평소처럼 편애하지 않았던 것이다.

사례 3

호릴라에게 로셔를 입양시키는 실험을 시작하기 전에 우리는 먼저 관

라윗(오른쪽)은 성적 매력이 넘치는 암놈(왼쪽)의 옆에 앉아 있었지만, 지금은 니키가 그를 쫓아내고 그 자리를 차지해버리자 라윗은 손톱만 들여다보고 있다.

찰대의 창문을 통해 로셔를 집단의 구성원들에게 보여주기로 했다. 로셔는 그때까지 6주일간 집단에서 격리되어 있었다. 로셔를 보여주자 집단 전체가 폭발적으로 '후우후우' 외쳐대며 창문 아래로 모여든다. 평소 우리들이 하는 일에는 별 반응을 보이지 않던 이에룬이 가장 맹렬한 반응을 보인다. 흥분한 그는 펄쩍펄쩍 뛰면서 우리들 쪽으로 모래와 나뭇가지를 던진다. 이에룬은 3주일 동안 사육사 모니카가 로셔를 데리고 있건 없건 상관없이 계속 공격적인 태도를 보인다. 이렇게 행동하는 것은 집단 전체에서 이에룬밖에 없다. 아기를 호릴라에게 전해주고 나서야 그의 태도가 다시 부드러워진다. 우리 인간들이 침팬지 새끼를 기르는 것에 대해 이에룬이 반대하는 것이라고 결론지었다.

사례 4

몇 달 뒤에 호릴라와 양자 로셔를 집단에 넣어줬을 때, 우리는 아침에 침팬지들이 자기들 잠자리에서 나오기 전에 호릴라를 먼저 철창 앞으로 빨리 걸어가도록 했다. 침팬지들 각각의 반응을 알아보기 위해서다. 로셔의 생모인 크롬뿐만 아니라 니키도 공격적으로 반응한다. 우리는 마마를 따라 붙여 크롬의 문제를 해결했다. 마마의 출현은 즉시 진정 효과를 거둔다. 하지만 니키의 경우는 좀더 힘이 든다. 먼저 우리는 니키를 제외한 나머지를 사육장으로 내보낸다. 소개는 일사천리로 진행된다. 잠시 후 니키를 내보내자 이에룬과 라윗은 서로 양팔을 어깨에 걸고 니키와 호릴라 사이에 방어벽을 만든다. 당시 1인자인 니키는 나이 많은 두 수놈의 임시 동맹 때문에 어쩔 수가 없다. 니키는 곧 비명을 지르면서 마마가 있는 곳으로 뛰어가더니 호릴라를 포옹하고 로셔에게 키스를 한다. 이 수놈은 새끼에게 치명적인 협박을 가했을 수도 있다. 20년이 지난 지금에야 알게 된 침팬지의 '영아 살해'라는 점에서 보면 충분히 있을 수 있는 일이다. 어른 수놈은 간혹 새로 태어난 새끼를 죽이기도 한다.[15]

이러한 사례들은 수놈들이 새끼의 안전 문제에 민감한 것이 얼마나 중요한지를 잘 보여준다. 새끼를 보호하는 모습은 젊은 두 수놈보다 나이 든 두 수놈 쪽이 좀더 뚜렷하다. 아마 나이 든 수놈들이 더욱더 많은 자손을 두고 있기 때문일 것이다. 물론 그들은 어떤 새끼가 자기 새끼인지는 모르지만 그러한 보호 행동은 그들의 자손일 가능성이 있는 모든 새끼들의 생존 기회를 높여준다.

한 가지 문제가 남아 있다. 만일 어떤 수놈이 가장 야심적이고 질투심이 강한지를 내게 묻는다면 나는 이에룬이라고 답할 것이다. 그리고 누가 새끼를 보호하는 행동이 강한지 묻는다면 이에룬일지 라윗일지 망설이다가 그 역시 이에룬이라고 답할 것이다. 이런 특징들은 번식의 성공과 관련 있다고 볼 수 있다. 이에룬은 빈번한 교미(종종 사정을 동반하는)에도 불구하고 신체상의 결함 탓에 암놈을 수태시킬 수 없기 때문에 그가 질투심과 보호 행동의 두 측면 모두에서 다른 수놈을 압도하고 있다는 사실은 한층 주목을 요한다. 번식에 관한 그의 노력은 모두 헛된 것이다. 따라서 이에룬의 사례는 언뜻 보면 이 이론을 부정하는 것 같다.

그러나 사실은 그렇지가 않다. 즉, 부성과 번식 성공이 연관되어 있다는 이론은 여전히 유효하기에 이에룬은 부성의 궁극적 목적에 대해 알지 못한다. 동물은 성과 번식의 관계를 모르기 때문에 이에룬 역시 수놈의 번식 기능에 대해 알지 못한다. 동물은 쾌락만을 위해 교미할 뿐이며, 자손에게 이익을 준다는 사실을 모른 채 야심과 질투심, 그리고 보호 행동을 보이는 것이다. 그와 같은 행동이 자손에게 도움이 되고, 바로 그 때문에 그런 행동들이 진화해왔을 테지만 동물들이 이런 사실을 알 리는 없다. 그저 높은 서열, 더 빈번한 교미, 집단의 모든 새끼들에게 안전한 환경을 제공하는 등의 '하위목표'들만 인식할 뿐이다. 그들은 모든 생명의 공통된 '주요 목표'인 번식을 위해서는 단지 무의식적으로만 행동하고 있다. 이에룬처럼 수태 능력이 없는 수놈조차도 그렇게 행동한다는 사실은 오히려 번식 본능의 맹목성을 잘 드러내준다고 하겠다.

성을 둘러싼 흥정

우리 집단에서 가장 나이가 많은 새끼들은 모두 이에룬의 전성기 때 태어났다. 이는 이에룬이 성을 완전히 독점할 수 없었던 사정을 잘 반영한다. 지위가 낮은 놈들은 어떻게든 은밀한 방법을 찾아낸다. 마리에터 판데르베일은 다른 수놈들 중 어떤 놈이 성행위를 지켜볼 수 있는지를 기록함으로써 교미에 대한 수놈들의 개방성을 연구했다. 그 결과, 니키와 단디는 교미할 때 다른 수놈에게 그 장면을 보이지 않도록 애쓰지만, 이에룬과 라윗은 그다지 주의를 기울이지 않는다는 사실을 알게 됐다. 당시 1인자였던 라윗의 경우는 당연하다고 생각됐지만 이에룬의 태도는 예상 밖이었다. 나는 이에룬이 암놈과 몰래 '데이트'를 하는 것을 한 번도 본 적이 없다. 그는 보란 듯이 교미하거나, 그렇지 않으면 아예 하지 않았다. 아마 이는 암놈들의 태도와도 관계가 있을 것이다. 다른 놈들로부터 떨어진 곳에서 교미의 기회를 가지려면 공동의 모의가 필요하다. 암놈들은 이에룬의 직접적인 유혹은 받아들이지만 이에룬처럼 만족을 주지 못하는 밀회를 위해 멀리 가는 것을 그다지 내켜하지 않는 듯했다.

침팬지 암놈은 섹스를 할지 안 할지를 자기 마음대로 결정한다. 수놈은 간혹 암놈들에게 공세적인 압력을 가하며, 아른험에서도 한 차례 강요된 교미가 목격되기도 했다. 하지만 정상적으로는 암놈이 짝짓기를 원치 않으면 그것으로 일단락되기 마련이다. 수놈이 끈질기게 매달리다가는 상대 암놈뿐 아니라 다른 암놈들에게도 쫓겨다녀야 하는 신세가 될 수 있기 때문이다. 다툼이 일어날 때 대개 수놈 편을 드는 파위스트도 성문제에 관해서는 늘 발정한 암놈을 거든다. 따라서 수놈들 사이의 우월적 지위는 성적 권리에 대한 반쪽 설명에 지나지 않는다. 또 다른 중요한 요인인 암놈 각자의 개인적 취향은 수놈의 서열과 늘 일치하지는 않는다. 결과적으로 수놈들 사이에 존재하는 서열의 규칙을 교묘하게 피해 가는 것은 암놈들이다.

모두가 이런 사회적 규칙들을 알고 있다는 사실은 은밀한 접촉이 적잖게 행해진다는 점에서뿐만 아니라 '고자질'도 성행하고 있다는 사실로도 분명히 드러난다. 이를 보여주는 두 가지 사례가 있다. 첫 번째 사례로 단디는 라윗이 스핀에게 구애를 하는 현장을 목격하지만, 당시 리더인 이에룬은 멀리 떨어진 곳에 앉아 있어서 어떤 일이 벌어지는지 보지 못하는 상황이었다. 흥분한 채 짖어대던 단디는 이에룬 쪽으로 급히 달려가 그의 주의를 끈다. 그리고는 이에룬을 정사 현장으로 데리고 간다.

두 번째 사례는 라윗이 집권하던 시절의 일이다. 이에룬과 니키는 라윗이 등을 보이고 있는 사이에 호릴라를 꼬여내어 교미할 기회를 만들려고 한다. 호릴라는 이에룬을 무시한 채 니키에게 엉덩이를 내민다. 그러자 이에룬은 곧 라윗을 향해 '후우후우' 소리를 지르기 시작하고, 이윽고 라윗이 뒤를 돌아본다. 순간 니키는 그 자리에 꼼짝없이 서 있다가 이윽고 애써 무심한 표정을 지으며 그곳을 떠난다.

지위가 낮은 놈들은 '덤으로 조금 즐기기 위해' 동원하는 은밀한 방법 외에도 강자들끼리의 적대 관계를 이용하거나 '거래'나 '협상'을 통해 공공연하게 교미할 수도 있다.

니키가 주도권을 장악한 초창기, 즉 1978년 여름에 가장 빈번하게 교미한 것은 이에룬이었다. 그는 라윗과 니키를 서로 대립시켜서 이들 라이벌을 발정한 암놈으로부터 멀리 떨어지게 만들었다. 니키가 암놈에게 가까이 가거나 자기를 위협하려고 하면 예전의 리더였던 이에룬은 비명을 지르며 라윗에게 달려가 니키에 대항할 수 있도록 도움을 청했다. 라윗은 어떤 경쟁자건 기꺼이 맞서려고 했다. 반면, 라윗이 암놈에게 다가가면 이에룬은 이번에는 니키에게 고자질을 해서 성공을 거뒀다. 니키와 라윗 사이의 질투심은 이에룬이 써먹는 가장 강력한 무기였다(이런 상황은 지위와 권력, 즉 '공식적 서열'과 '사회적 영향력'을 구분하는 것이 왜 중요한가를 다시금 확인시켜 준다. 공식적으로 보면 이에룬은 다른 두 마리 수놈보다 우위에 있지 않았지만 그의 영향력은 적어도 섹스와 관련되어 있는 한 분명했다).

9월 5일이 되자 모든 것이 갑자기 변했다. 니키와 라윗은 공공연하게 규칙적으로 교미했고, 이에룬은 조금 떨어진 곳에 누워서 이들을 간섭하지 않았다. 정세가 이렇게 급반전된 것은 놀랄 만한 일이었다. 그것은 아무래도 라윗과 니키 사이에 암묵적인 불간섭 '조약'이 맺어진 덕분인 듯했다. 각자 상대방을 공격하기 위해 이에룬을 편드는 일은 이제는 중단하기로 서로 '약속'한 것이다. 침팬지 사회에는 호혜적인 경향이 있다. 따라서 니키와 라윗은 이에룬에게 득이 되는 일에 서로 중립을 지킴으로써 상호간에 간섭을 중단하게 된 것이다. 그런 무언의 과정이 낳은 결과는 실제 거래가 낳은 결과와 다를 바 없다.

반 이에룬 '조약'은 라윗과 니키가 이전의 간접적 연합으로 복귀하는 것을 뜻한다. 발정한 암놈이 한 마리도 없었다면 아무런 문제가 없었을 것이다. 즉, 라윗은 극도로 비굴한 태도로 막강한 니키-이에룬 연합에 일정한 거리를 두었을 것이다. 그러나 성적으로 경쟁하는 시기가 되면 라윗은 놀랄 만큼 변신했다. 자신만만하게 과시 행위를 하며 돌아다녔고 니키에게 '인사'를 하는 횟수도 급속히 줄었다. 때로는 라윗과 니키가 함께 발정한 암놈에게서 이에룬을 멀리 쫓아낸 적도 있었다. 이렇게 해서 과거와 아주 비슷한 갈등이 재연되었다. 요컨대, 라윗과 니키가 힘을 합쳐 이에룬과 그를 지지하는 암놈들에게 대항한 것이다. 이런 방식으로 신체제 안에 구체제가 가시적으로 남아 있게 되었다.

이것은 1인자 수놈이 각기 다른 기능을 가진 두 연합에 가담했다는 것을 뜻한다. '니키'는 어떤 때는 라윗을 누르기 위해 이에룬의 지지를 이용했고, 또 다른 때는 이에룬의 교미를 방해하기 위해 라윗의 지지를 얻어내거나 라윗이 적어도 중립을 지키도록 했다. '이에룬'은 니키가 권력을 잡도록 도와줌으로써 라윗에게 빼앗겼던 위신의 대부분을 되찾았다. 마지막으로 '라윗'은 이에룬에 대한 지원을 철회하여 집단을 지배하는 니키-이에룬 연합에서 니키의 입장을 강화했다. 반면 니키가 이에

니키가 암놈에게 다가가는 라윗의 모습을 지켜보고 있다.

룬을 라윗으로부터 보호한 것은 최소한에 그쳤는데, 특히 성적 경쟁 시기에 더욱 그러했다. 이리하여 집단 내에서 누리는 라윗의 영향력은 암놈들의 엉덩이가 부풀어오르면 상승했다가 시들면 따라서 하강했다.

여기에서 우리는 세력 균형에 기반을 둔 사회체계의 완벽한 사례를 볼 수 있다. 한쪽이 다른 쪽에 대해 누리는 우위는 제3자의 지원에 의존하기 때문에 각자는 모두 다른 쪽에 영향을 미치고 있는 셈이다. 열쇠를 쥐고 있는 것은 니키였다. 다른 두 마리 모두 니키의 권력 강화에 기여하면서 제 몫을 챙겼다. 권력이 평등하게 분배되지는 않았지만, 그렇다고 한 마리의 수중에 모든 것이 집중된 것도 아니었다. 연합을 이루는 경향이 강한 동물들 사이에서 이것 외의 다른 어떤 방법을 생각할 수 있을까? 국제정치에 대해 마틴 와이트(Martin Wight)가 쓴 글을 인용해보자. '세력균형 이외의 대안이라고는 완전한 무정부 상태이거나, 아니면 절대적인 지배 상태밖에 없을 것이다.' 나는 침팬지 정치에 있어서 두 가지 대안 중 어느 것도 상상할 수가 없다.

1980년까지 니키는 다른 두 수놈을 합친 것보다 두 배나 더 자주 교미를 했다. 그는 종종 제3자와 함께 '비행자'에게 무력시위를 해서 그런 놈들이 교미하는 것을 방해했다. 그러나 발정한 암놈에 대한 자신의 구애가 늘 무풍지대에 있었던 것은 아니다. 때때로 다른 두 마리 수놈들이 서로 접근해서 '후우후우' 하는 소리를 냈기 때문에 니키의 교미를 방해할 위협은 늘 상존했다.

섹스에 대한 관용도는 세력 균형뿐만 아니라 어르기와 털고르기 등에도 영향받는다. 다음은 아주 전형적인 장면이다. 프란예가 발정기에 접어들었다. 수놈 세 마리는 10미터쯤 떨어진 곳에 앉아 있고, 라윗이 건들건들하며 프란예가 앉아 있는 곳으로 가서 그녀의 부푼 성기를 살펴보고 냄새를 맡는다. 니키가 털을 곤두세운 채 다가와서 위협적인 태도로 라윗 곁에 앉는다. 라윗은 프란예의 곁을 떠난다. 그리고는 니키의 털을 골라준다. 잠시 후 라윗이 재차 프란예를 유혹하자, 프란예는 주저한다. 니키가 다시 털을 곤두세우고 있었기 때문이다. 라윗은 이빨을 크게 드러낸 채 뒤돌아 서서 니키에게 한 손을 쭉 내민다. 그러고 나서 니키에게 되돌아가 다시 털고르기를 한다. 라윗이 프란예를 다시 한 번 유혹하자 이번에는 니키도 방해하지 않고 교미를 허락한다.

이것은 예외적인 사건이 아니라 늘 벌어지는 일을 간략하게 기록한 것이다. 로프 헨드릭스(Rob Hendriks)가 초시계로 수놈들끼리의 털고르기 시간을 재어본 결과 발정한 암놈이 있을 때는 털고르기 시간이 아홉 배나 길어진다는 사실이 발견됐다. 이런 털고르기가 가진 기능은 도대체 무엇일까? 아마 털고르기를 받는 상대를 위로해줌으로써 그의 저항감을 누그러뜨리는 것인지도 모른다. 이는 왜 수놈이 암놈에게 다가갈 때 머뭇거리면서 털고르기 상대를 바라보는지, 아울러 왜 수놈이 가

프란예(왼쪽)가 뒤편에 있는 세 마리 수놈 사이에서 '성적 거래'의 결과가 나오기를 조용히 기다리고 있다.

끔 털고르기 상대에게 한 손을 내미는지를 설명해준다. 그것은 한마디로 구걸하는 몸짓이다. 위의 장면에서 라윗이 그 순간에 암놈과의 성적 접촉을 허락해달라고 구걸하는 것 말고는 무엇을 할 수 있겠는가?[16]

털고르기를 비롯한 다양한 위로 행위가 실제로 공격적인 개입을 막는 전술이라고 한다면, 한발 더 나아가 이를 '대가'라 부르고 '성적 흥정'이라고 이야기할 수 있을 것이다. 1인자인 수놈조차 이런 대가를 지불해야만 한다. 니키가 다른 두 마리의 수놈에게 한 손을 쭉 내미는 장면이 종종 목격됐다. 만일 다른 두 마리가 이에 대해 조금이라도 시위를 하거나 '후우후우' 하는 소리를 내기라도 하면 니키는 그들이 있는 곳으로 돌아와서 털고르기를 계속했다. 더 많은 대가를 치르는 것이다.

어느 날 니키는 이에룬의 털을 골라주는 데 너무나 열중한 나머지 라윗이 조용히 자리를 뜬 사실을 전혀 눈치채지 못했다. 잠시 뒤 그는 라윗의 빈자리를 보고 사태를 짐작하고서는 비명을 지르며 사방을 둘러보았다. 발정한 암놈도 이미 모습을 감춘 뒤였다. 충격을 받은 니키와 이에룬은 서로 껴안았다. 그들 모두 같은 결론에 도달한 것이 분명했다. 그렇지만 둘 다 털을 곤두세운 채 거칠게 사육장을 가로질러서 돌진했을 때 라윗이 조용히 물을 마시고 있는 모습을 발견하자 돌연 침착해졌다. 그들의 두려움은 기우였던 것일까? 그들은 절대 모르겠지만 나는 그들이 너무 늦게 도착했음을 알고 있었다.

사회생활의 원리

'우쭐 과시'는 보통 짧은 시간에 이뤄지는 자기 만족적인 행동이다. 부풀린 입술과 동반되는 얼굴 표정의 변화를 사진으로 담기가 쉽지 않다. 나는 니키가 바닥에 앉아서 우쭐 과시를 시작한 직후에 니키의 이름을 불러서 이 사진을 찍는 데 성공했다.

§

이 장에서는 집단생활에 관계되는 몇 가지 일반적인 원리와 집단 구성원들 간의 정신 능력을 살펴보려고 한다. 나는 한편으로 전략적 지능처럼 있을 것 같기는 한데 입증하기는 어려운 그런 능력들을 논의할 것이다. 다른 한편으로는 동물이 당연히 갖고 있다고 여겨지기는 하지만 실제로는 꼭 그렇지 않은 능력들도 다룰 것이다. 이런 능력들 중에서 가장 기본적인 것은 서로가 서로를 알아보는 능력이다. 이 능력을 가지고 있지 못한 동물도 위계구조를 만들 수는 있다. 그러나 그렇게 되면 만날 때마다 상대의 서열을 확인하지 않으면 안 된다. 개체를 알아보는 능력은 이러한 불확정성을 제거함으로써 누구든 잘 확립된 구조 속에서 자신의 위치가 어디쯤 있는지를 확인하게 한다. 만약 집단이 너무 커진다면 그러한 시스템은 붕괴되고 말 것이다. 예를 들어, 일본의 어느 원숭이 집단은 관광객들이 먹이를 너무 많이 던져주는 바람에 1,000여 마리로 늘어났다. 이 집단의 통상적인 규모는 100여 마리 정도이다. 일본 마카크 원숭이의 기억력을 넘어설 정도로 개체가 늘어나자 집단 구성원 상당수가 생판 처음 보는 태도로 서로를 대하게 됐다. 이처럼 집단이 커져버리면 우열관계는 불분명해지고 불안정해진다.

개체를 알아보는 능력이 안정된 서열 구조의 전제 조건이듯, '삼각관계의 인식(triadic awareness)'도 연합에 바탕을 둔 서열 구조의 전제 조건이다. '삼각관계의 인식'이란 다양한 삼각관계를 형성하기 위해 자신 이외의 다른 개체들 간의 사회적 관계를 지각할 수 있는 능력을 뜻한다. 예를 들어, 라윗은 이에룬과 니키가 연합을 형성했다는 것을 안다. 그래서 그는 니키가 가까이 있을 때는 이에룬과 싸우려 들지 않는 것이다. 그러나 이에룬과 단독으로 마주쳤을 때는 기꺼이 싸우려고 든다. 이런 유의 지식이 뭐가 특별하단 말인가? 어떤 개체가 집단 내의 모든 이들과 자신이 어떤 관계를 맺고 있는지를 안다는 것은 별로 특별할 것이 없다. 하지만 그 자신이 다른 개체들의 '조합'과 어떻게 연결되어 있는지를 이해하기 위해 사회적 환경에 존재하는 온갖 관계들을 감시하고 평가한다면 이런 능력들은 예사로운 것이 아니다. 3차원적인 집단생활의 초보적 형태는 많은 조류와 포유류에서 발견되지만, 영장류는 이 점에서 분명히 독보적이다. 화해, 떼어놓기 간섭, 고자질, 연합 등은 삼각관계를 인식할 수 없다면 생각조차 할 수 없는 행동이기 때문이다.[17]

이러한 정신 능력은 모든 사회 영역에 자연스럽게 반영된다. 다음과 같은 사례는 비정치적인 맥락에서 나온 것이다. 어느 날 프란예가 이미의 새끼를 데려간다. 새끼가 짧게 비명을 지르자 이미가 펄쩍 뛰어나와 프란예를 향해 달려간다. 프란예로부터 15미터 정도 거리를 둔 이미는 털을 곤두세우고 위협하면서 자리에 앉는다. 프란예가 이미를 본다. 이미는 더 이상 접근하는 것을 꺼리는 것 같다. 그때 암버르가 개입해서 문제를 해결한다. 암버르는 프란예의 등에서 새끼를 낚아채어 이미에게 돌려준다. 암버르가 새끼를 이미에게 넘겨주자, 프란예는 멀찍이 떨어져서 이미에게 복종적으로 '인사'한다.

이러한 개입이 성공하려면 암버르는 이미, 프란예, 이미의 새끼를 각각의 개체로 인식해야 할 뿐만 아니라 충돌의 원인을 이해하기 위해 그 새끼가 두 암놈 중 누구의 자식인지 이해하고 있어야만 한다. 이것이 당연한 이야기로 들린다면 삼각관계에 대한 인식이 우리 인간에게 제2의 천성이기 때문일 것이다. 우리는 그러한 인식이 없는 사회를 상상하기도 힘들다.

의존 서열

내가 기르는 두 마리 갈가마귀들은 사이가 좋지 않다. 나이가 위인 암놈 라퓌야(Rafja)는 오래전부터 다른 동료 없이 홀로 키워졌다. 그래서인지 사회적·성적 측면에서 구애해 오는 젊은 수놈인 요한(Johan)보다 나에게 더 관심을 보인다. 라퓌야가 요한을 거절함으로써 교미 기간에는 갈등이 야기된다. 수놈 요한은 라퓌야보다 훨씬 크고 힘도 세다. 라퓌야가 비명을 지르면 나는 요한의 발톱에서 라퓌야를 구하려고 새장으로 달려가야 한다. 내가 도착하면 라퓌야는 내 어깨로 날아와 앉아 요한을 향해 공격적인 소리를 지른다. 가끔은 부리로 쪼며 요한을 공격하기도 한다. 요한은 반격하지 않고 멀리 도망친다. 이는 둘 사이의 우열관계가 나의 개입으로 인해 역전됐음을 뜻한다. 1931년 콘라드 로렌츠는 이와 비슷한 모습을 기록했다. 두꺼운 첫 번째 저서에서 로렌츠는 길들여진 갈가마귀 집단에서 암놈들이 수놈들과의 결합을 통해 자신의 지위를 파트너와 똑같은 정도로 격상시킨다고 보고했다.

일본 마카크 원숭이 모자

하지만 그러한 현상은 1958년에 가서야 정식 명칭이 붙여진다. 그 해에 일본 영장류학자들은 완전히 독립적으로 일본 마카크 원숭이에게서 동일한 현상을 발견했다. 카와이 마사오河合雅雄는 야생집단의 새끼 원숭이 두 마리에게 먹이를 던져주고 어느 놈이 그것을 집는지 관찰했다. 그는 먹을 것을 먼저 집는 원숭이를 서열이 높은 놈으로 여겼다. 여러 차례 실험을 시행한 결과 우열관계가 새끼와 어미 사이의 거리와 어느 정도 관계가 있다는 사실을 발견했다. 즉, 양쪽의 어미가 새끼들에게서 멀리 떨어져 있으면 원숭이 A는 B보다 서열이 높지만, 어미들이 가까이 있으면 그 순위는 뒤바뀐다. 그러한 역전은 B의 어미가 A의 어미보다 서열이 높다는 사실과도 관계가 있다. 서열 높은 어미를 가진 새끼는 어미가 근처에 있다는 사실만으로 이득을 얻는 것이다. 카와이는 어미가 없을 때 두 새끼 간의 관계를 '기본 서열(basic rank)', 어미가 있을 때를 '의존 서열(dependent rank)'이라고 불렀다.

같은 용어를 내가 기르는 갈가마귀에 적용해보자. 라퀴야의 기본 서열은 요한보다 낮지만 내가 있음으로 인해 그녀의 의존 서열이 높아지는 것이다. 물론 이 현상은 제3자의 편파적 태도를 전제로 하고 있다. 라퀴야와 일본 마카크 원숭이 새끼의 경우 모두 그들을 보호해주는 존재에 따라 서열이 달라진다. 여기서도 삼각관계의 인식이 중요한 기능을 수행하고 있다. 싸움을 하는 놈들은 제3자가 어느 편을 들 것인지를 경험적으로 이미 알고 있다. 그렇기 때문에 제3자는 슬쩍 쳐다보거나 지지하는 몸짓만 보여도 그 상황에 영향을 미칠 수 있는 것이다.

제3자에 대한 의존이 침팬지의 서열에 대단히 큰 영향을 미치기 때문에 기본 관계는 거의 의미가 없어진다. 이것은 세 마리 수놈의 삼각관계에만 적용되는 것은 아니다. 예를 들어, 어린 새끼가 다 큰 수놈을 쫓아버리는 경우도 있다. 그 새끼의 어미나 '이모'의 보호가 있었기에 그런 일이 가능한 것이다. 새끼들과 비슷하게 암놈들 역시 기본적 지위는 수놈보다 낮지만 다른 암놈의 지원에 기댈 수 있으며 때로는 우위에 있는 수놈에게 도움을 청할 수도 있다.

야생 서식지에서는 암놈들이 훨씬 넓게 흩어져 생활하기 때문에 수놈이 새끼나 암놈들에게 쫓겨다니는 일은 극히 드물다. 반면, 아른험의 침팬지 집단에서는 거주 공간이 한정되어 있고 암놈이 상대적으로 많기 때문에 권력의 차이가 훨씬 적은 것이다.[18]

암놈의 서열 구조

서열을 결정짓는 원리는 성별에 따라 다르다. 수놈 사이에서는 연합이 우열을 결정한다. 수놈이 암놈에 비해 우위에 있는 것은 주로 육체적 우월성에 기인한다. 한편, 암놈끼리의 서열을 결정하는 결정적인 요인은 무엇보다 '성격'과 '나이'다.

암놈들끼리의 충돌은 아주 드문 편이고 그 결과도 예측하기 힘들기 때문에 그러한 충돌이 서열 결정의 척도가 될 수는 없다. 이런 사실은 곰비 강 유역에서 서식하는 야생 원숭이 무리에서도 관찰됐다. 데이비드 바이곳(David Bygott)은 "암놈들 사이의 적대관계를 우열로만 표현하는 것은 그리 의미가 없는 것 같다"고 결론지었다. 아른험의 침팬지 집단에서는 수놈끼리의 충돌은 5시간마다 한 번씩, 수놈-암놈의 충돌은 13시간마다 한 번씩 있었으나, 암놈들끼리의 충돌은 100여 시간 만에 한 번 정도에 불과했다(이는 여름에 두 마리 침팬지 사이에서 벌어지는 크고 작은 다툼의 평균 빈도이다).

암놈 간의 '인사'는 충돌에 비해 두 배 정도로 잦다. 이것 역시 대단히 적은 수이기는 하지만 가용한 여러 기준 중에서 서열의 지표로 삼을 수 있는 것은 '인사'밖에 없다. '인사'를 기준으로 살펴보면 암놈의 서열 계층은 4단계로 나눌 수 있다. 우선 마마는 제1인자 암놈으로서 혼자 제1계급에 속한다. 제2계급으로는 파위스트와 호릴라를 들 수 있고, 제3계급에는 이미, 프란예, 테펄이 속하며, 스핀, 크롬, 암버르가 제일 낮은 제4계급을 이루고 있다. 계급 간의 관계는 계급 내의 관계보다 훨씬 분명하게 차이가 난다. 암놈의 서열은 몇 해 동안 안정되어 있다는 점에서 수놈의 서열과는 판이하게 다르다.

사육되는 마카크 원숭이의 소집단을 주의 깊게 관찰해보면 며칠 만에 암놈의 서열을 파악할 수 있다. 그러나 아른험 침팬지들의 경우에는 여러 달이 걸릴 것이다. 침팬지 암놈들의 서열이 모호하게 보이는 이유는 주로 결정적인 사건이 적기 때문이다. 마카크 원숭이나 비비 암놈은 침팬지 수놈처럼 주기적으로 자신들의 우위를 확인하려 들지만, 침팬지 암놈은 그럴 필요를 느끼지 못하는 듯하다. 암놈에게 야망이 없어 보이는 이유는 어쩌면 침팬지들이 대개 밀집된 생활을 하지 않으며, 보통 단독으로 먹이를 찾는다는 사실과도 관계가 있을 것이다. 밀집된 마카크 원숭이나 비비의 집단보다 먹이에 대한 경합이 훨씬 적어서 서열을 높이려고 애써야 하는 중요한 목표가 야생 침팬지들에게는 결여되어 있음을 뜻한다. 아른험 사육장의 암놈들도 이러한 패턴을 반영하고 있다.

아른험 침팬지 집단에 속한 암놈들의 서열은 위로부터의 위협과 과시에 의한 것이라기보다 오히려 아래로부터의 존경에 바탕을 둔 것처럼 여겨진다. 암놈들은 좀처럼 자기 과시를 하지 않으며, 자발적인 '인사'가 수놈들 사이에서는 13퍼센트에 불과하지만 암놈들은 54퍼센트에 달한다. 다른 유인원 암놈들끼리의 관계도 이와 유사하다. 오랑우탄의 암놈들이 같은 우리에서 사육되면 싸움이나 위협이 전혀 없이 곧바로 안정된 우열관계가 확립된다. 이 우열관계는 체격의 차이에 의해서 결정되는 것이 아니다. 아마도 어떤 종류의 성격이 존경을 불러일으키는 것 같다. 야생에서는 연배와 구역이 중요한 요인으로 보인다. 암놈

유인원들은 빠르게 그러한 요인을 평가하고 상위자에게 쉽게 복종한다. 그러나 암놈 유인원들이 지배구조를 재빨리 확립하고 안정을 이끌어낸다고 해서 그들이 지위에 전적으로 무관심하다고 결론 내리는 것은 잘못일 것이다. 드물긴 하지만 유인원 암놈들 사이에서도 맹렬한 경쟁이 존재한다는 사실이 관찰되었기 때문이다.[19]

유인원의 계층 서열에 대한 우리의 이해가 한층 더 복잡해지는 것은 이미 말했던 '공식적 서열'과 '실제적 서열' 외에 제3의 서열 형태가 존재하기 때문이다. 예를 들어, 1인자 수놈이 올라가 드러누우려고 자동차 타이어를 실내에 있는 드럼통 위에 올려놓으면 암놈 중 한 마리가 그를 밀어내고 먼저 앉아버리곤 한다. 또한 암놈들은 아무런 저항도 받지 않고 수놈들의 손에서 물건이나 심지어 먹을 것마저 뺏을 때도 있다. 로날트 노에라는 학생이 큰 수놈 한 마리와 서열 높은 암놈들 사이에서 보이는 세 가지 상호작용을 비교해보았다. 누가 누구에게 '인사'를 하는가에 따른 '공식적' 기준에 따르면 수놈이 암놈에 비해 100퍼센트 우위에 있었다. 한편, 공격적인 싸움에서 누가 이겼는가 하는 '실제적' 기준에 따르면, 수놈은 80퍼센트 우위를 차지했다. 그러나 물건이나 장소를 빼앗는 점에 관해서는 암놈이 81퍼센트의 우위를 나타냈다.

이 같은 암놈의 우위는 체격에 의한 것으로 볼 수는 없고 수놈들의 관용에 달려 있음이 틀림없다. 그렇다면 왜 수놈들은 암놈들이 그렇게 행동하는 것을 허용하는지 의구심이 남는다. 암놈들은 권력의 싸움터에 육체적 힘 이상의 무기를 가져올 수 있는 것일까? 암놈들은 수놈들이 힘으로는 획득할 수 없는 것들, 예컨대 성적·정치적 호의, 성질을 죽일 수 있게 도와주는 침묵의 정책 등을 제공할 수 있다. 이것들은 암놈들에게 아주 효과적인 수단이 된다. 만일 암놈들 사이의 인기가 수놈의 지도력을 안정화하는 데 결정적인 역할을 한다면, 수놈은 당연히 암놈들에게 관대한 태도와 최대한의 편의를 제공해야 할 것이다.

동물원에 오는 사람들 대부분은 어느 침팬지가 두목인지 알고 싶어한다. 나는 "니키는 서열이 가장 높습니다만 그는 완전히 이에룬에게 의지하고 있습니다. 1대 1로 싸운다면 라윗이 가장 강합니다. 하지만, 다른 놈들을 밀어낼 수 있는 능력을 가졌는지 따져보면 두목은 마마입니다"고 말하면서 사람들을 혼동시키는 즐거움을 누린다. 인류학자 마셜 살린즈(Marshall Sahlins)는 최강자의 법칙이 적용되지 않는 경우는 인류가 유일하다고 생각했다. "인간보다 열등한 다른 영장류와는 반대로, 인간은 존경받기 위해서 관대하지 않으면 안 된다." 만약 살린즈가 비비나 마카크 원숭이를 염두에 두었다면 그의 주장은 확실히 옳다. 하지만, 우리의 가장 가까운 친척인 유인원의 경우에는 사정이 훨씬 복잡하며 더욱더 인간에 가깝다. 최근에 토시사다 니시다(Toshisada Nishida)[20]는 마할레 산지에 사는 1인자 침팬지가 '뇌물'이라는 정교한 체계를 통해 예외적으로 장기집권(10년 이상)을 했던 사례를 보고했다. 그는 자신을 도와서 잠재적 도전자에게 대항해줄 만한 침팬지들에게만 선택적으로 고기를 분배했다.

'헐떡 과시'와 '우쭐 과시'

투키디데스(Thucydides)가 2,000년 전쯤에 펠로폰네소스 전쟁에 대해 기록한 이래, 국가들은 공동의 적으로 간주되는 국가에 대항해 연합을 모색해왔다. 공포를 함께 느낀다는 것은 연합 형성의 기초가 되는데, 이 때문에 힘의 균형에서 상대적인 약자 쪽에 무게가 실린다. 그 결과 모든 국가들이 영향력 있는 지위를 갖는 권력의 평형상태가 이뤄진다. 사회심리학에서도 적용되는 이 원리는 '최소 승리 연합(minimal winning coalitions)'이란 용어로 불린다. 만일 실험 게임에 참가한 세 명의 선수 중에서 가장 약한 선수가 최강자 혹은 2인자와 협력해 점수를 올릴 기회가 있다면, 그는 2인자와의 동맹을 선호할 것이다. 권좌에서 물러난 이에룬도 흡사한 선택에 직면했다. 즉, 더 강력한 상대인 라윗과 연합할 것인가, 아니면 상대적으로 약한 니키와 연합할 것인가. 이에룬의 도움이 필요 없는 라윗의 지배 하에서는 이에룬의 영향력이 제한적이었다. 라윗으로서는 이에룬이 중립을 지키기만 하면 됐다. 그러나 이에룬은

앞서 니키처럼, 단디 역시 암놈들을 괴롭히던 시기를 통과했다. 단디가 공격적인 행동을 멈출 때는, 암놈들이 헐떡이는 소리로 그에게 존경심을 표했을 때뿐이었다. 왼쪽이 단디, 오른쪽이 마마다.

니키를 돕는 것을 선택함으로써 스스로를 니키의 지도력에 필수 불가결한 존재로 만들었다. 결국 집단에서 이에룬의 영향력은 다시 커지게 된 것이다.

만일 이에룬의 전략이 국가의 전략, 그리고 인간 개인의 행동전략과 닮은 점이 있다면, 우리는 이에룬의 행동 배경까지도 동일한 것인지 자문해 보아야만 할 것이다. 인간들 사이에서 전략은 합리성에 바탕을 두고 있다. 합리성은 의식과 혼동되어서는 안 된다. 왜냐하면 우리는 무의식적으로 합리적 해답에 이를 수 있으며, 때로는 비합리적이라는 것을 알면서도 의식적으로 행동할 수 있기 때문이다. 합리적 선택은 '결과에 대한 추정(estimate of the consequences)'에 바탕을 두고 있다. 따라서 문제는 이에룬이 니키와 연합하기로 결정하기 전에 미래를 내다보고 있었는가 하는 점이다.

우선 분명히 알아둘 것은 침팬지가 높은 지위에 오르려고 적극적으로 노력하는지 여부이다. 높은 지위를 성취하려는 욕망이 인간이 말하는 목적 지향적인 행동을 불러일으키는 것일까? 이러한 목표 지향적인 행동은 그 목표가 성취된 뒤에는 불필요해지는 특징이 있다. Y라는 목표가 달성되자마자 X라는 행동이 중단된다면, X라는 행동은 Y라는 목표를 이루는 목표 지향적 행동이라 볼 수 있다. 목표 지향적 행동의 가장 간단한 보기로는 자동 온도조절 장치를 들 수 있다. 어떤 온도에 이르기까지는(목표Y) 전열기가 작동하며(행동X), 그 목표 온도에 도달하면 꺼진다. 이는 제인 구달이 곰비 강 유역에 사는 침팬지 고블린(Goblin)을 자세히 관찰한 결과와 유사하다. "사춘기에 접어든 수놈 침팬지 고블린은 어른 암놈들이 자기에게 경의를 표할 때까지 그들을 괴롭히고 사납게 대했다." 여기서는 '까지'라는 말이 중요하다. 왜 고블린은 암놈들이 그에게 경의를 표하자마자 더 이상 그런 짓궂은 행동을 하지 않았던 것일까?

니키에게도 비슷한 사례가 있었다. 수치로도 나타났듯이 암놈들을 상대로 한 니키의 적대적 행동이 1976년 가을부터 줄어들기 시작했다. 당시는 암놈들이 규칙적으로 그에게 '인사'를 시작한 때였다. 따라서 사춘기 수놈의 행동은 암놈들이 그의 우위를 알아볼 때 누그러진다고 유추해볼 수 있다. 즉, 니키의 폭력적인 행동은 다른 놈들로 하여금 그를 존경하도록 만드는 강제 수단이었으며, 그 목표가 달성되자마자 불필요해졌기 때문이다.

이런 이야기가 너무 당연하게 들린다면 동물들의 야망이 오랫동안 논쟁거리였다는 점을 기억해야 한다. 매슬로(Abraham H. Maslow)는 1936년에 '지배 충동(dominance drive)'이라는 용어를 사용했지만, 대부분의 동물행동학자들은 그 용어를 꺼려했다. 하지만 지금까지 마카크 원숭이와 침팬지를 연구해온 나는 이 용어에 대해서 아무런 거리낌이 없다. 내가 관찰해온 동물들은 분명 높은 사회적 지위를 얻으려고 애썼다. 제인 구달의 말을 다시 한번 인용해보자. "아주 분명하게도, 다수의 수놈 침팬지들은 높은 사회적 지위를 추구하는 데 막대한 에너지를 소비하며, 심지어 중상을 입을 위험마저 무릅쓴다." 권력욕이 동물원의 동물들에게만 한정된 것이 아님이 분명하다.

자바 마카크 원숭이는 두 가지 방법으로 상대를 위협할 수 있다. 이를 연구한 결과 나는 두 가지 방법에는 제각각의 기능이 있음을 알 수 있었다. 젊은 원숭이는 장차 서열에서 앞서야 할 놈들을 상대할 때는 시끄러운 형태의 위협 방식을 사용한다. 조용한 형태의 다른 한 가지 위협 방식은 이미 낮은 지위에 자족하고 있는 놈들에게 사용한다.

첫 번째 형태의 위협은 사회적 사다리를 오르는 데 쓰이는 반면, 두 번째 형태는 단지 기존의 지위를 확인하는 기능을 한다.

비슷한 차이점이 침팬지들의 과시 행동에서도 나타난다. 여기서도 차이점은 침팬지들이 지르는 소리의 세기이다. 하나는 귀청이 찢어질 정도지만 다른 하나는 비교적 조용하다. 침팬지가 첫 번째 유형의 과시 행동을 할 때는 처음에 상체를 흔들다가 '후우후우' 하는 소리를 점점 크게 낸다. 그런 다음 경쟁자에게 돌진하고, 땅을 구르며, 마지막에는 큰 소리를 지른다. 이 소리에 동반되는 깊고 리드미컬한 들숨과 날숨으로 인해 이런 행동을 '헐떡 과시(ventilating display)'라고 부른다. 우열을 다투는 모든 과정에서 이런 종류의 과시 행위는 특히 도전자 쪽에서 보이는 특징적인 행동이다. 일단 불안정한 시기가 끝나고 경쟁자가 굴복하면 도전자는 다른 형태의 과시 행위로 전환한다. 그것은 양 입술을 꼭 다문 채 숨을 참는 것이다. 이때 공기의 압력으로 가슴이 넓어지고 양쪽 볼이 부풀어오르는데, 이것을 '우쭐 과시(inflated display)'라 부른다. 헐떡 과시가 도발적이며 야심찬 행위라면, 우쭐 과시는 승자의 자신감을 나타내는 수단이다.

서열의 역전이 일어난 뒤에 심각한 싸움이 점점 줄어드는 것과 마찬가지로 헐떡 과시 역시 줄어든다. 이런 사실은 그런 과정이 목표 지향적이란 주장을 뒷받침하고 있다. 그렇지 않았다면 어째서 한쪽의 굴복에 연이어 다른 쪽의 위협 방식에 변화가 일어날까? 그리고 어째서 심각한 대결이 줄어드는 것일까? 게다가 수놈이 종종 분명한 이유 없이 싸움을 하는 반면, 암놈과 새끼는 그렇지 않다는 사실은 사회적 지위와 같은 '무형의' 어떤 것에 대한 경쟁이 수놈들의 행동에 주요 동기라는 점을 시사한다. 그러므로 침팬지, 특히 수놈 침팬지는 높은 사회적 지위를 얻으려고 적극적으로 노력한다는 것이 나의 견해이다.

권력 추구 자체는 천성적인 것임이 거의 확실하다. 그렇다면 문제는 침팬지가 어떻게 그러한 야망을 달성하는가 하는 것이다. 이것 역시 유전되는 것인지 모른다. 우리는 종종 어떤 사람들을 가리켜서 '정치

거의 무아지경에 빠진 라윗이 '혈떡 과시'의 절정에서 눈을 감은 채 리드미컬하게 발을 구르면서 춤을 추며 탄성을 지르고 있다.

본능'을 가지고 있다고 말하는데, 침팬지에게 이 말을 적용시켜서는 안 될 이유가 없다. 그러나 이 '본능'이 침팬지가 보여주는 전략의 세부적인 내용까지 규정하는지에 대해서는 의문의 여지가 있다.

목표를 위한 수단으로서 선천적인 사회적 성향을 사용하려면 경험이 필요하다. 날개를 갖고 태어난 어린 새가 비행에 숙달하려면 몇 달 간의 연습이 필요한 것과 마찬가지다. 정치적 전략의 경우에 경험은 두 가지 방식으로 활용될 수 있다. 하나는 경험을 사회적 과정 자체에 직접 활용하는 경우이고, 다른 하나는 오랜 경험을 미래에 투영하는 경우다. 이 중 첫 번째 가능성은 이에룬 같은 침팬지가 니키를 지원함으로써 그가 자신에게 어떤 이득이 돌아올지를 알았다는 점을 의미한다. 이는 조건화될 수 있다. 즉, 특정한 행동이 그로 인한 긍정적인 효과에 의해 더욱 강화되는 것이다.

그러나 이것이 해답의 전부가 될 수는 없다. 이에룬이 취한 전략의 결과는 처음에는 '부정적'이었기 때문이다. 이에룬은 라윗에게 저항하고 니키와의 접촉을 모색하면서 지고 있는 싸움에 말려든 자신을 발견했다. 이에룬의 입장에서 자기 정책을 고수하려면 내심 그것이 올바른 방법이라고 확신하지 않으면 안 됐을 것이다. 그의 선택이 확실하게 이익을 보기 시작한 것은 몇 달이 지난 뒤였다. 이에룬은 미묘한 효과(예컨대 라윗이 보인 불안의 징후), 혹은 최종적인 결과에 대한 '예측'에 자극 받았을지도 모른다. 예측을 할 수 있는 능력이 동물들에게도 있으리라고는 결코 쉽게 말할 수 없다. 그러나 이에룬의 경우 증명될 수는 없지만, 침팬지들에게 그에 필요한 정신 능력을 갖고 있다는 증거는 있다.

심리학자인 달버 빈드라(Dalbir Bindra)는 '계획'이란 '현재의 처지와 궁극적인 목표를 연결시켜 주는 하위 목표들의 한 '경로'를 확인하는 것'이라고 정의했다. 이것은 미래를 내다보는 능력을 필요로 한다. 빈드라는 그것을 관찰했다. "침팬지는 계획과 그 계획의 실행을 구분할 줄 아는 것은 물론이고 목표에 도달하기 위해서 제법 긴 시간이 걸리는 계획도 세울 수 있는 듯하다." 이 같은 미래 지향적인 행동을 보여주는 두 가지 사례를 들어보자.

때는 11월이었고 날씨가 계속 추워지고 있었다. 어느 날 아침에 프란예는 자기 우리에서 보릿짚을 모두 모아서(하위 목표) 그것을 팔에 끼고 밖으로 나르더니 멋지고 따뜻한 침대를 만들었다(궁극적 목표). 이는 프란예가 추위에 대한 반응으로 침대를 만든 것이 아니다. 실제로 바깥의 추위를 느끼기 전에 한 행동이다.

두 번째 사례는 '이별 인사'이다. 낯익은 누군가를 만날 때의 인사와는 달리, 이별의 인사는 헤어짐을 예상하지 않으면 안 된다. 침팬지도 이별을 예상할 수 있으리라는 힌트를 처음 얻은 곳은 독일에서 열린 어느 학술회의였다. 거기서 앨런 가드너(Allen Gardner)는 어린 침팬지들을 대상으로 한 언어실험에 관해 강연을 했다. 침팬지들에게 수화를 가르쳐주면 인간뿐만 아니라 동료 침팬지들과도 이를 이용해서 의사소통을 한다는 것이다. 가드너는 침팬지들이 헤어지기 전에 '바이 바이' 수화를 사용한다고 말했다. 훗날 나는 우리 침팬지 집단에서 다음과 같은 명확한 증거를 찾아냈다. 호릴라는 매일 오후가 되면 양녀 로셔에게 젖병으로 우유를 먹여야 했다. 다른 침팬지들이 모두 바깥에 있을 때 사육사가 정해진 시간에 호릴라를 실내로 불러들였다. 그런데 호릴라는 양녀와 함께 사육장 안으로 들어가기 전에 이예룬과 마마에게 가서 잠시 껴안거나 키스를 했다. 이런 행동은 그녀가 이별의 인사를 하는 것이라고밖에 설명되지 않는다. 그녀는 다가올 이별을 미리 내다보고 있었던 것이다.

여기서 중요한 것은 그런 미래 지향적인 행동이 경험에 바탕을 두고 있다는 점이다. 이것은 예컨대 다람쥐가 겨울을 준비하기 위해서 가을에 먹이를 모으는 것 같은 사전 대비와는 성격이 전혀 다르다. 왜냐하면 겨울을 경험하지 않은 다람쥐조차 그렇게 하기 때문이다. 게다가 침팬지는 미리 내다보고 생각할 수 있을 뿐만 아니라 최종 목적을 향한 몇몇 단계(하위 목표)를 앞서 내다볼 수 있다. 유르겐 될(Jürgen Döhl)의 독창적인 실험이 이를 증명해준다.

암놈 침팬지인 율리아(Julia)에게 두 개의 열쇠를 하나의 상자에 넣어놓고 그 하나를 선택하도록 했다. 그 열쇠로 다른 상자를 열면 거기에는 다음 상자를 열 수 있는 열쇠가 들어 있다. 이런 과정이 마지막 상자를 열 때까지 반복된다. 만약 율리아가 처음부터 올바른 열쇠를 선택한다면 마지막 상자에 들어 있는 맛있는 먹이를 차지할 수 있다. 그러나 처음에 잘못된 열쇠를 고른다면 여러 상자를 여는 수고를 겪은 뒤에 결국 빈 상자에 이르고 만다. 율리아에게 어떤 상자에 어떤 열쇠가 맞는지 가르쳐주었고 상자가 투명하기 때문에 율리아는 어느 상자에 어떤 열쇠가 들어 있는지 볼 수 있었다. 율리아는 처음에 열쇠를 선택할 때 운에 맡겨 적당히 집으려는 충동을 억제해야만 했다. 만약 잘못된 열쇠를 고르면 자신의 잘못을 정정할 수 없었기 때문이다. 다음 시도에서는 열쇠와 상자가 전혀 다르게 조합됐다. 따라서 율리아는 최종 목적인 음식이 든 상자와 최초의 열쇠 선택을 서로 연결지어야 했다. 즉, 열쇠를 고르기 전에 미리 생각해야만 했다. 10개의 상자(5개씩 두 묶음)가 뒤죽박죽 섞인 이 실험에서 율리아는 해내고 말았다. 자신의 목표에 도달하기 위한 몇 가지 단계를 실제로 예측할 수 있었던 것이다.

나중에 될은 침팬지가 자연 상태에서는 이렇게 복잡한 문제에 맞닥뜨릴 일이 절대 없으리란 말을 덧붙였다. 하지만 이런 언급은 실험실에서 측정된 정신 능력이 고도로 복잡한 실제 생활을 위한 하나의 적응이라는 사실을 간과한 오류로서, 실험심리학 분야에서 흔히 나타나는 실수다. 생물학자들은 동물들이 불필요한 능력을 갖고 있을 가능성에 대해서는 극도로 회의적이다. 생존과 번식의 기회를 늘리지 않는다면 왜 자연은 대뇌처럼 에너지 소비가 극심한 기관을 만들고 유지해왔겠는가? 침팬지들은 율리아에게 제시됐던 동일한 기술적 문제에 맞닥뜨리지 않을 것이다. 하지만 율리아가 보여준 전략적 지능 같은 것이 '사회적' 영역에서 결정적으로 중요하다는 점을 배제할 수는 없다. 이에룬 같은 수놈이 궁극적으로 최상의 결과를 가져다주는 연합을 형성했는지를 설명해줄 수 있는 것은 궁극적인 목표를 고려하고 선택의 결과들을 평가할 수 있는 이런 전략적 지능에 의한 것이다.

사람들은 종종 자기가 한 행동의 목적을 나중에야 발견할 때가 있다. 예를 들어, 사춘기 시절에 우리는 부모에게 반항하고 도전한다. 한참 뒤에야 우리는 그러한 행동을 '독립하고 싶었기 때문'이라고 설명할지도 모른다. 그러나 이러한 동기를 분명히 의식하고서 부모와 갈등을 벌인 것이 아니었음을 기억해야 한다. 그것은 정체도 분명치 않은 무의식적 동기였다. 이와 비슷하게, 우리는 남들에게 영향력을 행사하길 원하고 그걸 위한 전술도 개발하지만, 그것이 우리의 목표라는 사실을 스스로 깨닫지 못할 수도 있다. 그것에 대해 생각하거나 이야기하는 것조차 회피할지도 모른다. 네덜란드의 사회심리학자 마우크 뮐더(Mauk Mulder)는 '인간은 권력을 행사함으로써 만족을 얻으며 타인에 대한 영향력을 키우려고 노력한다'는 사실을 일련의 실험을 통해 밝혔다. 그러나 동시에 '권력'이라는 단어의 주변에는 일종의 터부가 존재한다는 사실도 지적한다. "우리가 권력에 대해 말할 때 우리는 다른 사람들에 대해 말하고 있다……." 하지만 우리 자신에 대해 말할 때는 '책임을 지고 있다', '권위 있는 지위에 있다'거나 혹은 '힘겨운 결단을 통해 남을 돕고 있다'는 따위의 표현을 즐겨 쓴다.

새를 노리는 고양이는 마지막 점프를 '계산'해야만 한다. 새의 반응을 정확하게 예측하려면 많은 경험이 필요하다. 이런 점에서 새끼 고양이와 어미 고양이 사이에는 커다란 차이가 있다. 우리는 대개 고양이의 계산을 의식적인 과정이라고 여기지 않는다. 나는 우리 자신의 전략도 대체로 이와 아주 유사한 직관적인 계산에 의존하고 있다고 생각한다. 이런 계산은 경험에 기초하고 있고 상당량의 지능이 요구되지만 꼭 의식을 통할 필요는 없다. 마찬가지로 침팬지들도 의식적으로 자신의 전략을 계획하지 않고도 자신의 지능과 경험을 사용해 이성적인 행동 과정을 따라갈 수 있다.

인간은 말하는 영장류이지만 행동은 침팬지와 크게 다르지 않은 것이 사실이다. 우리는 말다툼, 도발적인 언어폭력, 항의와 간섭, 화해의 언사 등 여러 형태로 언어를 활용하지만, 침팬지는 그것들을 언어가 아닌 형태로 표현하는 것뿐이다. 인간이 말 대신 행동으로 무언가를 표현할 경우에는 침팬지와 더욱더 유사해진다. 침팬지는 비명과 큰소리를 지르고, 문을 두드리고, 물건을 던지고, 도움을 청하고, 나중에는 우호적인 접촉이나 포옹으로 무마하려 한다. 우리 인간들도 보통 의식적인 결정 없이 그러한 형태의 행동을 모두 연출한다. 이러한 행동들의 동기를 볼 때 인간과 침팬지는 크게 다르지 않다.

암놈과 수놈은 삶의 목표가 다른가

동물행동학자들 중에 어떤 이들은 동물들에게도 공감이라고 하는 감정이 있을 수 있다는 점을 받아들이려 하지 않는다. 하지만 영장류 동물들이 협력관계를 자주 보인다는 이야기를 들어본 이방인들에게는 그런 거리낌이 없다. 예컨대 실험 심리학자인 닉 험프리(Nick Humphrey)는 다음과 같이 적고 있다. "사회적 동물의 이기성은, 다른 용어가 마땅치 않기 때문에 내가 '공감'이라고 부르는 것에 의해 전형적으로 완화된다. 이때 '공감'이란 상대를 자신과 동일시하면서 상대의 목표를 어느 정도 자신의 목표로 인정하는 성향을 말한다." 이런 직관적인 해석을 증명하려면 공감의 정도를 측정할 수 있는 독립적인 수단이 있어야 한다. 그렇다면, 공감이 친밀함이나 친숙함과 연관되어 있다고 보고 이것들이 두 개체가 얼마나 많은 시간을 함께 보내느냐로 측정될 수 있다고 해보자.

그림을 그릴 줄 아는 침팬지로 유명한 콩고(Congo)의 경우에 친밀함과 그가 베푸는 지원의 양 사이에 분명한 관계가 있었다. 모리스의 보고에 따르면, 콩고는 자신과 친분이 있는 네 사람 각각에 대해 우선 순위를 매겼는데, 이 우선 순위는 콩고가 이들 각자와 얼마나 많은 시간을 보냈는가에 따라서 달라졌다. "우리들 네 사람은 서로 싸우는 시늉을 했다. 그런데 어느 경우라도 콩고는 자기가 가장 잘 아는 사람 편을 들었다. 이런 충성도 실험에서 발견된 흥미로운 사실은 콩고가 싸우는 사람 중에서 누가 가해자이고 누가 피해자인지에 대해서는 아무 관심이 없었다는 점이다." 콩고는 공감을 했기 때문에 이런 식으로 개입했던 것이다.

그렇다면 다른 침팬지들도 똑같은 행동을 할 수 있을까? 아른험 집

계산과 예측이 아이를 훈련시키는 법이다. 모닉은 죽은 나뭇가지는 부러진다는 것을 경험적으로 알고 있으며, 나뭇가지의 끝을 잡기 위해 미리 왼쪽 다리를 들어올리는 행동을 통해 자신의 지식을 증명하고 있다.

단에 대해서만큼은 이 질문에 답할 자료가 충분하다. 우선 몇 해 동안 일어난 충돌에서 500회에 이르는 개입 행동이 확인되었기 때문에 우리는 누가 누구를 지원하는지를 알 수 있다. 아울러 누가 누구와 더불어 털고르기, 놀아주기, 함께 걷기, 나란히 앉기 등을 즐기는지도 파악된다. 다음의 사례는 이 두 가지 요소를 우리가 어떻게 비교할 수 있는지를 보여주고 있다. 테펄과 암버르가 싸우자 파위스트가 간섭해서 암버르를 공격한다. 우리 기록에 의하면 파위스트는 암버르보다 테펄과 훨씬 많은 접촉을 한다. 이는 콩고처럼 파위스트 역시 평소에 친한 편에

서서 싸움에 개입했음을 뜻한다. 아른험 집단 전체를 놓고 보았을 때 이런 식의 개입은 65퍼센트에 달한다. 만일 친숙함이 결정적 요인이 아니라면 그 비율은 50퍼센트 안팎이 되어야 맞을 것이다. 이것은 개인적 선호도의 중요성을 입증해주는 것이다.

그러나 언뜻 보면 이런 결과가 별 것 아닌 것처럼 보인다. 사실 이것 말고 다른 어떤 것을 예상할 수 있겠는가? 하지만 각 개체별로 살펴보면 뜻밖의 사실이 발견된다. 총 23마리 가운데 21마리가 50퍼센트 이상을 나타낸 반면 두 마리만이 그 이하이다. 문제의 침팬지는 이에룬

도구의 제작, 도구의 사용, 그리고 전기철책으로 보호된 나무에서 싱싱한 이파리를 따기 위한 협동을 보여주고 있다.

옆 죽은 떡갈나무들 중 하나의 꼭대기에 올라간 니키가 가지를 부러뜨리려고 애쓰고 있다.

위 니키는 갈라진 나뭇가지 양끝을 분리시키려고 힘주어 밀고 있다.

니키가 나뭇가지를 꽉 붙잡고 라윗이 나무 위로 올라간다.

과 라윗이다. 기록된 개입 횟수가 신빙성 있는 결론을 내기에 충분할 정도로 크기 때문에 이들과 나머지 침팬지들 사이의 커다란 차이를 단지 우연의 문제로 돌릴 수는 없다. 그러면 이 차이는 무엇을 뜻하는가? 나이가 지긋한 이 두 수놈들은 개인적인 친밀도에 따라 개입하지 않는다. 그들은 자신들의 행동이 어떤 정치적 파장을 몰고 올 것인지를 너무나 잘 알고 있는 것 같았다. 이러한 내 해석에 비춰보면 그들의 개입은 권력을 증대시키려는 정책에 의한 것이다. 능숙하고 유연하게 연합을 형성하거나 파기하는 그들의 행동을 보고 있노라면 그런 행동들이 마치 정책의 번복, 합리적 결정, 그리고 기회주의와 같은 행동이 아닌가 하는 착각이 들 정도이다. 이런 정책에 공감과 반감이 끼어들 공간은 없다.

이런 해석은 다음과 같은 사실로 뒷받침된다. 즉, 이에룬과 라윗은 각자의 지도력이 확고하지 못했던 기간에는 친밀함에 따른 개입이 적었던 반면 안정적인 기간에는 50퍼센트를 상회했다. 이런 식의 패턴은 니키에게서도 나타났다. 그때는 바로 그가 암놈들이나 이에룬보다 서열이 상승하던 시기였다.

정리해보자. 협력은 반드시 공감에 의해 이뤄지는 것이 아니며, 특히 어른 수놈들이 사회적 지위에 대한 경쟁을 벌일 때는 더욱더 그렇다. 반면 암놈들이나 새끼들은 공감에 치우친 개입을 보여준다. 집단 전체로 보면 그런 개입은 75퍼센트에 달한다. 그들은 싸움이 벌어지면 대개 친척이나 사이좋은 친구들의 편을 든다. 즉, 우위를 차지하기 위한 수단으로 어떤 사건에 개입하기보다는 오히려 집단 내에서 벌어지는 사건 자체에 반응하고 있는 셈이다. 개입 패턴에 이런 성차性差가 존재한다는 사실은 부인할 수 없다. 단적으로 말해, 한쪽은 보살핌과 개인적

약속을 중시한다면 다른 한쪽은 전략적이며 지위 상승에 민감하다. 너무 뻔한 도식인가? 내가 편견에 사로잡혀 있는 것일까, 아니면 침팬지와 인간이 이런 점에서도 놀랄 만큼 유사한 것일까?

인간 행동의 성차에 관해서는 지금까지도 논쟁거리이다. 이 논쟁은 인간의 행동이 선천적인가 아니면 환경에 의한 것인가 하는 쟁점에 관한 것인데 많은 페미니스트들과 사회과학자들은 환경 쪽에 무게를 두면서 선천성은 경시해왔다. 하지만 이런 이분법은 대부분의 생물학자들에게는 설득력이 부족하다. 우리는 인간이 행하는 모든 것이 여러 영향들의 조합에 의해서 결정된다고 믿기 때문이다. 최근에는 대중들도 이런 견해 쪽으로 돌아서고 있다. 남성과 여성은 유전적인 측면뿐만 아니라 해부 구조, 호르몬, 신경, 행동의 측면에서도 서로 다르다. 따라서 이 많은 요소들 중에서 행동 측면만 따로 떼서 생각하는 것은 이치에 맞지 않다. 또한 행동에 있어서 성차가 각 성별의 행동을 '명령'하는 유전적 프로그램의 차이일 필요는 없다. 이런 본능주의적 설명은 침팬지들 사이에서 엄존하는 개성의 차이뿐만 아니라 사회적 환경이 주는 명백한 영향을 잘 반영할 수 없다.

연구가 진행되는 과정에서 나는 침팬지의 성차에 대한 입장을 수정해갔다. 처음에는 암수의 행동 차이를 본성의 측면에서 보았지만 지금은 그 차이를 암수의 사회적 목표 차이에 근거해서 보려고 한다. 만약 암수가 살아가면서 각자 다른 것을 얻으려고 노력한다면 분명 다른 행동을 보일 것이라 기대할 수 있다. 즉, X라는 목표를 향한 길은 Y라는 목표를 향하는 길과는 다른 행동 전략을 요구할 것이다. 이러한 전략이 유전적으로 구체화될 필요는 없다. 그것들은 경험과 학습을 통해 발전할 수도 있기 때문이다.

암놈 침팬지는 경쟁을 기피하는 성향이 있다. 먹이가 사방팔방에 흩어져 있는 야생에서 충분한 음식을 얻으려면 이들은 숲 여기저기로 흩어져 다녀야 한다. 또한 암놈들은 자식을 안전하게 키울 수 있는 환경을 조성하는 데 관심이 많다. 그들이 아른험 동물원과 같은 환경에서 화해의 역할을 담당하고 있는 것은 바로 이 때문이다. 성인 수놈들과 어쩔 수 없이 함께 생활해야만 하지 않는가! 암놈들의 경쟁 기피 성향은 그들이 왜 니키 같은 젊은 도전자 대신 안정적이고 나이 든 지도자를 지지하는 이유도 설명해준다. 반면, 수놈들의 경우 안정은 그들이 1인자의 지위에 있을 때만 좋은 것이다. 수놈들은 위계적으로 꽉 짜여진 집단을 조직하고 그 속에서 자신의 지위를 상승시키려는 성향을 진화시켰다. 야생에서 수놈들은 서로 의존한다. 인접 집단과 영역 다툼을 벌이는 데 있어 협력은 생사가 달린 문제이다. 수놈의 번식은 암놈과의 짝짓기 빈도에 따라 달라지며 영토 크기와 자식의 수에도 의존하는데, 결국 이 모든 것들은 그 체계 내에서 수놈의 사회적 지위에 달려 있다.

그렇다면 인간이 연합 행동을 할 때에는 어떤 식의 성차가 존재한다고 알려져 있을까? 사회심리학자인 존 본드(John Bond)와 에드가 비나크(Edgar Vinacke)는 세 사람으로 구성된 집단(두 명의 남성과 한 명의 여성, 또는 한 명의 남성과 두 명의 여성)을 만들고 협조를 할 경우에 승리할 기회가 증가하는 경쟁 게임을 시켜보았다. 360회에 걸친 실험에서 남성은 연합의 주도권을 여성보다 더 많이 쥐며, 특히 득이 되는 경우에 솔선하여 연합을 형성한다는 결론이 나왔다. 반면 여성은 게임을 더욱 의미 있게 만드는 분위기를 찾는 데 주력한다. 예컨대 여성들은 약자와 힘을 합해 남성의 경쟁에 대항했다. 결과적으로는 여성의 연합 전략이 남성의 그것과 크게 다를 바 없었다. 하지만 연합의 패턴이 남성의 경우와 판이하게 달랐다. 두 심리학자가 여성들 간의 연합을 '협조적'이라 부르고 남자의 연합을 '착취적'이라고 지칭한 것은 바로 그 때문이다. 이와 비슷한 연구들은 상당히 많다. 그리고 그 결론들은 한결같다. 즉, 남성은 승리에 집착하고 전략적 고려에 사로잡혀 있는 반면 여성은 개인간 접촉에 더 큰 흥미를 느끼며 주로 자기가 좋아하는 사람과 인간적인 연합을 이룬다는 것이다.

착취적 연합과 기회주의는 정치 무대에서 가장 뚜렷하게 나타난다. 인류학·정치학적 연구에 따르면 여성은 자신과 멀리 떨어진 정치적 사건보다는 주변의 사건에 더 많은 관심을 기울이는 반면, 남성은 '거대' 정치에 참여하려 하고 권력의 핵심에 더 큰 매력을 느낀다. 이런 식의 성차는 보편적인 것이기 때문에 이 문제를 종합적으로 검토한 디아든(J. Dearden)은 사회·문화적 요인보다는 생물학적 요인을 더욱 강조했다. 하지만 성차는 언제나 통계적인 성질을 띠고 있다. 예를 들어 인간의 정치 무대에서 이 규칙에 들어맞지 않은 사례들은 얼마든지 있으며 침팬지 사회에서도 마찬가지이다. 친밀한 파트너와 협력함으로써 성공의 기회를 높일 수 있다는 사실을 깨달은 수놈들은 분명 그렇게 할 것이다. 탄자니아의 곰비 강 유역에 살던 형제 침팬지인 파벤과 피간의 연합은 이에 대한 좋은 본보기이다. 반면 암놈들도 권력에 전혀 무관심하다고는 할 수 없다. 앞서 살펴본 것처럼 마마는 1인자의 지위를 포기하는 상황에서 완강하게 저항했으며 암놈들은 수놈들의 정권 교체기, 특히 첫 번째 교체기 때에 적극적인 역할을 담당했다.

아른험 집단에서는 여러 마리의 암놈들이 늘 함께 살고 있기 때문에 야생의 침팬지 집단보다 암놈들의 정치적 영향력이 더 크다. 만일 환경이 양성의 역할을 결정하는 데 매우 중요하다면 생물학적 요소들은 대체 얼마나 중요해지는가? 한번은 사회학자인 휘호 덴하르토흐(Hugo den Hartog)가 내 질문에 대한 대답으로서 '최소 가설'을 제안했다. 즉, 서열이 높은 놈들의 경우에는 1인자의 지위가 바로 눈앞에 있기 때문에 공격적인 전략과 위협적인 행동을 해볼 만한 동기가 부여되지만, 서열이 낮은 놈들의 경우에는 그러한 자극이 없어서 우위자의 억압에 대해 안정적이고 충실하며 우호적인 협력으로 반응한다는 가설이다. 수놈 침팬지는 강력한 육체적 힘 덕택에 첫 번째 부류에 해당하며 그에 따라 행동한다. 바꾸어 말하면, 유전적 영향은 육체적 힘의 차이에 국한되고 이런 육체적 차이로 인해 서열상에 큰 간극이 생기며 그로 인해 양성의 역할 차이가 심화된다는 주장이다.

이 가설은 대단히 매력적이다. 단, 유일한 결점이라면 침팬지의 경우와 놀랄 만큼 흡사한 인간의 연합 행동에서 보여지는 성차에 대해서는 설명하지 못한다는 점이다(남녀 사이의 체격과 체력의 차이가 상식적으로 생각하는 것보다 우리 사회에서 중요한 역할을 하고 있는 것이 아니라면 말이다). 어쨌든, 행동이 A에서 Z까지 모두 유전에 의한 것은 아닐지라도 유전적 영향은 우리가 지금까지 생각해왔던 것보다 훨씬 더 클 수 있다. 유전적 영향과 사회적 영향을 분리해보려면 암놈만으로 이뤄진 집단과 수놈만으로 이뤄진 집단이 필요하다. 그렇게 되면 암놈들만으로 이뤄진 집단에서 최고의 자리에 있는 개체들은 착취적인 전략을 발전시키는 수놈들과 동일한 상황에 처하게 될 것이다. 과연 이런 상황에서 기회주의적인 암놈들이 생겨날까? 한편 수놈들로만 구성된 집단의 경우에 서열이 낮은 수놈들은 마찬가지 상황에 처해 있는 암놈들처럼 방어적이고 충직한 태도를 취할 것인가? 이런 실험은 아직 시도된 바 없기 때문에 어떤 결과가 나올 것인지는 감히 예상하지 않겠다.

나눔

얼마 전 우리는 관찰대 창문을 통해 다량의 떡갈나무 잎을 사육장에 넣어주었다. 이것을 본 이에룬이 위협 행동을 하면서 전속력으로 달려왔다. 하지만 다른 침팬지들은 그 누구도 잎 근처에 올 엄두를 내지 못했다. 이에룬은 나뭇잎을 모두 긁어모았다. 10분 정도 지나자 다른 침팬지들은 큰 놈 작은 놈 할 것 없이 그의 전리품을 분배받았다. 어른 수놈에게는 자기 자신이 얼마나 많이 차지하는가는 별로 중요하지 않다. 중요한 것은 누가 분배자의 역할을 하는가이다(그러나 이런 행동은 우연하게 생긴 여분의 음식일 경우에만 해당된다. 홀로만 집단에서 보여준 것처럼 침팬지들은 매일 먹는 음식을 위해서 또는 허기가 졌을 때는 격렬하게 싸운다).

반면 암놈들은 주로 자기 새끼나 가장 친한 친구들에게만 나눠주고 다른 구성원들과는 자주 다투는 경향이 있다. 완력으로 먹을 것을 빼앗는 경우는 우리 집단에서는 극히 드물었다. 유인원은 어렸을 때부터 나눔에 대해 배운다. 예를 들어보자. 오르가 잎사귀가 달린 가지를 발견했다. 이때 폰스가 소리를 지르면서 나뭇가지를 잡아당겼지만 아무 것도 얻지 못했다. 오르와 가장 친한 암버르가 싸우고 있는 두 침팬지에게 다가오더니 오르의 손에 있던 나뭇가지를 빼앗았다. 나뭇가지를 조금 잘라서 폰스에게 주고 자기 몫도 조금 챙겼다. 그리고 나머지 대부분은 오르에게 돌려주었다.

자연 서식지에 사는 침팬지들은 사냥을 한 뒤 고기를 분배하는 것으로 알려져 있다. 어른 수놈들은 때때로 완벽한 협력을 통해 사냥을 한다. 사냥이 끝나면 집단의 다른 구성원들이 나눠달라고 몰려든다. 이런 일치된 행동과 수확물 분배 행동은 아른험 집단에서도 관찰된다. 예컨대 금지된 나뭇가지를 '사냥'하는 경우에 흔히 발생한다. 수놈들은 전기철책으로 보호되고 있는 나무 위에 올라가기 위해 긴 나뭇가지를 사용한다. 처음에는 주변에 널린 나뭇가지를 사용했지만 나중에는 의도적으로 죽은 떡갈나무 가지를 잘라서 썼다. 지상에서 20미터쯤 되는 높이에서 무거운 나뭇가지를 벌려서 꺾어내는 작업은 대단히 위험하다. 한 손으로는 가지를 꺾으면서 다른 한 손으로는 반대편 가지를 단단하게 잡고 있어야 한다. 실수라도 하면 잘린 가지가 부러지면서 침팬지가 추락할 위험도 있다. 다행히 침팬지가 떨어진 적은 한 번도 없었지만 그들은 어느 쪽 가지가 안전한 생명줄이 될 것인지 모르는 것 같았다. 때로는 발 밑에서 가지 부러지는 소리에 깜짝 놀라 당황해 하면서 재빨리 나무에서 도망가기도 했다.

모든 것이 계획대로 진행되면 수놈은 꺾은 가지를 땅으로 내려보내 '사다리'처럼 설치한다. 이 일은 보통 수놈들끼리 긴밀한 협력을 통해 이뤄지지만 때로는 암놈들이 돕는 경우도 있다. 나무 위에 있는 수놈은 필요한 것보다 훨씬 많은 가지를 꺾어서 기다리고 있는 다른 침팬지들에게 떨어뜨린다. 이러한 분배의 과정은 가끔씩 선택적으로 이뤄지기도 한다. 예컨대 니키가 나무에 올라갈 수 있도록 가지를 붙잡아준 단디는 니키가 모은 가지의 절반을 차지했다. 이것은 제공한 서비스에 대한 직접적인 반대급부처럼 보인다.

수놈들은 긴장과 욕구불만을 해소하기 위해 어떤 일을 같이 하자고 서로를 종종 초대하는 것 같다. 예를 들어, 니키가 라윗에게 이에룬과의 접촉을 허락하지 않으면 라윗은 죽은 떡갈나무 쪽으로 올라가 나뭇가지를 꺾으려고 시도하면서 협력 행동을 유발하곤 했다. 긴장 해소를 위한 이러한 협력은 정말 우연하게 일어나기도 한다. 언젠가 니키가

위 나무 위에서 가지 하나가 떨어지고 이를 두 개로 꺾는다. 쓰기에 너무 짧은 한쪽을 라윗이 잡고 있는 사이, 아직 나무에 매달려 있는 니키가 부러뜨린 다른쪽 가지를 가지고 내려온다.

옆 라윗은 니키로부터 긴 나뭇가지를 넘겨받고(위) 이것을 전기철책으로 보호된 나무로 가져간다. 다른 녀석들은 '후우후우'하는 흥분된 소리를 지르며 뒤를 따른다. 라윗은 갈라진 쪽을 아래로 해서 그 가지를 버팀목처럼 나무에 기댄다(아래 왼쪽). 이제 니키가 갈라진 쪽을 위로 기대어 단단히 고정시킨다(아래 오른쪽).

나란히 이에룬과 라윗을 향해 격렬하게 과시 행위를 하면서 펄쩍펄쩍 뛰다가 그만 나뭇가지 하나를 꺾게 되었다. 적대관계는 즉각 잊혀졌다. 세 수놈이 서로 껴안더니 꺾여진 가지를 금단의 나무로 옮겼다.

다른 침팬지들을 위해 가지를 붙들고 있어주는 행위는 연합 형성 행위 그 이상인 것 같다. 왜냐하면 그런 도움 행동을 하기 위해서는 고도의 계산이 필요하기 때문이다. 나뭇잎과 고기를 나눠먹는 것도 마찬가지이다. 우리는 이런 행위가 성적 특권을 양보한다거나 바람막이가 되어주는 것보다는 선뜻 이뤄질 수 있는 관용적 행위라고 여긴다. 물론 이 두 가지 형태의 협력은 서로 연관되어 있다. 침팬지 수놈은 물질적인 것을 나눌 때에는 놀랄 정도로 너그럽다. 자기 손에 있는 물건을 암놈들이 낚아채는 것조차 용인할 정도다. 이러한 특성은 사회적 행동에서도 나타난다(라이벌에 대해서만큼은 예외지만). 그들은 도움을 줌으로써 동시에 통제하려 한다. 위협받는 이를 보호해주는 대신에 그로부터 존경과 지지를 받아내는 것이다.

사람들 사이에서도 물질적인 인심과 사회적인 관용의 경계는 아주 모호하다. 심리학자인 하비 긴스버그(Harvey Ginsburg)와 셜리 밀러(Shirley Miller)가 어린이들을 관찰한 바에 따르면 가장 우위에 있는 아이는 싸움에 개입해서 약자를 지켜줄 뿐만 아니라 친구들에게 기꺼이 자신의 물건을 나눠주는 경향이 있다고 한다. 이런 행위가 동년배들 사이에서 높은 지위를 누리는 데 도움을 준다고 연구자들은 밝히고 있다. 인류학자들의 원시부족 연구에서도 유사한 모습이 발견된다. 거기서 추장은 통제적 역할에 필적하는 경제적 역할을 수행한다. 즉, 추장은 주면서 받는 것이다. 추장은 부유하지만 부족 사람들을 착취하지 않는다. 오히려 거대한 축제를 베풀고 가난한 자들을 돕는다. 그가 받은 선물이나 물자를 공동체로 되돌리는 것이다. 모든 것을 독점하려는 추장은 위험에 빠지기 마련이다. '노블리스 오블리제(noblesse oblige)', 즉 높은 신분에는 더 많은 도덕적 의무가 따르는 것이다. 살린즈는 "인간은 존경받기 위해서 너그럽지 않으면 안 된다"고 말했다. 이런 보편적인 인간 체계, 즉 재산 획득과 재분배의 체계는 그것이 원시부족 사회의 추장에 의해서건 아니면 현대 사회의 정부에 의해서건 간에 침팬지들이 사용하는 체계와 다를 바 없다. 단지 '재산'이란 말을 '지원과 사회적 베풂'이라는 말로 바꾸기만 하면 된다.

이런 의미에서 우리 선조들이 물물교환을 시작하기 오래 전부터 중앙에 집중된 사회 조직 속에서 살고 있었을 것이라는 가정은 지극히 합당한 것이다. 그 최초의 체계가 현재의 체계를 위한 청사진으로 사용되어 왔음은 너무나 당연하다.

서로의 편리를 주고받는 침팬지들

가까운 과거의 영향은 늘 과대평가된다. 예컨대 가장 위대한 발명이 무엇인가라는 질문을 받으면 우리는 바퀴, 쟁기, 그리고 불의 사용보다는 전화, 전등, 반도체 등을 더 쉽게 떠올린다. 마찬가지로 사람들은 현대 사회의 기원을 대개 농경, 교역, 그리고 공업의 발흥 등에서 찾는다. 하지만 인간 사회의 역사는 이런 현상들보다 수천 배 이상 오래된 것이다. 음식의 나눔이 인간의 호혜적 성향을 진화시키는 데 강력한 자극제가 되었다고들 한다. 그러나 반대로 사회적 호혜성이 더 먼저 존재했고 그것 때문에 음식 나눔과 같은 유형적인 교환이 비롯되었다고 가정하는 것이 더 논리적이지 않을까?

호혜성의 징후는 침팬지의 행동에 잘 나타나 있다. 예를 들어, 연합(A가 B를 지지하고 B가 A를 지지한다), 불간섭 동맹(B가 중립을 지키면 A도 중립을 지킨다), 성적 흥정(B가 A에게 털고르기를 해주면 A는 B의 교미를 허락한다), 그리고 화해의 강요(B가 A에게 '인사'하지 않으면 A는 B와 접촉하지 않는다)가 그것이다. 흥미로운 점은 이 호혜성이 긍정적인 의미뿐만 아니라 부정적인 의미로도 일어난다는 것이다. 상대편에 합류했던 암놈들을 개별적으로 응징하던 니키의 습관에 대해서는 앞서 설명한 바 있다. 이런 방식으로 니키는 부정적 행동을 또 다른 부정적 행동으로 되갚았던 것이다. 이런 기제의 작동은 침팬지들이 서로 헤어져서 잠자리에 들 때 주기적으로 관찰된다. 의견 대립이 언제 일어났건 상관없이 대립이 청산되는 시간은 바로 그때이다. 예컨대, 어느 날 아침 마마와 오르 사이에 다툼이 벌어졌다. 오르가 니키에게 달려가더니 거친 몸짓과 과장된 소리로 강력한 적수인 마마를 공격해줄 것을 설득했다. 니키가 마마를 공격했고 오르가 승리를 거뒀다. 그러나 여섯 시간 정도 지난 그날 저녁에 침팬지들의 숙소에서는 물어뜯고 싸우는 소리가 밖으로 들려왔다. 사육사가 나중에 말하길 마마는 결연한 태도로 확실하게 오르를 공격했단다. 두말할 것도 없이 니키는 그 현장에 없었다.

인류학자와 사회생물학자들은 그동안 호혜성 이론을 발전시키는 과정에서 부정적인 행동에 대해서는 그냥 지나쳤다. 이런 사실은 이 주제에 대한 유명한 저작들의 책 제목만 봐도 충분히 알 수 있다. 페터 크로포트킨(Peter Kropotkin)의 《상호 원조 : 진화의 한 요인(Mutual Aid: A Factor of Evolution)》(1902), 마르셀 모스(Marcel Mauss)의 《증여론(The Gift)》(1924), 로버트 트리버스(Robert Trivers)의 《호혜적 이타성의 진화

(The Evolution of Reciprocal Altruism)》(1971) 등을 보라. 하지만 긍정적인 교환의 강조에도 불구하고 호혜성 이론은 이런 저작들을 통해 엄청나게 진보했다. 어떤 인류학자들은 인간의 협력과 연대의 생물학적 뿌리를 부정하고 있지만 문화와 유전의 통합적 설명을 계속해서 반대하기는 힘들 것이다.

사회심리학은 또 다른 강력한 학파이다. 티보(J. Thibaut)와 켈리(H. Kelly)가 《집단의 사회심리학(Social Psychology of Group)》(1959)이라는 저서에서 '모든 개인은 보상과 대가의 측면에서 충분히 만족할 수 있을 때에만 자발적인 관계를 맺고 유지한다'고 주장한 이래로 인간 사이의 상호작용은 일종의 손익 거래로 간주되어 왔다. 여기서도 호혜성은 긍정적인 형태뿐만 아니라 부정적인 형태로도 중요한 주제이다.

이처럼 각양각색의 과학자들은 주고받기 식의 협정에 매료되었다. 즉, 대부분의 사람들이 주고받기 기제를 매우 근본적인 것으로 여겼다. 은혜에 보답하건 복수를 도모하건 그 원리는 교환이다. 그리고 가장 중요한 것은 이런 원리가 작동하기 위해서는 사회적 상호작용이 기억돼야 한다는 점이다. 이 과정은 대개 무의식적으로 일어난다. 하지만 경험에 비춰보면 손익 차이가 너무 큰 경우에는 무언가가 의식의 수면 위로 슬그머니 올라온다는 사실을 알 수 있다. 그제야 우리는 자신의 감정을 말로 표현한다. 하지만 어쨌든 호혜적 행동은 대개 조용하게 일어난다.

교환의 원리는 좋은 행동에는 보상을 내리고 나쁜 행동에는 벌을 주는 방식으로 일종의 교육 기능을 담당한다. 예를 들어 마마와 니키의 관계가 어떻게 발전했는지를 보면 영향을 주고받는 상호작용이 얼마나 복잡할 수 있는지를 단적으로 알 수 있다. 그들의 관계는 양면적이다. 여러 정황들에 비춰보면 그들은 서로를 매우 좋아하고 있다. 예를 들어,

마마가 한 달 만에 집단으로 되돌아왔을 때 그녀는 그동안 대부분의 시간을 함께 보냈던 호릴라, 이미, 이에룬 등에게로 가지 않았다. 대신에 니키의 털을 몇 시간이나 골라주었다. 한편 니키는 집단에 있는 모든 새끼들 중에서 마마의 딸인 모닉을 가장 아꼈다.

그러나 잠시 동안이긴 하지만 그들 사이의 적대적인 관계도 관찰되었다. 니키가 권력을 잡은 초창기에 이에룬은 젊은 지도자인 니키에게 맞서려고 암놈들을 선동했다. 그런데 마마는 이에룬의 주요 동맹자였던 것이다. 그러다가 니키가 이에룬과 화해함으로써 그 둘 간의 사건은 종결되었으나 니키와 마마의 관계는 오히려 더 꼬이기 시작했다. 니키는 마마에게 가서 그동안 자신에게 저질렀던 반역 행위에 대해 응징을 가했다. 그러나 이것으로 관계가 정리된 것은 아니다. 이런 응징이 있고 나서 니키가 마마에게 화해를 시도했으나 이번에는 마마가 거부했기 때문이다. 이를테면 니키가 마마의 뺨을 친다. 그러나 잠시 뒤에 마마 곁에 앉아 '쑥스러운 듯' 풀을 뽑는다. 마마는 니키를 못 본 척하면서 자리를 뜬다. 니키는 잠시 기다렸다가 털을 곤두세운다. 그러면 모든 과정이 다시 반복된다. 이는 분명 부정적인 의미의 호혜성을 보여주는 단계이다.

니키에 대한 이에룬의 저항이 줄어들면서 마마는 니키에 대해 점점 호의를 보이기 시작했다. 마마는 여전히 이에룬을 지지하긴 했지만 니키가 나중에 마마와 평화적인 관계를 맺게 되자 더 이상 니키에게 '감정적인 복수'는 하지 않았다. 그 이후로 몇 년의 과정을 거치면서 마마는 이에룬과 니키의 갈등이 끝나기 '전에' 니키와 화해를 하게 되었다. 어떤 때는 마마와 이에룬이 함께 니키를 쫓아내기도 했지만 다음 순간에 마마는 니키를 애정으로 끌어안았다. 그때 두 수놈의 다툼은 계속되었으나 마마는 더 이상 그 싸움에 끼어들지 않았다.

시간이 좀더 지나자 상황은 한층 묘해졌다. 니키가 이에룬을 향해 과시 행위를 하기 전에 마마에게 키스를 하기 시작한 것이다. 심지어 과시 행위를 하는 중간에도 니키는 마마에게 키스를 해대곤 했다. 이것은 마마와 니키의 화해로 인한 행위로서 이후의 다른 충돌이 생기기 전까지 점진적으로 발전했다. 한편으로 이것은 마마의 중립성을 표시하는 행위처럼 보일 수 있었다. 니키와 마마는 긍정적 측면의 호혜적 행동을 보여주었던 셈이다.

나는 각 개체가 다른 개체들의 싸움에 어떻게 개입하고 있는지를 비교해봄으로써 연합의 양면적 특성을 통계적으로 연구했다. 안정기에는 그 같은 개입이(두 마리가 서로를 지원하는) 긍정적인 의미와 (두 마리가 서로의 적을 지원하는) 부정적인 의미에서 모두 대칭적이다. 그러나 호혜성의 전체적인 모습을 알고자 한다면 더 많은 종류의 행동들을 분석하지 않으면 안 될 것이다. 개입이 그것을 상쇄하는 또 다른 개입들로 계속해서 이어질 필요는 없다. 정기적인 수혜자는 시혜자에게 관용을 베풀거나 털고르기를 해주는 방식으로 화답할 수 있기 때문이다. 우리는 결국 아른험 침팬지들을 상대로 그런 분석을 해낼 수도 있으리라. 당분간 나는 다음과 같이 정리하고 싶다. 침팬지 집단생활은 권력, 섹스, 애정, 지지, 편협, 적대감이 교환되는 시장과 같다고. 그리고 이런 교환은 다음의 두 가지 기본 원칙에 따라 이뤄진다고. '선善은 선을 불러온다', '눈에는 눈, 이에는 이'.[21]

하지만 이런 원칙이 늘 준수되는 것은 아니다. 배신자는 처벌받을 수도 있다. 한번은 이런 일이 있었다. 파위스트는 라윗이 니키를 쫓는 것을 거들었다. 나중에 니키가 파위스트에게 과시 행위를 하자 파위스트는 라윗에게 손을 내밀며 도움을 청했다. 그러나 라윗은 니키의 공격을 받고 있는 파위스트를 보호해주지 않았다. 파위스트는 즉각 라윗을 향해 무섭게 으르렁거리면서 그를 뒤쫓아갔고 심지어 그를 때리기까지 했다. 이전에 자신의 도움을 받았던 라윗이 자신의 도움 요청에 모른 척했기 때문에 파위스트가 화가 났던 것일까? 만일 그것이 사실이라면 침팬지의 호혜성도 인간들 사이의 호혜적 행동처럼 일종의 도덕심과 정의감 같은 것에 의해 작동되고 있는지도 모른다.

정치의 기원

왼쪽부터 암버르, 타르잔, 테필, 호릴라

§

우리 연구의 결과가 모든 침팬지 집단에 다 들어맞는다고 할 수는 없을 것이다. 왜냐하면 사회생활을 지배하는 여러 규칙들은 부분적으로 집단의 생활조건과 역사에 따라 달라지기 때문이다. 모든 공동체는 자기만의 사회적 전통을 발전시킨다. 하지만 그 같은 다양한 변이는 해당 종種의 중심에 특징적인 어떤 기본적인 틀을 두고 이루어진다. 아른험 집단의 기본 골격 역시 다른 침팬지 집단과 다를 바가 없다. 자연 서식지에서 시도된 연구로는 알 수 없었던 침팬지 사회의 복잡성을 발견한 것은 단지 우리가 침팬지들을 아주 자세하게 관찰할 수 있었기 때문이리라.

공식화(formalization)

서열은 공식적으로 승인되어야 한다. 서열이 불명확해지면 권력투쟁이 벌어진다. 그 결과 승리한 쪽은 자신의 새로운 사회적 지위가 공식적으로 인정되지 않는 한 화해를 거부한다.

목이 마른 침팬지들이 지붕에서 떨어지는 빗물을 받아 마시고 있다. 왼쪽이 이미, 오른쪽이 테펄

영향력(influence)

집단생활에 미치는 각 개체의 영향력이 반드시 그 개체의 공식 서열과 일치하는 것은 아니다. 영향력은 성격, 나이, 경험, 연고 등에 의해서도 달라진다. 나는 아른험 집단의 경우에 가장 나이 많은 수놈(이에룬)과 암놈(마마)이 가장 큰 영향력을 갖고 있다고 생각한다.

연합(coalitions)

다툼에 개입하는 것은 친구나 친지를 돕기 위해서, 혹은 권력상승을 위해서이다. 권력상승을 위한 기회주의적 유형의 개입은 특히 장성한 수놈들 사이의 연합에서 보여지며, 고립화 전술(isolation tactics)로 진행된다. 인간에게도 이와 비슷한 성차性差가 존재한다는 증거가 있다.

균형(balance)

서로 라이벌 관계에 있음에도 불구하고 수놈들은 강한 사회적 연대를 형성한다. 그들은 상호간의 연합, 각자의 싸움 능력, 암놈의 지지 등에 기반을 둔 세력균형 체계를 발전시키는 경향이 있다.

안정(stability)

암놈들 사이의 관계는 수놈들에 비해 덜 계층적이며 훨씬 안정적이다. 암놈들이 안정을 희구한다는 사실은 수놈들의 지위 경쟁에 대한 그들의 태도에서도 엿볼 수 있다. 암놈은 수놈들을 중재하기도 한다.

교환(exchanges)

중앙집권적이며 호혜적 거래가 이뤄지고 있는 인간의 경제 시스템은 침팬지의 집단생활에서도 발견된다. 침팬지들은 선물이나 재화보다 사회적 호의를 교환한다. 그들의 지원은 중심적 역할을 수행하는 리더에게 집중되고, 이 리더는 이런 기득권을 사용하여 사회적 안전을 제공한다. 만약 리더가 자신이 받은 구성원들의 지원을 재분배하는 데 실패하면 그의 지위가 위협받는다. 이런 의미에서, 사회의 안녕을 지키는 것은 그의 의무이다.

술수(manipulation)

침팬지는 영민한 모사꾼이다. 그들의 능력은 도구 사용에서도 분명하게 드러나지만 다른 침팬지들을 사회적인 도구로 이용한다는 점에서 더욱 두드러진다.

합리적 전략(rational strategies)

침팬지는 지배 전략을 미리 기획할 수 있는 능력을 갖고 있는 것 같다. 명백한 증거는 없지만 여러 실험 연구들이 이 문제에 관해 우리가 열린 마음을 가져야 함을 보여주고 있다.

특권(privileges)

결국 지위가 높은 수놈이 더 자주 교미를 한다. 교미의 성공이 곧 번식의 성공을 뜻한다면 수놈들의 야망이 왜 진화했는지가 잘 이해된다.

내가 보기에 가장 놀라운 결과는 사회 조직에 두 개의 층위가 존재하는 것처럼 보인다는 점이다. 첫번째 층은 적어도 가장 강력한 개체들 사이에 존재하는 명백한 서열 순위이다. 영장류학자들 사이에서 '우열 개념'의 가치에 대한 많은 논쟁이 있기는 했지만, 그들은 모두 계급 구조를 무시할 수는 없다는 것을 알고 있다. 논쟁은 계급 구조의 존재 여부에 대해서가 아니라 서열관계에 대한 지식이 어느 정도로 사회적 과정을 설명하는 데 도움이 될 것인가에 대한 것이다. 나는 우리가 공식적 위계관계에만 초점을 맞춘다면 매우 빈약한 설명을 얻을 수밖에 없을 것이라고 생각한다.

우리는 그 배후에 있는 두 번째 층위, 즉 영향력을 가진 지위들의 네트워크 역시 바라볼 수 있어야 한다. 이런 지위들은 정의 내리기가 훨씬 더 힘들다. 내가 이 책에서 영향력과 권력이라는 용어로 묘사한 것들은 불완전한 첫 시도일 뿐이다. 내가 봤던 것은 어떤 개체가 최고의 자리를 잃었다고 해서 완전히 잊혀진 존재로 추락하는 것은 아니라는 점이다. 그들은 여전히 많은 것을 조종할 수 있다. 마찬가지로, 지위가 상승해서 언뜻 두목처럼 보이는 개체일지라도 매사에 가장 강력한 발언권을 자동적으로 갖지는 못한다는 사실이다. 사회 조직에서 벌어지는 이런 이중성을 인간의 용어로 설명할 수밖에 없다면, 그것은 우리네 인간 사회에서 그들과 아주 비슷한 막후 영향력 때문일 것이다.

아리스토텔레스가 인간을 '정치적 동물'이라고 칭했을 때, 그는 자신의 말이 얼마나 진실에 가까운지 잘 몰랐을 것이다. 우리의 정치적 활동은 인간과 가까운 친척과 공유하는 진화적 유산의 일부처럼 여겨진다. 만일 내가 아른험에서 연구하기 전에 누군가 이와 동일한 이야기를 했다면 너무 교묘한 유추라며 그런 발상을 받아들이지 못했을 것이다. 그러나 아른험에서의 연구가 내게 가르쳐준 것이 있다면 그것은 정치의 기원이 인류의 역사보다 더 오래됐다는 사실이다. 혹자는 내가 의식적이든 무의식적이든 인간의 행동 패턴을 침팬지에게 투영한 것이 아니냐고 비판할지도 모르겠다. 그러나 이런 비판은 옳지 않은 것이며, 오히려 그 반대가 진실에 가깝다. 침팬지들의 행동에 대한 지식과 경험이 인간을 또 다른 눈으로 볼 수 있게 해주었기 때문이다.

만약 정치를 영향력 있는 지위를 획득하고 유지하는 사회적 술수라고 넓게 정의한다면 정치는 모든 사람과 관계된다. 중앙정부나 지방정부는 말할 것도 없고, 가정, 학교, 직장, 그리고 각종 모임에서 우리는 정치라는 현상과 일상적으로 마주하고 있다. 우리는 매일 갈등을 야기하거나 혹은 다른 이들의 갈등에 개입한다. 우리에게는 지지자와 경쟁자가 있다. 그리고 이들과의 유익한 관계를 매일매일 다져간다. 그러나 이러한 일상적인 정치 행위가 항상 그 자체로서 인식되는 것은 아니다. 인간은 자신의 의도를 은폐하는 데 달인이기 때문이다. 예컨대, 정치인들은 그들의 이상과 공약에 대해서는 목소리를 높이지만 권력을 향한 개인적 야망을 노출시키지 않도록 애쓴다. 그러한 야망을 비난하려는 것은 아니다. 결국 누구나 똑같은 게임을 벌이기 때문이다. 한 가지 더 흥미로운 사실은 인간들이 자신의 동기를 타인에게 숨기려 할 뿐만 아니라 그러한 동기가 자신의 행동에 미치는 영향에 관해서도 과소평가한다는 사실이다. 반면, 침팬지는 '더욱 천박한' 자신의 동기를 아주 뻔뻔스럽게 알린다. 권력에 대한 침팬지의 관심이 인간보다 더 강해서가 아니다. 단지 아주 적나라할 뿐이다.

대략 5세기 전에 마키아벨리는 이탈리아의 군주나 교황, 또는 메디치나 보르자 같은 세도 가문의 정치적 술수를 묘사했다. 불행하게도 칭찬받아 마땅한 그의 실감나는 분석은 종종 그들의 정치적 음모를 도덕적으로 정당화한 것으로 오해받았다. 한 가지 이유는 그가 경쟁과 갈등을 부정적인 요소가 아니라 건설적인 것으로 묘사했기 때문이다. 마키아벨리는 권력을 둘러싼 동기를 부정하거나 은폐하려는 태도를 최초로 거부한 사람이었다. 기존의 집단적 허위에 대한 폭로는 호의적으로 받아들여지지 못했다. 도리어 인간에 대한 모욕으로 간주됐다.

인간을 침팬지와 비교하는 것도 마찬가지로 모욕적이거나, 혹은 그 이상의 죄악으로 받아들여질 수도 있다. 결과적으로 인간의 동기를 더욱 동물적으로 만든 것처럼 보이기 때문이다. 그러나 침팬지들 사이에서 권력 정치는 단지 '나쁘다'거나 '더럽다'는 문제가 아니다. 왜냐하면 그것은 아른험 집단에 사는 침팬지들에게 논리적 정합성을 가져다주었을 뿐만 아니라, 심지어 민주적 구조도 안겨주었다. 모든 파벌들은 일시적인 권력 균형에 이를 때까지 사회적 영향력을 계속해서 찾는다. 그리고 이런 균형은 서열상의 지위를 새롭게 결정한다. 다소 유동적인 지위가 '고정'될 때까지 관계는 계속해서 변한다. 이 같은 서열의 공식화가 어떻게 화해 가운데 일어나는지를 보게 되면, 집단 내의 서열이 경쟁과 충돌을 제한하는 '응집적' 요소임을 이해할 수 있다. 육아, 놀이, 섹스, 협력 등은 그로 인해 찾아오는 안정 상태에 의존하고 있다. 그러나 수면 아래의 상황은 늘 유동적인 상태이다. 권력의 균형은 매일매일 시험되며, 만일 그것이 매우 취약하다는 사실이 드러나면 도전이 일어나고 새로운 균형이 찾아올 것이다. 결국 침팬지들의 정치도 건설적이다. 인간은 정치적 동물로 분류되는 것을 명예롭게 여겨야만 한다.

에필로그

아른험 동물원의 출산 기록은 깨지지 않았고, 그곳의 침팬지 집단은 죽음과 이동에도 불구하고 번창했다. 테펄이 새로 태어난 새끼를 안고 있다.

§

내 설명은 1979년에 끝났지만 아른험에서 행동생물학적인 관찰은 계속되었으며, 침팬지들 역시 정치 활동을 멈추지 않았다. 가장 극적인 사건은 내가 그곳에 있었던 1980년에 일어났다. 그러나 어두운 기록으로 책을 마무리하는 것을 피하고자 이 책의 초판에는 그 사건을 덧붙이지 않았다. 게다가 당시 나는 이 충격적인 사건을 분석할 감정적인 준비가 되어 있지 않았다. 침팬지가 얼마나 화해를 필요로 하는지 환기시키는 데 일조할 두 번째 책을 위해 이 이야기를 남겨두었다.

1980년 여름, 침팬지 집단의 1인자였던 니키의 참을성이 약해지던 시기에 니키와 이에룬 사이에 갑작스런 충돌이 있었다. 이에룬이 발정기인 암놈과 교미하는 것을 니키가 허용하지 않았던 것이다. 둘 사이 몇 번의 심각한 충돌이 있은 후에 이에룬은 니키에 대한 지지를 철회했다. 그러나 하룻밤 새 라윗이 권력의 공백을 차지했다. 이로 인해 니키는 라윗에게 비굴하게 굴어야 했고, 라윗은 다시 명실상부한 1인자가 되었다. 이 사건은 니키가 최고 지위를 지키기 위해 이에룬의 지지에 얼마나 의존했는지, 또한 그 늙은 수놈이 거래 중단의 의미를 얼마

오늘날 아른헴 집단은 그 어느 때보다 생기 있고 다채로워졌다. 새로운 얼굴들 속에서 몇몇 익숙한 캐릭터를 분간하기는 그리 어렵지 않다. 예컨대, 우리는 폰스(왼쪽)에게서 라윗을, 로셔(오른쪽)에게서 크롬을 본다. 스핀의 딸인 사브라(Sabra, 옆 페이지)는 그녀의 자연 친족인 바우터와 닮았다. 사브라는 1988년 스핀이 죽고 난 뒤 이미에 의해 키워졌다. 지금 그녀는 급속히 자라는 3세대 중 한 마리인 자기 새끼를 갖고 있다.

나 유심히 검토했는지를 여실히 보여준다.

그러나 라윗의 권력은 단 10주밖에 가지 못했다. 이에룬과 니키의 연합이 재결성되었고, 그날 밤 라윗에 대한 피의 복수가 이뤄졌다. 이에룬과 니키는 라윗의 손가락과 발가락을 물어뜯고 여기저기 깊은 상처를 남긴 것은 물론, 라윗의 고환까지 잘라버렸다. 잘려진 고환은 사육장 마당에서 나중에 발견되었다.[22] 이 싸움에서 피를 너무 많이 흘린 라윗은 결국 수술대 위에서 숨을 거두었다. 이 사건은 밤에 세 마리의 어른 수놈만 있었던 숙소에서 일어났다. 라윗이 엄청난 피해를 당한 데 반해 나머지 두 수놈은 상대적으로 적은 상처를 입은 것으로 보아, 우리는

니키와 이에룬 사이의 협조가 상당한 수준이었음을 짐작할 수 있었다. 다음날 벌어진 일은 다음과 같다.

> 우리는 니키와 이에룬을 침팬지 집단으로 돌려보냈다. 즉각 파위스트가 평상시와 달리 맹렬하게 니키를 공격했다. 파위스트가 쉼 없이 공격적인 태도를 보이자 급기야 니키는 나무 위로 도망갔다. 니키가 내려오려 할 때마다 파위스트 혼자 비명을 지르면서 적어도 10분 동안 버티고 있었다. 암놈들 중에서 파위스트는 줄곧 라윗의 핵심 동맹이었다. 파위스트가 우리에서 수놈의 성기를 봤다면 라윗을 위해 싸움을 벌였을 것이다. 그러나 이후 다른 침팬지들은 털을 골라주고 자세히 살피면서 두 수놈에게 높은 관심을 보였다. 그날부터 단디가 이전에 비해 훨씬 더 중요한 역할을 했다. 단디는 자주 이에룬과 접촉하려 했고 니키가 둘 사이를 떼어놓으려고 하면 저항했다.

아른험 집단 역사상 가장 끔찍했던 공격이 있었던 날 이후로 새로운 삼각관계가 출현했다. 이전에 힘의 삼각관계에서 보여졌던 역학관계가 단디, 니키, 그리고 이에룬 사이에서 다시 되풀이되기 시작했다. 그 무렵 토시사다 니시다가, 마할레 산지의 침팬지들 사이에서 나이 든 수놈이 두 젊고 힘센 수놈들끼리 싸움을 붙여 교활하게 이득을 보는 삼각관계를 보고한 논문을 발표했다. 특히 성적 경쟁기 동안에 나이 든 수놈은 젊은 두 수놈의 싸움에서 규칙적으로 편을 바꿈으로써 자신에게 의존하게 만들었고, 결국 자신의 교미 성공률을 높였다. 이런 설명을 보면서 나는 이에룬의 행동을 떠올렸다. 니시다는 이런 '변덕스런 충절(allegiance fickleness)'이 차후에 1인자가 될 수놈의 일반적인 전략일 수 있다고 제안했다.

1983년에 유명한 다큐멘터리 영화감독인 베르트 한스트라(Bert Haanstra)가 침팬지들을 촬영하기 위해 아른험에 왔다. 그는 내 책을 읽은 후에 여기에서 많은 정치적 음모들을 기대했지만 불행히도 당시는 니키가 확고하게 통제하던 안정기였다. 한스트라는 여름 내내 밤낮으로 침팬지를 찍기로 작심했다. 그의 인내는 보상을 받았다. 〈침팬지 가족(The Family of Chimps)〉이라는 제목의 훌륭한 영화는 이전 다큐멘터리에서는 결코 볼 수 없었던 침팬지들의 개성과 사회적 지능 등을 잘 보여줬다. 이 다큐멘터리는 전세계 텔레비전에서 인기를 모았다. 나는 그 영화가 만들어지기 전에 네덜란드를 떠났는데, 처음 그 영화를 봤을 때 그 시절 오랜 친구 모두가 애정 어린 시각으로 담겨진 화면을 보며 눈물을 훔쳤다.

이듬해인 1984년에 이에룬과 단디는 더욱 친밀해지면서 반 니키 연합을 형성했다. 이에룬은 니키에 대한 지지를 철회했으며, 자신을 단디에게서 떼어놓으려는 니키의 시도에 맞섰다. 니키가 그 어느 때보다 궁지에 몰렸음이 분명했다. 어느 날 아침, 등 뒤에서 침팬지들의 비명소리와 우후우후 소리를 들은 니키는 죽어라고 건물에서 달려나와 곧장 섬을 둘러싸고 있는 도랑으로 도망갔다. 정확히 1년 전에 니키는 도랑을 덮고 있는 얇은 얼음 덕분에 그곳을 건넌 적이 있었다. 아마 그는 이번에도 그럴 수 있으리라 생각했나 보다. 그러나 이번에는 얼음이 없었고, 니키는 그곳에 빠져 익사하고 말았다. 신문에서는 그 사건에 '자살'이란 이름을 붙였지만 치명적인 결과를 동반하는 두려운 공격 때문이었을 가능성이 높다.

니키의 죽음으로 이에룬과 단디의 사이가 벌어지기 시작했다. 예상했던 경쟁이 벌어진 것이다. 결국 단디가 새로운 1인자가 됐다. 그러나 니키의 환영이 여전히 남아 있다는 사실은 아른험 집단에서 〈침팬지 가족〉이 상영됐을 때 침팬지들이 보여준 놀라운 반응을 통해 드러났다. 1985년 어느 날 밤, 아른험의 동계 사육장 홀이 극장으로 바뀌었다. 모든 조명이 꺼지고 밝은 색 벽면에 영화가 상영됐다. 침팬지들은 숨을 죽인 채 지켜봤고, 몇몇은 털을 곤두세우고 있었다. 영화 도중에 한 암놈이 사춘기 수놈에 의해 공격받는 것을 보고 몇몇 침팬지들 사이에서 성난 신음소리가 나오긴 했지만, 침팬지들이 영화 속 배우가 실제로 누구인지를 인지하고 있는지는 불분명했다. 니키가 등장하기 전까지는 그랬다. 니키가 보이자 단디는 이를 크게 드러낸 채 신경질적으로 분노를 표출하더니 소리를 지르며 이에룬에게 달려갔다. 단디는 이에룬을 껴안고 그의 무릎 위에 앉았다. 이에룬 또한 얼굴에 묘한 분노를 드러냈다. 두 수놈 모두 왕년의 리더였던 니키를 알아본 것이 틀림없었다. 내 후임자인 오토 아당(Otto Adang)의 설명처럼 니키의 '부활'이 일시적으로 그들의 구舊 동맹을 회복시켰던 것이다!

그로부터 몇 년이 지나면서 주인공 몇몇이 자연적인 이유로 죽음을 맞았다. 여기에는 이에룬, 크롬, 스핀이 포함된다. 헤니와 파위스트, 그리고 아른험 집단의 초창기에 태어났던 몇몇 젊은 수놈들은 다른 동물원으로 옮겨갔다. 아른험 집단은 75회의 출생 기록을 가진, 세계에서 가장 성공적인 침팬지 번식 집단이었으며, 죽음이나 살해는 집단의 존재에 결코 위협이 되지 않았다. 아른험 동물원은 여전히 30마리가 넘는 침팬지 집단을 유지하고 있다.

내가 설명한 네 마리의 어른 수놈을 제외하면 아른험에서 우두머리는 타르잔, 폰스, 그리고 요나스의 동생인 잉(Jing)이 포함된다. 그러나 일반적으로 암놈이 수놈보다 더 뛰어난 생존력을 갖고 있다. 단디가 1994년 심장병으로 죽은 것을 비롯해 초창기 수놈들은 모두 죽음을 맞았다. 그러나 1996년에 아른험 집단 설립 25주년을 기념할 때까지도 마마, 호릴라, 암버르, 이미, 테펄, 즈바르트는 여전히 살아 있었다. 또한 지금은 로셔와 모닉의 후손 같은 새로운 세대가 부상하고 있다.

나는 가족과 친구들은 물론이고 오랜 침팬지 동료들을 만나러 정기적으로 네덜란드로 간다. 일 년에 한 번 정도 그들을 방문하는데 나이 든 세대들은 여전히 나를 알아본다. 마마는 늘 관절염을 앓고 있는 몸을 이끌고 도랑까지 나와서 헐떡거리는 소리를 내며 나를 반겼고, 호릴라는 누구보다 즐거워하며 반겼다. 내가 호릴라에게 우유병으로 로셔를 수유하는 것을 가르쳐준 뒤로 우리에게 특별한 연대감이 형성된 것 같다. 침팬지를 보러 갈 때마다 나는 늘 감사해한다. 정치의 기원에 대한 전통적 주장에 의문을 던지게 해준 한 편의 정치적 드라마를 볼 수 있었기에, 그리고 그런 올바른 시공간에 내가 존재했던 것에…….

감사의 글

어떤 의미에서 이 연구에는 네덜란드의 동물행동학적 전통이 강하게 배어 있다. 그것은 인간과 동물에 대한 사색적인 비교를 의미하는 것이 아니라 인내심으로 관찰하고 세심하게 기록하는 방식을 의미한다. 내게 가장 많은 영향을 끼쳤던 행동생물학자는 얀 판호프다. 1975년 아른험으로 오기 전에 나는 그와 위트레흐트 대학에서 함께 일했다. 이후에도 침팬지를 연구하는 동안 나는 그가 몸담았던 학과의 교직원이었다. 따라서 이 책의 이론적 부분이나 결과물은 대부분 얀과 내가 오랫동안 논의해왔던 것들이다.

나는 침팬지의 행동을 얀 브링크하위스와 로프 슬라허 두 학생에게서 소개받았다. 하지만 나중에 나는 아른험에서 침팬지 연구를 기획하기에 이르렀고, 해마다 네 명 정도의 학생들을 받아가며 연구를 진행했다. 이 프로젝트는 그들의 열정을 고무시켰고, 그로 인해 정확한 관찰을 할 수 있게끔 해주었다. 아른험 집단에서 벌어진 사건에 대한 끊임없는 토론이 나를 자극했다. 특히 오토 아당, 디르크 포케마, 아하트 포르타윈 드로흘리버르, 알티엔 그로텐하위스, 뤼드 하름선, 로프 헨드릭스, 야네커 훅스트라, 키스 니우벤하위선, 로날트 노에, 트릭 피에퍼, 마리커 폴더르, 알베르트 라마케르스, 앙엘리너 판로스말런, 클라우디아 로스캄, 프레드 러프, 마리에터 판데르베일에게 감사의 말을 전한다. 그리고 나보다 먼저 아른험에 있었던 조스트 뢸런브룩, 테드 폴데만, 티티아 판빌프턴 팔터에게도 감사한다.

이 연구는 위트레흐트 대학의 비교생리학 연구실의 도움을 받아 이루어졌다. 연구실은 우리에게 필요한 문헌들을 공급해주었고 학생들의 결과물들을 분석해주었으며, 장비를 수리해주는 등 다방면으로 도움을 주었다. 이 프로젝트에 재정적인 도움을 준 대학과 관계자들에게도 특별한 감사를 전한다. 아른험의 학생들과 사육사들, 특히 지난 17년 동안 침팬지를 돌보아왔던 야키 호머스에게 감사한다. 그들은 내가 그곳을 방문할 때마다 새로운 침팬지와 변화된 개체들에 대해 설명해주곤 했다. 이 책의 개정판을 위해 20년 된 사진을 훌륭한 솜씨로 다듬어 준 여키스 영장류 센터의 사진작가 프랭크 키에난에게도 감사한다.

직접 영어로 글을 쓰고 있는 지금의 저서들과는 달리 이 책의 원판은 내 모국어인 네덜란드어로, 그것도 연필로 쓰여 있었다. 자넷 밀너스가 이 원고를 영어로 번역해주었다. 또한 나를 믿고 글을 쓰도록 자극을 주고 영어로 책을 출판함으로써 전세계의 독자들과 만날 수 있도록 해준 데스먼드 모리스와 톰 마슐러에게 감사한다. 마지막으로 내 아내 캐서린 마린에게 고마움을 전하고 싶다. 그녀는 내가 책을 단순하고 솔직하게 쓸 수 있게끔 도와주었고 사진에 대한 지식을 알려주기도 했다. 그녀가 당시 주었던, 그리고 지금까지 주고 있는 사랑과 지지에 감사의 마음을 전한다.

주

1 정치학자들에 의한 최초의 서평은「Politics and the Life Sciences」2:204-13(1984)와 Glendon Schubert(1986)에 수록되어 있다.

2 제인 구달(Jane Goodall) : 1934년 영국 런던에서 태어난 구달은 1960년부터 지금까지 탄자니아의 곰비 국립공원에서 야생 침팬지들을 연구하고 있다. 1965년에 영국 케임브리지 대학에서 동물행동학 박사학위를 받았고 침팬지에게 이름을 붙여 연구를 시작한 최초의 연구자이다. 특히, 침팬지가 흰개미 무더기에서 나뭇가지를 들이밀어 흰개미를 낚시질해 잡아먹는다는 사실과 침팬지도 육식을 한다는 사실을 처음으로 밝혀낸 침팬지 연구의 선구자이기도 하다. 현재는 〈야생생물 연구와 교육 및 보호를 위한 제인 구달 연구소〉의 소장으로 있으면서 야생 침팬지 보호와 사육 및 서식 환경 개선을 비롯하여 세계환경 보전을 위해 전세계를 순방하며 강연을 하고 있다. 저서로는《The Chimpanzees of Gombe: Patterns of Behavior(Harvard University Press, 1986)》을 비롯하여 우리말로 번역된《생명 사랑 십계명》,《인간의 그늘에서》,《제인 구달》,《희망의 이유》 등을 비롯하여 60여 권이 있다. 제인 구달 연구소의 홈페이지 주소는 http://www.janegoodall.org — 역자 주

3 언론인들은 니키, 라윗, 이에룬 같은 침팬지들을 정치인들과 비교하면서 아른험 동물원에서 벌어진 권력투쟁을 정치적 목적으로 악용해왔다. 이런 경향은 특히 프랑스의 여러 매체에서 두드러졌다. 프랑스의 Éditions du Rocher 출판사가 1987년에 이 책의 표지에 프랑수아 미테랑과 자크 시라크 사이에서 히죽 웃는 침팬지의 사진을 넣은 뒤부터 그러했다. 이 불손한 표지는 유인원을 격상시키는 것보다는 정치인을 힐난하는 데 공헌했다. 이 책의 논점을 흐린 또 하나의 사례는 1983년에

Harnack Verlag 출판사에서 나온 독일판이다. 그 독일판의 제목은《우리의 털북숭이 사촌들》이었다. 두말할 필요도 없이 이런 마케팅적 판단은 이 책의 핵심을 놓친 것이다. 이 책의 논점은 정치 지도자나 유인원을 웃음거리로 만들려는 것이 아니라 인간과 유인원 사이의 근본적인 유사성을 주장함으로써 사람들로 하여금 자신의 행위를 성찰할 수 있게 하기 위함이었다.

4 스위스의 동물행동학자인 에니 헤디거(Haini Hediger)는 '동물원 생물학'의 창시자로 널리 인정받고 있다. 이 학문의 목적은 동물의 기본적 필요를 이해함으로써 각 종의 전형적인 행동이 발현될 수 있는 환경을 조성하는 데 일조하는 것이다. 현대 동물원들은 다양한 종을 무조건 많이 수용하는 식에서 벗어나 적은 종들을 더욱 넓은 공간에서 키우는 쪽으로 변모해가고 있다. 이런 의미에서 아른험 동물원은 유인원을 비좁은 창살과 우스꽝스런 파티복에서 자연적인 울타리로 해방시킨 기나긴 여정 중 하나의 이정표로 남게 되었다. 하지만 현재 야생에 살고 있는 몇몇 유인원 종들은 이따금씩 수의학적 치료를 받으며 인간이 만들어준 은신처에서 지내야만 목숨을 부지할 정도로 위기에 처해 있다. 계몽된 동물원에서뿐만 아니라 자연 상태에서도 생명을 보호하는 인간의 손길이 중요해지기는 이제 마찬가지가 된 셈이다.

5 영장류(primates) 동물은 크게 원시원숭이(prosimians), 원숭이(monkeys), 그리고 유인원(apes)으로 분류된다. 원시원숭이는 다른 원숭이와 마찬가지로 사람과 비슷한 손을 갖고 있지만 생김새나 행동은 원숭이보다는 오히려 두더지에 가깝다. 대부분의 원시원숭이들은 밤에 활동하기 때문에 큰 눈동자와 예민한 코와 귀를 가졌다. 여우원숭이(lemurs)가 대표적인 원시원숭이다. 원숭이는 신대륙원숭이와 구대륙원숭이로 양분된다. 남아메리카에 서식하는 신대륙원숭이는 콧구멍 사이의 간격이 넓은 편이고 물건을 잡을 수 있는 단단한 꼬리가 있다. 다람쥐원숭이와 거미원숭이 등이 여기에 속한다. 한편 아프리카와 아시아에 분포되어 있는 구대륙원숭이는 콧구멍 사이의 간격이 좁고 아래쪽을 향해 있으며 꼬리는 있으나 물건을 잡는 데 사용되지 않고 다른 손가락들과 잘 맞닿는 엄지손가락이 있다. 우리가 흔히 '원숭이'라고 할 때는 이 구대륙원숭이를 지칭한다. 이 책에서 자주 등장하는 비비(baboon)나 마카크 원숭이(macaque)가 바로 대표적인 구대륙원숭이다. 유인원은 소형유인원과 대형유인원(great apes)으로 나뉜다. 소형유인원에는 흔히 긴팔원숭이라고 불리는 기본(gibbons)이 있으며 대형유인원에는 고릴라, 오랑우탄, 침팬지, 보노보가 있다. 엄격히 말하면 인간도 대형유인원 중 한 종이다. 흔히 침팬지를 원숭이의 일종으로 혼동하는 경우들이 많은데 이처럼 분류학적 관점에서 보면 틀린 이야기이다. 이 책에서는 비비와 마카크 원숭이가 속해 있는 원숭이와 침팬지가 속해 있는 유인원을 명확

히 구분하고 있다. 영장류의 분류에 관심이 있는 독자는 다음의 책들에서 도움받을 수 있다.《The Pictorial Guide to the Living Primates (Rowe, N, 1996)》와《Cousins: Our Primate Relatives (Dunbar, R. and Barrett, L., 2000)》— 역자 주

6 리처드 랭엄(Richard Wrangham): 1975년에 영국 케임브리지 대학에서 곰비 국립공원의 침팬지에 관한 행동생태학적 연구로 박사학위를 받았으며 1987년부터는 우간다의 키발레(Kibale) 국립공원 침팬지들에 관한 연구 프로젝트를 총괄하고 있다. 침팬지의 폭력성에 관해 많은 연구를 해왔으며 현재는 하버드 대학교 인류학과 교수로 재직하고 있다. 저서로는 우리말로 번역된《악마 같은 남성》이 있다. — 역자 주

7 침팬지의 음성 신호들을 직접 들어보지 않고 글이나 말을 통해 이해하는 데에는 한계가 있기 마련이다. 다행히도 하버드 대학교의 영장류 인지·뇌과학 실험실에서 만들어놓은 음성 파일을 통해 침팬지의 음성을 직접 들어볼 수 있게 되었다. 인터넷 주소는 다음과 같다. http://www.wjh.harvard.edu/~mnkylab/media/chimpcalls.html — 역자 주

8 아른험 침팬지와 야생 침팬지 사이의 유사성은 특히 탄자니아 마할레 산지에서 행한 토시사다 니시다의 연구에서 두드러지게 나타난다. 그에 따르면 마할레 침팬지들 사이의 서열 계층 형성을 제대로 이해하기 위해서는 떼어놓기 간섭, 편들기, 권력 지향적 연합전략 같은 현대적 분석 개념들이 동원되어야 한다(Nishida & Hosaka, 1996). 크리스토퍼 봄(Christopher Boehm)은 곰비 국립공원의 침팬지들이 보이는 평화 중재 행위가 아른험 침팬지의 그것과 매우 유사하다는 사실을 보여주었다(Christopher Boehm, 1994). 이 두 가지의 비교 연구는 모두 수놈의 행위에 초점이 맞춰져 있다. 암놈의 행동들은 침팬지 집단에 따라 상당히 다르다. 예컨대 아른험의 암놈은 더 사회적이고 정치적이라는 점에서 여느 야생의 암놈들과 다른 것처럼 보인다(de Waal, 1994).

9 사회적 지능 가설은 1950~1960년대에 한스 쿠머(Hans Kummer)와 알리슨 졸리(Alison Jolly)에 의해 발전됐다. 쿠머는 스위스의 취리히 동물원에서 망토비비 암놈이 다른 암놈 라이벌에게 맞서기 위해 어떤 방식으로 어른 수놈의 지원을 얻어내는가를 관찰했다. 공격자 암놈은 수놈과 라이벌 사이에 위치한 후에 엉덩이와 뒷다리는 수놈 쪽으로 들이민 채 라이벌을 시끄럽게 위협하는 책략을 썼다. 이것은 '보호받는 위협 행동'으로 알려진 행동이다. 쿠머의 이런 관찰은 영장류가 공격적인 싸움에 맞닥뜨릴 때 다른 이들과 단지 함께하는 것 이상의 무언가를 한다는 사실을 처음으로 시사했다. 즉 침팬지들은 다른 이들의 지원을 적극적으로 모집하는 듯이 보인다. 쿠머는 상당히 복잡한 이 과정을 다음과 같이 설명했다. 급변하는 상황 속에

서 각 영장류 동물은 주변에 있는 다른 구성원들의 변화무쌍한 행동들에 계속적으로 적응해나간다. 그런 사회에서는 구성원들에게 두 가지 자질이 요구된다. 그중 하나는 허용되고 금지되는 상황이 무엇인지에 따라 자신의 감정을 표출하거나 억제할 수 있는 고도의 능력이고, 다른 하나는 복잡한 사회 관계를 평가하는 능력, 즉 단순한 사회적 자극이 아니라 사회적 장에 반응하는 능력이다. 영장류의 지능이 물질적 환경이 아니라 사회적 환경의 압력 때문에 진화되었다는 생각은 졸리에 의해 가장 명료하게 발전되었다. 닉 험프리는 졸리보다 심각하게 사회적 복잡성과 영장류 지능의 연결을 제안했으며 사회적 문제 해결과 기술적 문제 해결을 구분했다.
아른험에서 연구를 시작한 1975년에 나는 쿠머의 생각에 상당히 익숙해져 있었으며 이미 그의 연구에 대한 숭배자가 되어 있었다. 다른 개체로부터 지원을 얻어내고 마는 영장류의 전술적 행동에 나 역시 매료되어 있었던 것이다. 그 전에 나는 위트레흐트 대학에서 얀 판호프의 지도 아래 긴 꼬리 마카크 원숭이를 대상으로 그런 행동을 연구했었다. 그러나 아른험 침팬지들은 그보다 훨씬 더 다양한 종류의 전술들을 구사하고 있었다. 이로 인해 받은 감동과 혼란스러움 때문에 나는 영감을 얻을 목적으로 마키아벨리의 책을 읽어 내려갔다. 인간 본성을 연구하는 이들에게 영장류학을 소개한 책임이 나에게 있을지는 모르겠다. 하지만 1988년에 리처드 번(Richard Byrne)과 앤드류 휘튼(Andrew Whiten)이 사회 인지 일반을 '마키아벨리적 지능(Machiavellian intelligence)'이라고 부르기 시작한 것에는 지금까지도 불편함을 느낀다. '마키아벨리적'이란 용어는 어쨌거나 냉소적이며 착취적인 냄새를 풍긴다. 왜냐하면 목적 달성을 위해서는 다른 개체들을 어떻게 대하든 상관이 없다는 인상이 강하게 풍기기 때문이다. 하지만 사회적 인지는 이것보다 훨씬 더 많은 영역에 걸쳐 있다. 예컨대 어미가 새끼의 주위를 흩뜨려서 젖떼기에 성공한다든가, 아니면 어른 수놈이 자신의 경쟁자와 화해하기 위해 적당한 순간을 기다리는 등의 행위들은 모두가 지적으로 자신들의 경험을 활용하는 경우이긴 하지만 통상적인 의미에서 '마키아벨리적'인 행동은 아닌 것이다. 타 개체에 대해 예민하게 반응하고 갈등을 해결하며 호혜적인 교환 행위 등을 원활히 수행하려면 당연히 고도의 지능이 필요하다. 하지만 만일 우리의 용어가 '마키아벨리적'과 같이 한 쪽만의 승리를 강조하는 것이라면 방금 언급된 여러 행동들은 그 용어 아래로 포섭되기 힘들 것이다.

10 높은 지위의 수놈들이 암놈들에 비해 공격 행위를 더 잘 조절할 수 있다는 사실은 몇 해 뒤에 수놈과 암놈을 두 개의 대형 동계사육장으로 따로 떼어서 넣었을 때 분명해졌다. 사실, 처음에는 이런 조치를 통해 침팬지들 간의 다툼이 줄어들 것이라고 예상했었다. 수놈의 경우에는 싸움의 원인이 되는 암놈이 눈앞에서 사라진 셈이

었고 암놈과 새끼의 경우에는 수놈들 싸움에 새우등이 터질 일이 없을 것이었기 때문이다. 하지만 예상은 빗나갔다. 수놈들 사육장은 잠잠해진 반면 암놈들 사이에서는 싸움이 점점 잦아지고 있었다. 어느 날은 서로 물어뜯는 최악의 사태가 벌어졌고 우리들은 큰 소리로 싸움을 뜯어 말려야 했다. 하지만 아무리 소리를 쳐도 암놈들은 꿈쩍하지 않았다. 결국에는 수놈을 들여보낼 수밖에 없었다. 수놈은 싸움 소리를 듣고는 즉시 달려들어 상황을 정리했다. 우리는 며칠 뒤 그런 전략을 다시 사용해서 동일한 효과를 거뒀다. 나는 그때까지 암놈들이 그렇게 막무가내로 싸우는 광경을 본 적이 없었다. 더 이상의 부상을 막기 위해 우리는 집단 전체를 함께 사육하기로 결정했다.

11 파위스트의 교미 행위가 처음 목격된 것은 1981년 1월 28일이었다. 이런 극적인 사태 변화는 니키에 의해 이뤄졌다. 한 달 전부터 니키는 여러 차례 파위스트를 성적으로 유혹했다. 거절을 당하면 니키는 집요하게 과시 행동을 함으로써 그녀를 극도의 혼돈 속에 빠뜨려 결국 그를 따라 나서도록 만들었다. 사실 이 기간은 이예룬이 파위스트를 지원하던 때였다. 하지만 니키의 실제적인 공격은 파위스트 혼자서 감당해야 했다. 그녀가 니키에게 몇 차례 부상을 입힌 것으로 보아 그녀의 저항은 대단했던 것 같다. 그러나 니키는 끈질기게 버텨서 결국 파위스트로 하여금 잠시나마 자신에게로 엉덩이를 들이밀게 만들었다. 니키는 파위스트에 올라타 삽입하려 했지만 처음 몇 번은 파위스트의 갑작스런 도망으로 무산되고 말았다. 시간이 흐르면서 압박이 심해지자 파위스트가 엉덩이를 들이미는 시간이 길어졌다. 마침내 니키는 파위스트와 섹스를 하게 되었고, 그 결과 대략 일 년 후에 파위스트는 건강한 암놈 퐁아(Ponga)를 낳았다. 그녀는 완벽한 어미였던 것이다.

12 침팬지 집단에서 벌어지는 전쟁에 대한 가장 상세한 기술과 논의는 제인 구달(1986)의 저서와 리처드 랭엄과 데일 피터슨(1996)의 공저에 잘 나와 있다. 최근에 아프리카 가봉에서 수천 마리의 침팬지가 떼죽음을 당한 사실이 신문 지상에 알려지면서, 이제는 보호론자들도 침팬지의 세력권이라는 것에 대해 진지한 고민을 해야 한다는 목소리가 높아지고 있다. 벌목으로 인한 소음과 차량 통행 때문에 침팬지들은 자신들의 숲에서 3~5마일 폭의 인접지역으로 쫓겨나게 되었던 것 같다. 윌리엄 스티븐스(William Stevens, 1997)가 인용한 생물학자 리 화이트(Lee White)는 간접 증거들을 토대로 침팬지가 인접한 세력권 속으로 흘러 들어가는 바람에 대규모의 공격이 발생했을 수 있다는 의견을 내놓았다. "그런 일이 일어난다면 침팬지 집단의 전쟁에 시동을 거는 쪽은 인간인 셈이다. 침범 당한 집단의 수놈들은 침입한 침팬지들을 대규모로 공격한다. 그런 과정에서 많은 수의 침팬지가 살해당한다. 그 다음에도 벌목

이 계속된다면 침략 당한 집단 자체가 다른 인접 집단 영역으로 이동하게 되고, 또 한 번의 새로운 전쟁이 발발할 수밖에 없다. 즉, 벌목이 진행되면 이런 과정은 계속적으로 반복된다." 보노보의 사회 생활에 대해서는 타카요시 카노(Takayoshi Kano)와 내가 쓴 《Bonobo: The Forgotten Ape(1997a)》를 보라. 보노보는 인간에게 사육될 때나 야생에 있을 때에 침팬지에 비해서는 훨씬 덜 호전적이다. 심지어 집단 간에 평화적이고 성적인 섞임이 일어나기도 한다.

13 침팬지 암컷의 성기 부풀어오름(sexual swelling)과 인간 여성의 은폐된 배란(concealed ovulation) | 암컷의 성기 주위가 발갛게 부풀어오르는 현상은 침팬지뿐만 아니라 다른 영장류에서도 흔히 관찰된다. 배란기에 가장 크고 선명하게 부풀어오르며 암컷의 성호르몬의 통제를 받는 것으로 알려져 있다. 그렇다면 침팬지 암컷은 왜 이런 식으로 수컷에게 배란기를 선전하는 것일까? 이에 대해 크게 두 가지 설명이 있다. 그중 하나는 암컷이 이런 신호를 보냄으로써 수컷들의 경쟁을 유도하고 그런 경쟁으로 말미암아 좋은 유전자를 전해줄 수컷이 자연스럽게 걸러진다는 설명이다. 반면 다른 하나는 이런 현상이 수컷들이 저지르는 영아 살해를 줄여주기 때문에 진화했다는 설명이다. 가령, 모든 수컷들이 한 암컷의 부푼 성기를 보고 그 기간에 어떻게든 교미를 했다고 치자. 나중에 그 암컷에게서 새끼가 태어나면 그놈이 어떤 수컷의 자식인지가 불분명해진다. 따라서 수컷들은 함부로 그 새끼를 살해하지 못할 것이다.

하지만 흥미롭게도 유독 인간 여성만이 영장류 동물 중에 배란기를 선전하지 않는다. 이를 흔히 '은폐된 배란'이라고 부르는데 많은 학자들은 이런 현상과 인간의 짝 결속의 기원을 연관지으려고 한다. 그렇다면 왜 인간만이 배란을 은폐하는 쪽으로 진화했을까? 가장 유력한 설명에 따르면 배란 은폐는 부권에 대한 신뢰를 높여주었기 때문에 진화했다. 예컨대, 배란 은폐는 여성으로 하여금 자신이 원하는 남성을 지속적으로 자신 곁에 묶어둠으로써 그 남성이 다른 여성을 찾아다니지 못하게 만들었다. 다른 한편으로는 다른 경쟁 남성들에게도 배란 시기를 가르쳐주지 않음으로써 그 남성이 자신의 부권을 확신할 수 있게 만들었다. 다른 영장류 동물들에 비해 상대적으로 미숙한 상태의 아기를 낳아 기르는 인간에게는 짝 결속이 남성과 여성 모두에게 필요한 것이었다. 여성의 배란 은폐는 바로 이러한 과정에서 중요한 역할을 담당했다고 여겨진다. 영장류의 성을 종합적으로 비교·정리해놓은 책으로는 《Primate Sexuality: Comparative Studies of the Prosimians, Monkeys, Apes, and Humans (Dixson, A. F., 1999)》가 있다. — 역자 주

14 영주에게 농노의 새 신부와 첫날밤을 보내도록 허락하는 불문법. 이 법은 영주가 새

신부의 침대에 발을 들여놓거나 침대 위에 올라가 신부 위를 지나가는 식의 상징적인 의미로만 사용되기도 했다.

15 침팬지의 영아 살해에 관해서는 아키라 스즈키(Akira Suzuki, 1971)가 부동고(Budongo) 숲에서 관찰한 것이 최초이다. 그는 거기서 덩치 큰 어른 수놈이 먹다 만 죽은 침팬지 새끼를 손에 쥐고 있는 모습을 목격했다. 몇몇 수놈들이 돌아가면서 시체를 먹고 있었다. 그 이후로 야생 침팬지 사이에서 벌어지는 영아 살해 사례들이 계속해서 발견되었다. 이들 중에서 마할레 산지에서 벌어진 사건은 촬영되기까지 했다. 영아 살해 행동은 사자, 랑구르 원숭이, 프레리 도그(다람쥐과에 속하는 설치류 동물), 쥐에 이르기까지 다양한 종들에서 광범위하게 일어난다는 사실이 알려져 있다. 그렇다면 왜 이런 끔찍한 행동이 일어날까? 영아를 살해한 수놈은 암놈을 임신시키기 위해 기다려야 할 시간을 줄일 수 있을 것이다. 즉, 그들은 경쟁자의 자손을 제거함으로써 암놈이 다시 월경을 시작하도록 만든다. 만약 영아 살해를 하는 수놈의 유전자가 그렇지 않은 수놈의 유전자보다 더 빨리 전파된다면 그 형질은 자연선택에 의해서 선호될 것이다. 이런 이론에 따르면 수놈은 자기 새끼가 아닌 다른 수놈의 영아를 노려야 한다. 그런데 실제로 영아 살해의 피해자는 대개 낯선 암놈의 새끼들이다.
니키는 로셔를 죽이려 들었던 것일까? 로셔가 잠시 동안 인간의 보호를 받았기 때문에 로셔가 마치 집단 바깥에서 온 것처럼 보였을 수도 있다. 크롬은 그게 아니라는 것을 깨달았던 것 같지만 니키는 집단에서 없어진 새끼와 돌아온 새끼를 연결짓지 못했던 것 같다. 만일 그렇다면 그의 반응은 남의 자식일 것 같은 신생아에 대해 수놈 침팬지가 보이는 자연스런 반응이었을지도 모른다. 라윗과 이에룬이 거기서 니키를 막을 수 있었던 것은 다행스런 일이었다.

16 어떤 특정한 행동을 하기 전에 승인을 구하는 행위는 침팬지들 간의 (가능한) 도덕적 질서와 관련해서 흥미롭다(이에 대해서는 내가 쓴 《Good Nature(1996)》를 보라). 베르트 한스트라의 다큐멘터리 〈The Family of Chimps〉에는 어린 바우터가 나무에 오르다가 처음으로 단디에게 손을 내미는 장면이 나온다. 마치 어른 수놈에게 자기가 지나갈 수 있도록 해달라고 간청하는 듯하다. 제인 구달은 곰비 강 유역의 침팬지 멜리사에게서 비슷한 행동을 관찰했다. "상자에 담긴 바나나를 침팬지에게 공급해주던 초창기 때의 일이다. 우리는 어른 침팬지들이 상자 속에 있는 바나나를 먹고 있는 동안 어린 침팬지들을 위해서 나무 뒤에 바나나를 숨겨놓았다. 한 암놈이 자신이 알고 있는 장소에 숨겨진 바나나를 찾아 먹으려고 자리를 뜨기 전에 그 집단에서 가장 지위가 높은 수놈을 향해 늘 몇 번씩 손을 내밀었다."

17 삼각관계 인식과 관련된 하나의 개념은 '비非자아중심적 사회 지식(non-egocentric social knowledge)'으로, 이것은 원숭이와 유인원이 자신들이 직접 관여하고 있지 않은 사회적 관계들도 배운다는 개념이다. 예컨대 그들은 다른 개체들 간의 서열 계층과 다른 구성원들이 속한 모계의 족보도 배운다. 즉, A가 B와 C 사이의 상호작용을 관찰하고 B-C 간의 관계를 평가할 수 있다는 뜻이다. 하지만 삼각관계 인식 개념은 A가 단지 B-C 간의 관계를 이해하는 것으로 끝나지 않고 그런 이해를 바탕으로 A-B 그리고 A-C의 관계를 예상해본다는 뜻이 내포되어 있다. 베레나 다저(Verena Dasser, 1988)는 삼각관계 인식에 대한 실험적 증거를 제시했다. 그는 피험자 원숭이에게 집단 내 다른 원숭이의 사진들을 보여준 후 그 사진에 등장한 개체들을 사회적 관계들에 기초해서 어떤 식으로 분류하는지를 알아보았다.

18 암놈들 간의 관계는 침팬지 사회 조직에 따라 천차만별이다. 동물원의 침팬지 집단에서는 대개 친밀한 관계가 유지되지만 탄자니아의 곰비 강 유역이나 마할레 산지의 야생 집단에서는 관계가 다소 느슨하다(Jane Goodall, 1986). 그러나 야생 침팬지들에게도 관계의 다양성은 존재한다. 가령, 아프리카 기니아의 보수 지방에 있는 산 정상이 농경지 확장 때문에 잠식되면서 침팬지 집단이 약 6평방킬로미터 되는 숲에 '갇히게' 되었는데, 여기에 갇힌 침팬지 소집단에서는 암놈들 간의 결속이 비교적 강하다고 알려져 있다. 유키마루 스기야마(Yukimaru Sugiyama, 1984)는 이 집단에서 대다수의 개체들이 한 무리를 이루어 숲을 돌아다닌다는 사실과 이때 암놈끼리 털을 골라주는 빈도가 상대적으로 매우 높다는 사실을 관찰했다. 이와 유사하게 서아프리카의 코트디부아르 공화국에 위치한 타이숲의 암놈들도 다른 지역의 암놈들보다 더욱 사교적인 듯하다. 그들은 자주 협력하고 특별한 우정을 발전시키고 음식을 나눠 먹으며 서로를 지원해준다. 크리스토프 보쉬(Christophe Boesch, 1991)는 이를 표범의 공격에 공동으로 방어하기 위한 것이라 여긴다. 이 대목에서 '적응성 잠재력(adaptive potentials)'이라는 용어를 생각해보는 것이 유용하다(de Waal, 1994). 암놈 침팬지들은 분명히 서로의 결속을 위한 잠재력을 갖고 있지만 그들이 사는 자연 서식지 대부분에서는 서로 흩어지도록 하는 생태적 압력 때문에 이런 잠재력이 현실화되지 않는 듯하다.

19 사육장과 야생에서 침팬지 집단이 어떻게 형성되는지를 좀더 자세히 연구하는 과정에서 암놈 침팬지들의 야망에 대해 새로운 통찰이 생겨났다. 예컨대 디트로이트 동물원에서 새로 들어온 암놈들 사이에 벌어진 심각한 긴장을 연구한 케이트 베이커(Kate Baker) 와 바바라 스머츠(Barbara Smuts)는 다음과 같이 결론지었다. "암놈 침팬지들이 처음으로 서로의 관계를 형성할 때 그들은 지위에 굶주린 수놈들 못지않

은 복잡한 경쟁 전략들을 사용한다. 이런 결과는…… 암놈은 수놈에 비해 천성적으로 덜 경쟁적이라는 통념에 정면으로 도전하는 것이다."

곰비 침팬지들에 대한 지난 30년간의 상세한 자료를 보면 헐떡거리는 '인사'를 누구에게 하는가로 측정되는 우위성이 번식 성공도에 커다란 영향을 미치고 있음을 알 수 있다. 예컨대 고위층 암놈의 자식들은 지위가 낮은 암놈의 새끼에 비해 생존율이 더 높고 성장 속도도 더 빠르다. 이는 우위성이 야생 침팬지 암놈에게 극도로 중요하다는 사실을 의미한다. 높은 지위는 최상품의 음식을 차지할 수 있는 행동 반경으로 번역될 수 있다(Pusey et al., 1997).

반면 사육되는 침팬지의 경우에 음식은 집단 구성원 모두에게 풍부하다. 내 경험으로는 새로운 암놈을 집단에 넣어주면 대개 싸움 없이 우열관계가 곧바로 형성된다. 최고의 자리를 놓고 두 암놈들이 맹렬히 싸우는 디트로이트 동물원의 상황은 이런 의미에서 예외일지 모른다. 하지만 뒤이어 일어난 자리 밀어내기 행동은 암놈의 중요한 잠재력을 보여준다. 그런데 이 잠재력은 내가 연구할 당시의 아른험 동물원에 존재했던 잘 확립된 안정된 위계질서 속에서는 도저히 눈치챌 수 없다.

20 토시사다 니시다 | 1941년 일본 이치카와에서 태어난 니시다는 1967년부터 탄자니아의 마할레 산지에 서식하는 침팬지들의 행동을 연구해왔다. 1969년에 일본 교토대학교 인류학과에서 박사학위를 받았으며 그 이후로 현재까지 같은 대학교의 동물학과 교수 및 일본 영장류학계를 이끌고 있다. 침팬지들의 합종연횡(fission-fusion) 행동을 처음으로 보고하기도 했다. — 역자 주

21 이 책을 낸 이후로 나는 침팬지와 다른 영장류의 호혜적 교환 행위에 관해 많은 연구를 할애했다. 거기에는 동맹, 먹이 공유, 그리고 먹이를 위한 섹스(보노보)와 털고르기(침팬지) 같은 '통화' 교환 같은 것도 포함된다. 호혜성에 대한 가장 확실한 증거는 여키스 영장류 센터의 침팬지 집단에서 볼 수 있다. 그곳에서 우리는 침팬지들에게 아침에 먹을 것을 나눠주기 전에 그들 간에 벌어지는 털고르기 행위를 기록했다. 사육장 안으로 잎이 달린 큰 가지들을 던져주면 몇몇 장성한 침팬지들(늘 같은 침팬지들은 분명 아니었다)이 먼저 차지한 뒤에야 먹이가 분배됐다. 우리가 조사한 자료에 따르면 침팬지 A가 침팬지 B의 털을 골라준 후에는 A가 B로부터 먹이를 얻을 기회가 더 많아진다. 그리고 A의 이런 털고르기 행동은 A자신이 다른 침팬지들에게 먹이를 나눠주는 행동에 영향을 미치지 않았으며 B가 다른 침팬지들에게 음식을 나눠주는 행동에도 영향을 끼치지 않았다. 지금까지 다른 동물들에게서는 관찰된 바가 없는 이러한 교환의 특이성은 침팬지들이 접대받은 기록을 기억하고 있다가 나중에 되돌려준다는 사실을 의미한다.

22 제인 구달은 곰비 국립공원의 수놈 침팬지 고블린이 집단 공격을 당해서 라윗의 경우와 유사하게 음낭에 심각한 상처를 입은 사례를 보고했다. 그 부상은 수의사가 치료하지 않았다면 생명이 위태로웠을 정도였다. 이 두 사건의 또 다른 유사점은 고블린에 대한 집단 공격도 동일한 집단 내에서 벌어졌다는 점이다. 사실 야생 침팬지들 사이에 벌어지는 치명적인 폭력의 주범은 대개 다른 집단에 속한 수놈들이다.

참고 문헌

Alexander, R. 1975, "The Search for a General Theory of Behavior." *Behavl Sci* 20:77-100.

Asquith, P. 1984, "The Inevitability and Utility of Anthropomorphism in Description of Primate Behaviour." In *The Meaning of Primate Signals*, ed. R. Harre´ and V. Reynolds. Cambridge: Cambridge Univ. Press

Baker, K. C., and B. B. Smuts. 1994, "Social Relationships of Female Chimpanzees: Diversity between Captive Social Groups." In *Chimpanzee Cultures*, ed. R. W. Wrangham, W. C. McGrew, F. B. M. de Waal, and P. Heltne. Cambridge: Harvard Univ. Press. pp.227-42.

van den Berghe, P. 1980, "Incest and Exogamy: A Sociobiological Reconsideration." *Ethol. Sociobiol.* 1:151-62.

Bernstein, I. 1969, "Spontaneous Reorganization of a Pigtail Monkey Group." *Proceeding 2nd Congress IPS, Atlanta 1968, Vol* 1:48-51. Basle: Karger.

_____. 1976, "Dominance, Aggression and Reproduction in Primate Societies." *J. Theor. Biol.* 60:459-72.

Bernstein, I. and L. Sharpe. 1966, "Social Roles in a Rhesus Monkey Group." *Behaviour* 26:91-103.

Bindra, D. 1976, *A Theory of Intelligent Behavior*. New York: Wiley. pp.313-19.

Boehm, C. 1994, "Pacifying Interventions at Arnhem Zoo and Gombe." In *Chimpanzee Cultures*, ed. R. W. Wrangham, W. C. McGrew, F. B. M. de Waal, and P. Heltne. Cambridge: Harvard Univ. Press. pp.211-26.

Boesch, C. 1991, "The Effects of Leopard Predation on Grouping Patterns in Forest Chimpanzees." *Behaviour* 117:220-42.

Bond, J., and W. Vinacke. 1961, "Coalitions in Mixed-sex Triads." *Sociometry* 24:61-75.

Buss, D. M., R. J. Larson, D. Western, and J. Semmelroth. 1992, "Sex Differences in Jealousy: Evolution, Physiology, and Psychology." *Psych. Sci.* 3:251-55.

Bygott, D. 1974, "Agonistic Behaviour in Wild Chimpanzees." Ph.D. Thesis, Cambridge U.K. (unpublished).

Byrne, R., and A. Whiten, eds. 1988, *Machiavellian Intelligence*. Oxford: Clarendon.

Cheney, D. L., and R. M. Seyfarth. 1990, *How Monkeys See the World: Inside the Mind of Another Species*. Chicago: Univ. of Chicago Press.

Dasser, V. 1988, "A Social Concept in Java Monkeys." *Anim. Behav.* 36:225-30.

Dearden, J. 1974, "Sex-linked Differences of Political Behavior: An Investigation of Their Possibly Innate Origins." *Soc. Sci. Inform.* 13:19-25.

Dennett, D. 1983, "Intentional Systems in Cognitive Ethology: The 'Panglossian Paradigm' Defended." *Behav. Brain Sci.* 6:343-90.

Döhl, J. 1981, "「Uber die Fähigkeit einer Schimpansin, Umwege mit selbständigen Zwischenzielen zu überblicken」" Z. *Tierpsychol.* 25:89-103

_____. 1970, "Zielorientiertes Verhalten beim Schimpansen." *Naturwissenschaft und Medizin* 34:43-57.

Freud, S. 1921, *Group Psychology and the Analysis of the Ego*. London: Hogarth, 1967.

Gallup, G. 1970, "Chimpanzees: Self-recognition." *Science* 167:86-7.

Gamson, W. 1961, "A Theory of Coalition Formation." *Amer. Soc Rev.* 26:373-82.

Gardner, R., and Gardner, B. 1969, "Teaching Sign-language to a Chimpanzee." *Science* 165:664-72.

_____. 1977, "Comparative Psychology and Language Acquisition." Paper given at the XVth International Ethological Conference in Bielefeld, W. Germany (unpublished).

Ginsburg, H. and S. Miller. 1981, "Altruism in Children: A Naturalistic Study of Reciprocation and an Examination of the Relationship between Social Dominance and Aid-giving Behavior." *Ethol. Sociobiol.* 2:75-83.

Goodall, J. van Lawick- 1968, "The Behavior of Free-living Chimpanzees in the Gombe Stream Reserve." *Anim. Behav. Monograph* 3.

_____- 1971, *In the Shadow of Man*. London: Collins; Boston: Houghton Mifflin.

_____- 1975, “The Chimpanzee.” In *The Quest for Man*, ed. V. Goodall. London: Phaidon.

Goodall, J. 1979, “Life and Death at Gombe.” *Nat. Geogr.* 155:592-621.

_____. 1986, *The Chimpanzees of Gombe*. Cambridge, Mass.:Belknap.

_____. 1992, “Unusual Violence in the Overthrow of an Alpha Male Chimpanzee at Gombe.” *In Topics in Primatology: Vol.1, Human Origins*, ed. T. Nishida, W. C. McGrew, P. Marler, M. Pickford, and F. B. M. de Waal. Tokyo: Univ. of Tokyo Press. pp.131-42.

Griffin, D. 1976, *The Question of Animal Awareness*. New York: Rockefeller Univ. Press.

de Groot, A. 1965, *Thought and Choice in Chess*. The Hague: Mouton.

Hall, K., and I. DeVore. 1965, “Baboon Social Behavior.” In *Primate Behavior*, ed. I. De Vore. New York: Holt.

Halperin, S. 1979, “Temporary Association Patterns in Free Ranging Chimpanzees; An Assessment of Individual Grouping Preferences.” In *The Great Apes*, ed. D. Hamburg and E. McGowan. Benjamin/Cummings, California.

Hausfater, G. 1975, “Dominance and Reproduction in Baboons (*Papio cynocephalus*); A Quantitative Analysis.” *Contributions to Primatology* 7. Basel: Karger.

Hobbes, T. 1991[1951], *Leviathan*. Cambridge: Cambridge Univ. Press.

van Hooff, J. 1973, “The Arnhem Zoo Chimpanzee Consortium: An Attempt to Create an Ecologically and Socially Acceptable Habitat.” *Int. Zoo Yearbook* 13:195-205.

_____. 1974, “A Structural Analysis of the Social Behaviour of a Semi captive Group of Chimpanzees.” In *Social Communication and Movement*, ed. M. von Granach and I. Vine. London: Academic Press.

Hrdy, S. B. 1979, “Infanticide among Animals: A Review, Classification, and Examination of the Implications for the Reproductive Strategies of Females.” *Ethol. Sociobiol.* 1:13-40.

Humphrey, N. K. 1976, “The Social Function of Intellect.” In *Growing Points in Ethology*, ed. P. Bateson and R. A. Hinde. Cambridge: Cambridge Univ.y Press. pp.303-21.

Isaac, G. 1978, “The Food-sharing Behavior of Protohuman Hominids.” *Scientific American* 238:90-108.

Jolly, A. 1966, “Lemur Social Behavior and Primate Intelligence.” *Science* 153:501-6.

Kano, T. 1992, *The Last Ape*. Stanford: Stanford Univ. Press

Kaufmann, J. 1965, "A Three Year Study of Mating Behavior in a Free-ranging Band of Rhesus Monkeys." *Ecology* 46:500-512.

Kawai, M. 1958, "On the System of Social Ranks in a Natural Troop of Japanese Monkeys." Primates 1:111-48. English translation in *Japanese Monkeys*. ed. K. Imanishi and S. Altmann. Atlanta: Emory Univ. Press, 1965.

Köhler, W. 1917, *Intelligenzprüfungen an Menschenaffen*. Berlin: Springer, 1973. Translated as *The Mentality of Apes*. New York: Vintage Books, 1959.

Kolata, G. 1976, "Primate Behavior: Sex and the Dominant Male." *Science* 191:55-56.

Kortlandt, A. 1969, "Chimpanzees." In *Het Leven der Dieren*, ed. B. Grzimek, Band XI, pp.14-49. Utrecht: Het Spectrum. p.46.

Kropotkin, P. 1899, *Memoires van een Revolutionair*. Baarn, Netherlands: Wereldvenster, 1978. p.314. Translated from *Memoirs of a Revolutionist*. New York: Dover, 1971.

_____. (1902). *Mutual Aid: A Factor of Evolution*. New York: New York University Press, 1972.

Kummer, H. 1957, *Soziales Verhalten einer Mantelpavian Gruppe*. Berlin: Verlag Hans Huber.

_____. 1971, *Primate Societies*. Chicago: Aldine.

Lasswell, H. 1936, *Who Gets What, When, and How*, New York: McGraw - Hill.

Leakey, R., and R. Lewin. 1977, *Origins*. London: Mackonald & Jane's; New York: Dutton.

Linton, R. 1936, *The Study of Man: An Introduction*. New york,: Appleton, 1964. Student's edition, p.184.

Lorenz, K. 1931, "Beiträge zur Ethologie Sozialer Corviden." In *Gesammelte Abhandlungen*, Band I:13-69. Munich: Piper, 1965.

_____. 1959, "Gestaltwahrnehmung als Quelle Wissenschaftlicher Erkenntnis." In *Gesammelte Abhandlunger*, Band II:255-300. Munich: Piper, 1967.

Machiavelli, N. 1532, *The Prince. In The Portable Machiavelli*, ed. P. Bondanella and M. Musa. Harmondsworth: Penguin Books, 1979.

Maslow, A. 1936-7, "The Role of Dominance in Social and Sexual Behavior of Infra-human Primates." Series of articles in *J. Genet. Psychol.* 48 and 49.

Mauss, M. 1924, *The Gift: Forms and Functions of Exchange in Archaic Societies*. London: Routledge & Kegan Paul, 1974.

Menzel, E. 1971, "Communication about the Environment in a Group of Young Chimpanzees." *Folia Primatol.* 15:220-32.

_____. 1972, "Spontaneous Invention of Ladders in a Group of Young Chimpanzees." *Folia Primatol.* 17:87-106.

Mori, A. 1977, "The Social Organization of the Provisioned Japanese Monkey Troops which have Extraordinarily Large Population Sizes." *J. Anthrop. Soc. Nippon* 85:325-45.

Morris, D. 1979, *Animal Days*. London: Jonathan Cape. p.147.

Mulder, M. 1972, *Het Spel om Macht; over Verkleining en Vergroting van Machtsongelijkeid*. Mepple, Netherlands: Boom.

_____. 1979, *Omgaan met Macht*. Amsterdam: Elsevier.

Nacci, P., and J. Tedeschi. 1976, "Liking and Power as Factors Affection Coalition Choices in the Triad." *Soc. Behav. Personality* 4(1):27-32.

Nadler, R. 1976, "Rann vs. Calabar: A Study in Gorilla Behavior." *Yerkes Newsletter* 13(2):11-14.

Nadler, R., and B. Tilford. 1977, "Agonistic Interactions of Captive Female Orang-utans with Infants." *Folia Primatol.* 28:298-305.

Nieuwenhuijsen, K., and F. de Waal. 1982, "Effects of Spatial Crowding on Social Behavior in a Chimpanzee Colony." *Zoo Biol.* 1:5-28.

Nishida, T. 1979, "The Social Structure of Chimpanzees of the Mahale Mountains." In *The Gret Apes*, ed. D. Hamburg and E. McCown. Benjarmin/Curmmings, California.

_____. 1983, "Alpha Status and Agonistic Alliance in Wild Chimpanzees." *Primates* 24:318-36.

Nishida, T., and K. Hosaka. 1996, "Coalition Strategies among Adult Male Chimpanzees of the Mahale Mountains, Tanzania." In *Great Ape Societies*, ed. W. C. McGrew, L. F. Marchant, and T. Nishida. Cambridge: Cambridge Univ. Press. Pp 114-34.

Noë, R., F. de Waal, and J. van Hooff. 1980, "Types of Dominance in a Chimpanzee Colony." *Folia primatol.* 34:90-110.

Pusey, A. 1980, "Inbreeding Avoidance in Chimpanzees." *Anim. Behav.* 28:543-52.

Pusey, A., J. Williams, and J. Goodall. 1997, "The Influence of Dominance Rank on the Reproductive Success of Female Chimpanzees." *Science* 277: 828-31

Riss, D., and C. Busse. 1977, "Fifty-day Observation of a Free-ranging Adult Male Chimpanzee." *Folia Primatol.* 28:283-97.

Riss, D., and J. Goodall. 1977, "The Recent Rise to the Alpha Rank in a Population of Free-living Chimpanzees." *Folia Primatol.* 27:134-51.

Sahlins, M. 1965, "On the Sociology of Primitive Exchange." In *The Relevance of Models for Social Anthropology*, ed. M. Banton. A.S.A. Monograph 1. London: Tavistock.

______. 1972, "The Social Life of Monkeys, Apes and Primitive Man." In *Primates on Primates*, ed. D. Quiatt. Minneapolis Burgess.

______. 1977, *The Use and Abuse of Biology*. London: Tavistock.

van de Sande, J. 1973, "Speltheoretische Onderzoekingen naar Gedragsverschillen Tussen Mannen en Vrouwen." *Nederl. T. Psychol.* 28:327-41.

Schjelderup-Ebbe, T. 1922, "Beitrge zur Sozialpsychologie des Haushuhns." *Z. Psychol.* 88:225-52.

Schubert, G. 1986, "Primate Politics." *Soc. Sci. Information* 25:647-80.

Silk, J. 1979, "Feeding, Foraging, and Food-sharing Behavior of Immature Chimpanzees." *Folia Primatol.* 31:123-41.

Stevens, W. K. 1997, May 13, "Gabon Logging Pushes Chimps into Deadly Territorial War." *The New York Times*.

Sugiyama, Y. 1984, "Population Dynamics in Wild Chimpanzees at Bossou, Guinea, between 1976 and 1983." *Primates* 25:391-400.

Sugiyama, Y., and J. Koman. 1979, "Social Structure and Dynamics of Wild Chimpanzees at Bossou, Guinea." *Primates* 20:323-39.

Suzuki, A. 1971, "Carnivorityand Cannibalism Observed among Forest-Living Chimpanzees." *J. Anthrop. Soc. Nippon* 79:30-48.

Teleki, G. 1973, *The Predatory Behavior of Wild Chimpanzees*. Lewisburg, Pa: Bucknell University Press.

Thibaut, J. and H. Kelley. 1959, *The Social Psychology of Groups*. New York: Wiley. p.37.

Trivers, R. 1971, "The Evolution of Reciprocal Altruism." *Q. Rev. Biol.* 46:35-57.

______. 1974, "Parent-offspring Conflict." *Am. Zool.* 14:249-64.

Tutin, C. 1975, "Exceptions to Promiscuity in a Feral Chimpanzee Community." In *Contemporary Primatology*, 5th Congress IPS, Nagoya 1974, pp.445-9. Basle: Karger.

______. 1979, "Responses of Chimpanzees to Copulation: With Special Reference to

Interference by Immature Individuals." *Anim. Behav.* 27:845-54.

Tuttle, R. H. 1986, *Apes of the World: Their Social Behavior, Communication, Mentality, and Ecology.* Park Ridge, NJ: Noyes.

de Waal, F. B. M. 1975, "The Wounded Leader: A Spontaneous Temporary Change in the Structure of Agonistic Relations among Captive Java-monkeys(*Macaca fascicularis*)." Net*herlands' J.Zoology*. 25:529-49

de Waal, F. 1977, "The Organization of Agonistic Relations Within Two Captive Groups of Java-monkeys(*Macaca fascicuaris*)." *Z. Tierpsychol.* 44:225-82.

______. 1978, "Exploitative and Familiarity-dependent Support Strategies in a Colony of Semi-free-living Chimpanzees." *Behaviour* 66:268-312.

______. 1980, "Schimpansin zieht Stiefkind mit der Flasche auf." *Das Tier* 20:28-31.

de Waal, F. B. M. 1986, "The Brutal Elimination of a Rival among Captive Male Chimpanzees." *Ethol. Sociobiol.* 7:237-51.

______. 1989a, *Peacemaking among Primates.* Cambridge: Harvard Univ. Press.

______. 1989b, "Food Sharing and Reciprocal Obligations among Chimpanzees." *J. Human Evol.* 18:433-59.

______. 1994, "The Chimpanzee's Adaptive Potential: A Comparison of Social Life under Captive and Wild Conditions." In *Chimpanzee Cultures*, ed. R. W. Wrangham, W. C. McGrew, F. B. M. de Waal, and P. Heltne. Cambridge: Harvard Univ. Press. Pp.243-60.

______. 1996, *Good Natured: The Origins of Right and Wrong in Humans and Other Animals.* Combridge: Harvard Univ. Press.

______. 1997a, Bonobo: *The Forgotten Ape* (with photographs by F. Lanting). Berkeley: Univ. of California Press.

______. 1997b, "The Chimpanzee's Service Economy: Food for Grooming." *Evol. Human Behav.* 18:1-12.

de Waal, F., and J. Hoekstra. 1980, "Contexts and Predictability of Aggression in Chimpanzees." *Anim. Behav.* 28:929-37.

de Waal, F., and L. Luttrell. 1988, "Mechanisms of Social Reciprocity in Three Primate Species: Symmetrical Relationship Characteristics or Cognition?" *Ethol. Sociobiol.* 9:101-18.

de Waal, F., and A. van Roosmalen. 1979, "Reconciliation and Consolation among

Chimpanzees." *Behav. Ecol. Sociobiol.* 5:55-66.

Watanabe, K. 1979, "Alliance Formation in a Free-ranging Troop of Japanese Macaques." *Primates* 20:459-74.

Wight, M. 1946, *Power Politics*. New ed, H. Bull and C. Holbraad, eds. Harmondsworth: Penguin Books, 1979.

Wrangham, R. 1974, "Artificial Feeing of Chimpanzees and Baboons in Their Natural Habitat." *Anim. Behav.* 22:83-93.

_____. 1975, "Behavioural Ecology of Chimpanzees in Gombe National Park, Tanzania." Ph.D. thesis, Cambridge U.K.(unpublished).

Wrangham, R. W., and D. Peterson. 1996, *Demonic Males: Ape and the Origins of Human Violence*. Boston: Houghton Mifflin.

van Wulfften Palthe, T. 1978, "De Beschrijving van een Machtswisseling, 1973-74, bij de Chimpanzees van Burgers' Dierenpark." Doctoral report(unpublished).

van Wulffter Palthe, T., and J. van Hooff. 1975, "A Case of Adoption of an Infant Chimpanzee by a Suckling Foster Chimpanzee." *Prmates* 16:231-34.

Zinnes, D. 1970, "Coalition Theories and the Balance of Power." *In The Study of Coalition Behavior*, ed. S. Groenings, E. Kelley, and M. Leierson. New York: Holt.

침팬지 폴리틱스

초　판 1쇄 발행 | 2004년 3월 30일
개정판 1쇄 발행 | 2018년 3월 9일
개정판 7쇄 발행 | 2024년 6월 28일

지은이 프란스 드 발
옮긴이 장대익, 황상익

펴낸곳 (주)바다출판사
발행인 김인호
주소 서울시 마포구 성지1길 30 3층
전화 322-3885(편집), 322-3575(마케팅)
팩스 322-3858
이메일 badabooks@daum.net
홈페이지 www.badabooks.co.kr

ISBN 978-89-5561-708-5 03400